21世纪高等学校通识教育规划教材

Fundementals of Big Data

大数据基础教程

王成良 廖军 ◎ 编著

清华大学出版社
北京

内 容 简 介

这是一本以理论加实践为导向的大数据基础教程，本书结合作者自身在云计算及大数据相关领域的知识，经实践和验证而完成。本书内容主要包括大数据相关定义及概念、Apache 架构与 Apache Hadoop 的基本概念、Hadoop 的搭建及相关实验、Hadoop 分布式文件系统（HDFS）及相关实验、YARN 的基本架构、MapReduce 的基本知识及相关实验、Hive 及相关实验、HBase 及相关实验、ZooKeeper 及相关实验、Spark 及相关实验、Apache Kafka 分布式消息系统等。

本书各章提供了必要的理论基础知识和基础实验，便于读者全面深入地掌握大数据基础技术的知识点，适合作为高校大数据、人工智能及相关专业的教材。

图书在版编目（CIP）数据

大数据基础教程/王成良，廖军编著. —北京：清华大学出版社，2020.11（2021.12 重印）
21 世纪高等学校通识教育规划教材
ISBN 978-7-302-55966-5

Ⅰ. ①大…　Ⅱ. ①王… ②廖…　Ⅲ. ①数据处理－教材　Ⅳ. ①TP274

中国版本图书馆 CIP 数据核字（2020）第 120473 号

责任编辑：付弘宇　薛　阳
封面设计：刘　键
责任校对：李建庄
责任印制：宋　林

出版发行：清华大学出版社
网　　址：http://www.tup.com.cn，http://www.wqbook.com
地　　址：北京清华大学学研大厦 A 座　　**邮　　编**：100084
社 总 机：010-62770175　　**邮　　购**：010-83470235
投稿与读者服务：010-62776969，c-service@tup.tsinghua.edu.cn
质量反馈：010-62772015，zhiliang@tup.tsinghua.edu.cn
课件下载：http://www.tup.com.cn，010-83470236
印 装 者：三河市龙大印装有限公司
经　　销：全国新华书店
开　　本：185mm×260mm　　**印　张**：16　　**字　　数**：367 千字
版　　次：2020 年 11 月第 1 版　　**印　　次**：2021 年 12 月第 2 次印刷
印　　数：1501～2500
定　　价：59.00 元

产品编号：082525-01

前言

随着云时代的到来，大数据(Big Data)引起了人们越来越多的关注。大数据作为IT领域最热门的技术之一，正在不断渗透到人们的生活中，具有广阔的应用空间和发展前景，社会对大数据人才的需求也日益迫切。了解和学习大数据相关知识，不仅是对数据科学和大数据技术、计算机等相关专业学生的要求，也是学生未来职业发展的一种重要途径。

本书与实践相结合介绍大数据基础理论，以Centos 7、Eclipse等作为实验开发环境和工具，搭建了包括Hadoop、HBase、ZooKeeper、Spark等Hadoop生态圈的实验集群，通过典型的实验案例，学生可以由浅入深、由点到面地逐步学习、掌握大数据基础理论知识，并能结合具体实验熟悉大数据基础技术，培养综合实践能力。

本书内容充实、丰富，覆盖面广，共分为10章。第1章介绍大数据相关定义及概念，包括大数据的历史与发展、大数据的特点和应用场景以及大数据的挑战和机遇等；第2章介绍Apache架构与Apache Hadoop的基本概念、Hadoop的安全性、Hadoop的搭建及相关实验案例；第3章介绍Hadoop分布式文件系统(HDFS)的概念、原理、常用命令及简单的实验案例；第4章介绍YARN的基本架构，描述YARN的工作流程，详细分析YARN协议及优点；第5章介绍MapReduce的基本知识，详细描述Map框架流程、应用MapReduce所需的环境搭建及相关实验；第6章介绍Hive的相关定义、Hive安装配置过程及典型实验；第7章介绍HBase的基础、数据模型以及访问接口，详细讲解HBase伪分布式和完全分布式的安装与配置；第8章介绍ZooKeeper的发展背景及主要特点，详细说明ZooKeeper的体系结构与关键算法ZAB，同时还介绍ZooKeeper的四字命令及集群搭建操作，并讲解相应的实验案例；第9章介绍Spark的基本概念、组件以及Spark的特性，着重描述Spark的主要架构，并对Spark的计算模型、集群搭建、相关技术及实验进行详细讲解；第10章主要介绍Apache Kafka分布式消息系统相关的消息队列、中间件，详细描述Kafka的结构、Producer和Consumer的消息状态、Kafka的相应消息与日志、Kafka的特性及Kafka的消息发送与接收。本书在多数章章末提供了必要的基础实验，便于读者全面、深入地掌握大数据基础技术的知识点。

本书的编写得到了重庆大学大数据与软件学院领导的关心和支持，邓惠尹、王子梁、张钧洋、王丹、谭杨等参与了本书部分内容的编写工作，在此一并表示感谢。

由于作者水平有限，加之时间仓促，书中难免存在疏漏和不妥之处，恳请同行专家和读者给予批评和指正。对于本书中的实验操作视频，读者可扫描相应章节的二维码直接观看。

本书的配套课件、完整的案例源代码等资源可以从清华大学出版社网站 www.tup.com.cn 或微信公众号“书圈”下载，本书及课件等资源的使用中如有问题，请联系 404905510@qq.com。

编　者

2020 年 8 月

目录

第1章

大数据概述

大数据技术发展迅猛，在社会中具有重要的地位，学习、掌握大数据及其相关技术也越来越有必要。本章内容安排如下。

1.1　大数据发展背景

对大数据的发展背景进行简单介绍。

1.2　大数据相关概念及特点

介绍大数据的相关概念，描述大数据的基本特点。

1.3　大数据应用过程

简述大数据的基本应用流程。

1.4　大数据技术

对大数据的基础技术进行简单描述。

1.5　大数据行业应用

简单描述当前大数据在行业中的应用场景。

1.6　大数据的挑战和机遇

对大数据的未来发展进行展望，描述大数据发展将遇到的挑战和机遇。

1.7　本书内容结构介绍

描述本书整体的结构和内容，为读者提供清晰的学习思路。

通过本章的学习，读者将对大数据的整体概念有一定的了解，认识到学习大数据的必要性和紧迫性。

1.1 大数据发展背景

1.1.1 引言

现代社会是一个高速发展的社会，科技发达，信息流通，人与人之间的交流越来越密切，生活也越来越便利，大数据作为这个科技时代的产物，与我们有着密不可分的关系。那么究竟什么是大数据？它是怎么产生的？我们为什么要学习它呢？

根据维基百科和百度百科的描述，大数据指的是无法在一定时间范围内用常规软件工具进行捕捉、管理和处理的数据集合，是需要采用新的处理模式才能具有更强的决策力、洞察力和流程优化能力的海量、高增长率和多样化的信息资产。而实际上，除此之外，大数据还代表着处理这些数据集合或信息资产的技术手段；同时，它也代表了信息技术的一个新时代。

信息技术的迅猛发展，互联网技术的广泛应用，使得各个行业的应用系统规模日益复杂和庞大，再加上移动设备的数量剧增，无论政府、企业或者个人，产生的数据量都越来越多，越来越复杂。数据单位从最初的 B、MB、GB、TB 级到现在的 PB、EB、ZB 级，甚至未来可能达到 YB、BB、NB、DB 等数量级，而全世界的数据量还在不断地快速增长。日益剧增的数据量已经远远超出了传统技术的计算能力，所以，寻求有效的技术手段来处理如此大规模的数据不仅是社会的迫切需求，也必然是未来信息技术发展的一种趋势。

无论是从宏观的角度还是微观的角度，大数据技术都在迅速地发展，同时也是现今流行的趋势。随着 IT 社区日益庞大，这种发展趋势表明，全球的大数据技术和服务市场都有着巨大的收益，且预计将会有更高的收益，中国的市场规模未来将会大幅增长。学习掌握大数据技术，不仅是提高自身的竞争优势，同时也是顺应时代的要求。

1.1.2 发展历程

“大数据”概念最早由谁提出，现在已经不可考查。不过，根据目前已知的记录，早在 1980 年，未来学家托夫勒就在其所著的《第三次浪潮》一文中提到“大数据”，他将大数据称为“第三次浪潮的华彩乐章”。

大数据的发展历程如表 1.1 所示。

表 1.1 大数据的发展历程

时　间	事　件
2001 年	麦塔集团分析员道格·莱尼指出了数据增长的挑战和机遇有三个方向：量(Volume，数据大小)，速(Velocity，资料输入输出的速度)与多变(Variety，多样性)。这三个方向现在被认为是大数据的三个特性
2008 年	Google 公司成立 10 周年，《自然》杂志为此出版了一期专刊，讨论了关于未来大数据处理的一系列技术问题和挑战，提出了“Big Data”的概念

续表

时　　间	事　　件
2008年年末	大数据得到较为广泛的认可，业界组织计算社区联盟（Computing Community Consortium）发表了白皮书《大数据计算：在商务、科学和社会领域创建革命性突破》。白皮书指出，人们的思维不能仅局限于数据处理的机器，提出大数据真正重要的是新用途和新见解，而非数据本身。此组织可以说是最早提出大数据概念的机构
2009年	印度政府建立生物识别数据库，用于身份识别管理。同年，美国政府开放政府数据，向公众提供各种各样的政府数据。同时，欧洲一些领先的研究型图书馆与科技信息研究机构建立了伙伴关系，致力于提高在互联网上获取科学数据的简易性
2010年	数据科学家肯尼斯·库克尔发表《数据，无所不在的数据》专题报告，阐述了大数据的时代趋势
2010年12月	美国总统办公室下属的科学技术顾问委员会（PCAST）和信息技术顾问委员会（PITAC）向美国前总统奥巴马和国会提交了一份《规划数字化未来》战略报告，该报告将大数据的收集和使用工作提升到了体现国家意志的战略高度
2010年	德国联邦政府启动“数字德国2015”战略，将物联网引入制造业，打造智能工厂，工厂通过CPS（网络物理系统）实现全球互联。大数据得到进一步的应用
2011年2月	IBM公司的沃森超级计算机每秒扫描并分析的数据量可达到4TB，同时在美国著名智力竞赛电视节目《危险边缘》上击败两名人类选手夺冠，此次夺冠可以说是“大数据计算的胜利”
2011年5月	麦肯锡公司发布《大数据：创新、竞争和生产力的下一个前沿》，阐述了大数据的概念，对大数据的核心技术以及大数据的应用与发展策略进行了详细阐述和分析
2011年12月	我国工信部发布的《联网“十二五规划”》中，信息处理技术作为4项关键技术创新工程之一被提出，其中包含的海量数据存储、数据挖掘、图像视频智能分析等均是大数据的重要组成部分
2012年	《纽约时报》的一篇专栏提出，“大数据”时代已经降临，在商业、经济以及其他领域，数据将在决策中占重要地位，大数据开始与时代挂钩 维克托·迈尔·舍恩伯所著的《大数据时代》在国内开始风靡，推动了国内大数据的发展
2012年1月	瑞士达沃斯召开世界经济论坛，大数据是论坛的主题之一，会上发布报告《大数据，大影响》，将数据放到了资产级别
2012年3月	美国奥巴马政府在白宫网站发布《大数据研究和发展倡议》，标志着大数据已成为重要的时代特征。3月22日，奥巴马政府宣布投资两亿美元到大数据领域，大数据技术开始从商业行为上升到国家科技战略。数字主权成为继边防、海防、空防之后的又一大国间的博弈

续表

时　间	事　件
2012年4月19日	美国软件公司Splunk在纳斯达克成功上市，成为第一家上市的大数据处理公司。Splunk公司成立于2003年，是一家领先的提供大数据监测和分析服务的软件提供商。Splunk公司的成功上市促进了资本市场对大数据的关注，同时也促使IT厂商加快大数据布局
2012年7月	联合国在纽约发布了一份关于大数据政务的白皮书《大数据促发展：挑战与机遇》，总结了各国政府应该如何利用大数据更好地为人民提供服务和保护 阿里巴巴集团在管理层设立"首席数据官"一职，负责全面推进"数据分享平台"战略，旨在挖掘大数据的价值，并推出大型的数据分享平台——"聚石塔"，为天猫、淘宝平台上的电商及电商服务商等提供数据云服务。 随后，阿里巴巴董事局主席马云在2012年网商大会上发表演讲，称从2013年1月1日起将转型，重塑平台、金融和数据三大业务。并强调："假如我们有一个数据预报台，就像为企业装上了一个GPS和雷达，你们出海将会更有把握。"阿里巴巴集团希望通过分享和挖掘海量数据，为国家和中小企业提供价值。此举是国内企业最早把大数据提升到企业管理层高度的一次重大里程碑。阿里巴巴也是最早提出通过数据进行企业数据化运营的企业
2013年	互联网巨头纷纷发布机器学习产品，IBM公司的Watson系统、微软小冰、苹果Siri等开始进入人们的视野，大数据开始步入深层价值阶段
2014年	"大数据"首次出现在国内当年的《政府工作报告》中，《报告》中指出，要设立新兴产业创业创新平台，在大数据等方面赶超先进，引领未来产业发展。"大数据"随即成为国内热议词汇
2014年4月	世界经济论坛以"大数据的回报与风险"为主题发布了《全球信息技术报告（第13版）》。报告指出，在未来几年中基于信息通信技术的政策会显得更加重要，全球大数据产业的发展对于社会具有重大意义
2014年5月	美国白宫发布了2014年全球"大数据"白皮书的研究报告《大数据：抓住机遇、守护价值》，旨在鼓励人们使用数据以推动社会进步
2015年	国务院正式印发《促进大数据发展行动纲要》，《纲要》明确指出推动大数据发展和应用，在未来5～10年打造精准治理、多方协作的社会治理新模式，建立运行平稳、安全高效的经济运行新机制，构建以人为本、惠及全民的民生服务新体系，开启大众创业、万众创新的创新驱动新格局，培育高端智能、新兴繁荣的产业发展新生态。标志着大数据正式上升到国家战略层面 计算研究(Computing Research)发布"2015大数据市场评论"，评论显示，在2014年一年中，大数据在企业中的应用比例逐步上升，标志着大数据开始作为企业决策的重要支撑，在商业市场上发挥巨大价值
2016年	大数据"十三五"规划出台，《规划》征求了专家意见，并进行了集中讨论和修改。《规划》涉及的内容包括：推动大数据在工业研发、制造、产业链全流程各环节的应用；支持服务业利用大数据建立品牌、精准营销和定制服务等。将大数据的地位又提升至一个新的高度

1.2 大数据相关概念及特点

1.2.1 大数据特点

大数据作为一种数据集合，它的基本特点可以用“4V”来描述，即容量（Volume）、多样（Variety）、价值（Value）和速度（Velocity）。“4V”特点的详细说明如表1.2所示。

表1.2 大数据特点说明

4V	说明
容量（Volume）	大数据的数据量很大，超大的数据量决定了需要考虑的数据价值和潜在信息；同时也决定了计算的规模
多样（Variety）	大数据数据类型的多样性，有别于传统的结构化的数据，大数据还包含着越来越多半结构化，甚至是非结构化的数据。从传统的文本数据到现今丰富多彩的音频、视频、图像等数据，变得越来越多样化
价值（Value）	在海量的大数据中，真正有价值的数据可能很少，因此从整体来看，大数据的价值密度低。但这并不说明大数据的价值不重要，反而体现了从大量、多种类别的数据中提取价值的复杂性
速度（Velocity）	速度一方面指数据增长迅速，另一方面也表示了大数据的时效性，因而需要对其进行快速的处理，才能即时获取到有意义的信息，在这样的过程中，大数据的流动速度也变得很快

事实上，大数据特点的具体描述远不止此，但都是从这四个特点延伸开来的。了解大数据的特点，对获取、管理、处理大数据来说是至关重要的。

1.2.2 相关概念介绍

说到大数据，就不得不提到集群、数据挖掘、云计算等相关概念，这些概念与大数据息息相关，在学习大数据之前，有必要对这些相关概念进行简单的了解。下面将对大数据的相关概念进行简单的介绍。

1. 云计算

根据美国国家标准与技术研究院（NIST）的定义，云计算是一种按使用量付费的模式；而中国云计算专家咨询委员会副主任、秘书长刘鹏教授给出的定义却是：“云计算是通过网络提供可伸缩的廉价的分布式计算能力。”虽然这两种比较权威且被人们广为接受的定义看似不同，但实际上，他们都表达着同样的含义，即云计算是一种按需提供计算的技术或者模式。说它是模式，是从商业角度来说；说它是一种计算，是从技术上来说。这里的“云”指的是整个网络。

2. 集群

集群指的是将多台计算机或者服务器通过物理上以及软件上的部署，使其像一台计算机一样被使用。集群强调的是扩展。

3. 分布式

大数据技术的实现是在分布式的基础上进行的。分布式指的是将任务或者数据切分到不同的服务器进行计算或者存储。分布式强调的是切分。

4. 数据挖掘

通过算法从海量的数据中搜寻隐藏的有意义的信息，这一过程被称为数据挖掘。简单来说，对于数据的挖掘过程就是对数据的分析过程，这一过程是建立在对业务问题了解清楚的基础上，只有对业务问题有一定程度的了解才能将业务问题转换成挖掘问题，进而进行下一步的处理。

1.3 大数据应用过程

大数据的应用过程主要包括：数据采集、预处理、数据存储管理以及数据挖掘分析。

1.3.1 数据采集

对数据进行采集是大数据应用生命周期中的第一个环节，通常是使用ETL(Extract-Transform-Load)工具将分布的、异构的数据源中的数据(例如传感器、社交网络以及移动互联网等平台上各种类型的结构化、半结构化及非结构化的数据)抽取到临时中间层，然后对数据进行清洗、转换、集成，最后加载到数据仓库或数据集市中的过程。大数据的采集为数据的进一步处理提供了基础条件。

由于大数据超大规模的体量，以及众多用户的频繁操作访问，使得仅采用传统的数据采集方法难以满足业务需求，因此需要通过专门的采集方法来对大数据进行采集。采集的方法主要包括以下三类。

1. 系统日志采集

由于公司的业务平台每天都会产生大量的日志数据，日志收集系统需要做的事情就是收集业务日志数据供离线和在线的分析系统使用，因此日志收集系统应具备高可用性、高可靠性、可扩展性这些基本特征。

目前常用的开源日志收集系统有Flume、Scribe等。

Flume原是Cloudera提供的一个高可用、高可靠、分布式的海量日志采集、聚合和传输系统，现在是Apache旗下的一款开源、支持客户扩展的数据采集系统。Flume使用JRuby来构建，依赖Java运行环境。

Scribe是Facebook开源日志收集系统，它为日志的分布式收集、统一处理提供了一个可扩展、高容错的解决方案。

2. 网络数据采集

网络数据采集是指通过网络爬虫或调用网站公开API等方式从网站上获取数据的过程。可将非结构化数据和半结构化数据从网页中提取出来,并将其以结构化的方式统一存储为本地数据文件,支持图片、音频、视频等文件的采集,且可自动关联正文与附件。对于网络流量的采集则可使用DPI(Deep Packet Inspection,深度报文检测)或DFI(Deep/Dynamic Flow Inspection,深度/动态流检测)等带宽管理技术进行处理。

3. 数据库采集

一些企业会使用传统的关系型数据库如MySQL或者Oracle等来存储数据。此外,像Redis和MongoDB这样的NoSQL数据库也常用于数据库采集。数据库采集通常是在采集端部署大量的数据库,这需要对如何在数据库之间进行负载均衡和分片进行深入的思考和设计。

1.3.2　预处理

通过使用专门的大数据采集方法采集到的数据,实际上大部分是不完整的,结构不一致,甚至很多是没有价值的脏数据;这样的数据不能直接用于数据的分析挖掘,因为高质量的决策必须依赖于高质量的数据,对这样的数据进行分析挖掘,会由于脏数据的大量存在而严重影响效率,错过最佳的决策时间。

数据预处理是对采集到的原始数据进行清洗、填补、平滑、合并、规格化以及检查一致性等操作的过程。这个处理过程可以将那些杂乱无章的数据转换为相对单一且便于处理的构型,以达到快速分析处理的目的。

数据预处理通常包含以下三个部分。

1. 数据清理

数据的清理是去除那些没有价值,不关心,以及一些甚至完全错误的内容的过程。清理数据需要对源数据进行过滤、去噪,从中提取出有效的数据,主要的处理内容包含:遗漏值处理、噪声数据处理、不一致数据处理。遗漏数据可采用全局常量、属性均值、可能值填充或者直接忽略该数据等方法进行处理;噪声数据可用分箱、聚类、计算机人工检查和回归等方法来去除;不一致的数据可采用手动更正。

2. 数据集成与变换

数据集成是指将多个数据源中的数据整合到一个数据库的过程。集成数据需要重点解决模式匹配、数据冗余、数据值冲突检测与处理这三个问题。模式匹配问题主要是因为许多来自不同数据集合但却代表同一实体的数据在命名上可能存在差异,要集成这样的数据必须首先解决它们的匹配问题;数据冗余问题可能是由于数据属性命名的不一致造成的,可以采用卡方检测来对两个属性之间的关联进行检测;数据值的冲突问题,主要是因为统一的实体由于来源不同而具有不同的数据值而产生的。

对数据进行变换是为了更好地对数据进行挖掘，数据变换主要过程有平滑、聚集、数据泛化、规范化以及属性构造等。

3. 数据规约

数据规约主要包括数据聚集、维规约、数据压缩、数值规约和概念分层等。根据业务需求，从数据仓库中采集出用于分析所需的数据可能规模非常庞大，从这样海量的数据中进行分析和挖掘的成本极高。而使用数据规约技术可以将数据集进行规约表示，在减小数据集规模的同时能保持原数据的完整性，这样对数据进行规约处理之后，再对数据进行挖掘和分析仍然能得到与使用原始数据几乎相同的结果。

1.3.3 数据存储管理

将采集到的数据进行预处理后，需要将其存储起来，便于管理和调用。由于从不同数据源获取到的原始数据通常缺乏一致性，采用传统的标准和存储技术进行处理变得不可行。同时，由于数据量的不断增长，使得单机系统的性能不断下降，而且即使通过提升软件配置也难以跟上数据的增长，因此需要采用新的方式来对大数据进行存储管理。在大数据存储管理的发展过程中出现了几类用来对大数据进行存储和管理的数据库系统，分别如下。

1. 分布式文件存储系统

分布式文件存储的主要特点是将复杂的问题进行分解，将大任务分解为多个小任务，然后通过使用多个处理器或多个计算机节点来进行计算从而提高解决问题的效率。在网络上，分布式文件系统可以支持多台计算节点同时访问共享文件和存储目录，通常采用关系型数据模型并支持 SQL 语句查询。为了能够并行执行 SQL 的查询操作，分布式系统采用的两个关键技术是：关系表的水平划分和 SQL 查询的分区执行。由于分布式文件系统是通过多个节点并行执行数据库任务来提高整个数据库系统的性能，所以这种系统拥有良好的扩展性，但缺乏较好的探析且容错性较差。

2. NoSQL 数据库

传统的关系型数据库难以处理半结构化或者非结构化的数据，而 NoSQL 数据库采用异于传统关系型数据库的设计思想，采用新的方案来解决传统关系型数据库在扩展性方面的不足。NoSQL 数据库没有固定的数据模式并且能够进行水平扩展，可以很好地应对海量数据的挑战。与关系型数据库最大的不同是 NoSQL 不使用 SQL 作为查询语言，此外，NoSQL 数据库还具有这样一些优势：能解决不必要的复杂性；对数据拥有很高的吞吐量，拥有高水平的扩展能力；能用于低端硬件集群，可以减少开销昂贵的对象-关系映射。

3. NewSQL 数据库

NewSQL 数据库在设计上又有别于 NoSQL 数据库，它采用了不同的设计：取消耗费资源的缓冲池，去除单线程服务的锁机制，使用冗余机器来实现复制和故障恢复来替代原有的昂贵的恢复操作。这种具有可扩展、高性能的 SQL 数据库被称为 NewSQL 数据库。NewSQL 的优势主要包括两点：①有关系型数据库产品和服务，能将关系模型的优势运用到分布式架构上；②NewSQL 能提高关系数据库的性能，使其可以不用考虑水平扩展的问题。NewSQL 数据库既能提供 SQL 数据库的质量保证，也能提供 NoSQL 数据库的可扩展性。

1.3.4　数据挖掘分析

对数据进行挖掘分析的主要目的是找出隐藏在大量数据中有价值的信息，对其进行提炼，发现其中的内在规律，并根据实际的业务需求，将这些有价值的信息应用到决策中。对大数据挖掘分析的研究主要有以下几个方面。

1. 可视化分析

将数据进行可视化，可以使数据的特点和规律更加直观清晰地展示出来，一方面能更容易被读者接收，另一面还能提高分析效率，加快分析速度。目前比较受欢迎的数据可视化工具如表 1.3 所示。

表 1.3　目前较受欢迎的数据可视化工具

工具名称	工具介绍
Tableau	Tableau 是一款免费的数据可视化工具，具有高度的灵活性和动态性，可以制作图表、图形，绘制地图；不仅支持个人使用，还能允许团队协作同步完成绘制；操作简单，用户可以直接将数据拖曳到系统中
Excel	Excel 作为一款大家熟悉的软件，其简单、方便且功能强大的特点也使其成为很受欢迎的数据可视化入门软件
FusionCharts	FusionCharts 是 Flash 图形方案供应商 InfoSoft Global 公司的一个产品，可用于任何网页的脚本语言，类似于 HTML，.NET，ASP，JSP，PHP，ColdFusion 等，可以提供具有互动性的、强大的图表
Modest Maps	Modest Maps 是目前最小的可用地图库，可以用它创建在线地图，并且可以按照需求进行定制，用于满足用户需求，同时支持 Python
WolframAlpha	WolframAlpha 最初是由 Wolfram 公司研发的，后来 Wolfram 公司和 Alpha 公司合作打造了 WolframAlpha。该款软件提供了一个简单的小工具生成器，用于数据可视化
jqPlot	jqPlot 能够自动计算趋势线，但它也是一个 jQuery 绘图插件，提供了多种多样的图表样式，具有可以通过网站访问者进行调整的能力，通过互动点相应地更新数据集。可以利用 jqPlot 来制作漂亮的线状图和柱状图，jqPlot 提供 Tooltips、数据点高亮和显示功能
D3. js	D3(Data-Driven Documents)是一种可视化数据库，可以用于许多表格的插件中

续表

工具名称	工具介绍
JpGraph	JpGraph是一款开源的PHP图表生成库,只需从数据库中取出相关数据,定义标题、图表类型,然后掌握JpGraph内置的函数就可以得到炫酷的图表
Highcharts	Highcharts是一款开源、功能强大、美观、图表丰富、能兼容大多数浏览器的纯JavaScript图表库,不需要插件也可以运行,且运行速度快。同时还提供云服务,可以提供图表生成、托管和分享等功能
iCharts	iCharts是一款可以免费使用的可视化云服务工具,能方便地制作出高分辨率的信息图。同时拥有不同的图表类型,用户可以根据需要定制主题方案。它还能分离谷歌文档、Excel表格等中的数据,实现元素互动

2. 数据挖掘算法

研究数据挖掘算法的目的是建立数据挖掘模型,用以挖掘出数据的价值。大数据分析的理论核心就是数据挖掘算法,数据挖掘的算法多种多样,不同的算法针对不同的数据类型和格式会呈现出数据所具备的不同特点。然后使用各种统计方法深入到数据内部,挖掘出数据的价值。针对不同的任务需要设计不同的算法,设计算法时除了需要考虑到结果的正确性,还需要考虑算法的效率,对于数据挖掘算法的研究极具挑战性。

3. 预测性分析

预测性分析是大数据分析最重要的应用领域之一,它结合了多种高级的分析功能,包括特别统计分析、预测建模、数据挖掘、文本分析、实体分析、优化、实时评分、机器学习等。通过预测性分析,可以从复杂的数据中挖掘出数据的特点,帮助我们了解当前状况并确定下一步的行动方案,从依靠猜测转变为依靠预测来进行决策。它能够帮助分析结构化和非结构化数据中的趋势、模式和关系,并运用这些指标来洞察预测未来事件,为决策者进行决策提供帮助支持。

4. 语义引擎

由于非结构化数据的增加给数据分析造成很大的阻碍,必须采用一套新的工具去进行系统的分析,提炼数据。语义引擎是语义技术最直接的应用,可以让人们从烦琐的搜索条目中解放出来,让用户更快、更准确、更全面地获取到所需要的信息,并提高用户的互联网体验。

5. 数据质量和数据管理

大数据分析离不开数据质量和数据管理,高质量的数据和有效的数据管理在任何领域都极其重要,无论在哪个领域都需要保证结果的真实性和价值。

1.4　大数据技术

1.4.1　大数据集群

1. 大数据集群简介

大数据集群是指由网络互相连接的多个独立服务器的集合，这些服务器由分布式并行结构组成并一起协同工作运行共同的应用程序，以实现高性能的大数据集群。大数据集群示意图如图1.1所示。大数据集群主要用于解决数据库的负载均衡以及增加数据库服务器的可持续性、高可用性等问题。

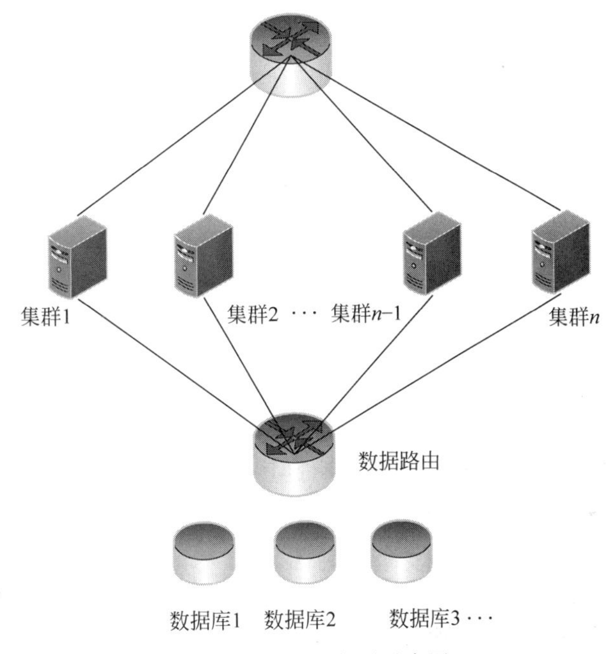

图1.1　大数据集群示意图

2. 大数据集群的模式

集群模式主要有负载均衡模式和冗余模式这两种。

对于负载均衡，最常用的负载均衡技术是基于DNS(Domain Name System，域名系统)的负载均衡，反向代理负载均衡和基于NAT(Network Address Translation，网络地址转换)的负载均衡。基于DNS的负载均衡是通过DNS服务中的域名解析来实现负载均衡，在DNS服务器中，可以为多个不同的地址配置同一个名字，而最终查询这个名字的客户机将在解析这个名字时得到其中一个地址。反向代理负载均衡使用代理服务器可以按照某种算法将会话连接均匀地转发给多台内部服务器，从而达到负载均衡的目的。基于NAT的负载均衡技术使用内部地址和外部地址进行转换，以便具备内部地址的计算机能访问外部网络，而当外部网络中的计算机访问地址网关拥有的某一外部地址时，地址转换网关能将其转发到一个映射的内部地址上。

对于冗余模式，主要分为全冗余备份、互为冗余备份、中央备份服务器三种模式。全冗余备份模式是指集群中的每台服务器都会备份其他服务器的 Session，当一台服务器发生故障时，可以转移到其他任意一台服务器上。互为冗余备份是指 A 会有 B 的数据，B 会有 C 的数据，C 会有 A 的数据，如果 A 出错，就会由 C 接替 A 的工作。中央备份服务器是一种 N+1 模式，一个中央服务器存放所有 Session，如果一台服务器宕机，接管的服务器就从中央服务器恢复相关 Session 数据。

3. 大数据集群的部署

大数据集群的部署包括硬件部署、软件部署和高可用性部署三个部分的部署。

1）硬件部署

大数据集群目前支持所有主流的操作系统，如 CentOS、Fedora、Ubuntu、AIX、Windows、SLES、Debian、Red Hat 等。

2）软件部署

软件部署主要是在硬件集群已经建立完成的基础上，并行在各个节点上安装大数据分析处理系统，如 Spark Cluster。

3）高可用性部署

在硬件和软件部署的基础上，要达到高性能的部署，通常需要有主节点和多个次节点，以保证对海量数据的高效分布式并行计算。

4. 大数据集群的优点

（1）高可扩展性集群。服务器集群具有高度可扩展性。随着需求和负载的增长，可以将更多的服务器添加到集群系统中。在这样的配置中，多个服务器可以执行相同的应用程序和数据库操作。

（2）高可用性集群。高可用性是指防止系统故障或自动从故障中恢复而无须操作员介入的能力。通过将发生故障的服务器上的应用程序移动到备份服务器，集群系统可以将正常运行时间提高到 99.9%以上，并显著地减少服务器和应用程序的停机时间(宕机)。

（3）高可管理性集群。高度可管理的集群是指系统管理员无须花费大量的时间和人力到现场管理集群，他们只需要便捷地通过远程管理一个甚至是一组集群，这样的管理就像管理单机系统一样。

（4）高安全性集群。集群可以定时定期对整个集群系统进行备份，以保证数据的安全和可追溯性。同时，如果集群崩溃或出现重大故障，集群可通过容灾机制快速恢复整个系统。

1.4.2 大数据技术架构

大数据技术正在成为科学和工业领域的新技术焦点，并推动技术转向以数据为中心的体系结构和运营模式发展。重要的是定义基本信息、语义模型，体系结构组件和操作模型，共同构成了所谓的大数据生态系统。大数据架构框架旨在解决大数据生态系统的所有方面，包括以下组件：大数据基础架构、大数据分析、数据结构和模型、大数据生命周期管理、大数据安全。

1. 总体框架

大数据技术体系结构如图 1.2 所示。

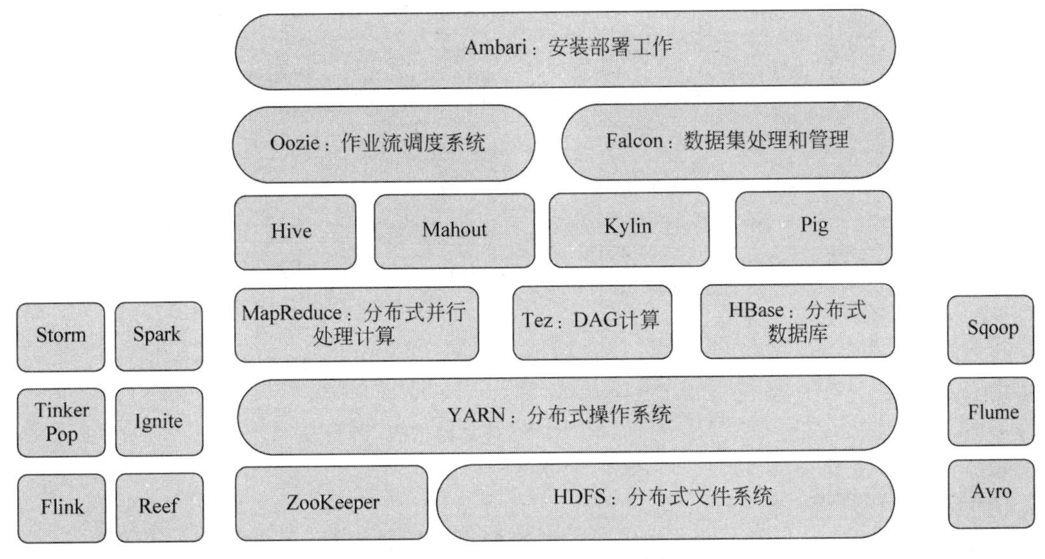

图 1.2 大数据技术体系结构

2. 大数据技术结构各组件概述

这里简单介绍 HDFS、MapReduce、YARN、Hive、HBase、ZooKeeper、Spark、Pig、Sqoop、Flume 等大数据主要组件处理技术。

1) HDFS

HDFS(Hadoop Distributed File System)是 Hadoop 的一个分布式文件系统，设计用于在商品硬件上运行。它与现有的分布式文件系统有许多相似之处，但是与其他分布式文件系统的差异是显著的。HDFS 具有高度的容错能力，可以部署在低成本的硬件上。HDFS 提供对应用程序数据的高吞吐量访问，适用于拥有大量数据集的应用程序。它放宽了一些 POSIX 标准来启用对文件系统数据的流式访问。HDFS 最初是作为 Apache Nutch 网络搜索引擎项目的基础设施而构建的，现在是一个 Apache Hadoop 的子项目。

HDFS 采用的是主/从(Master/Slave)架构。Master 是 NameNode，Slave 是 DataNode，HDFS 集群由一个名称节点(NameNode)和一定数量的数据节点(DataNode)组成。其中，NameNode 控制客户端对数据的访问，是一个负责管理文件系统命名空间和客户端访问文件的中央服务器。DataNode 通常用于管理连接到节点的存储，即管理正在运行的节点上的数据存储。在内部，DataNode 包含一个或多个块(Blocks)并将数据存储在其中。

HDFS 是使用 Java 语言构建的，任何支持 Java 的机器都可以运行 NameNode 或 DataNode。关于 HDFS 的详细内容将在后面章节进行介绍。

HDFS 体系结构如图 1.3 所示。

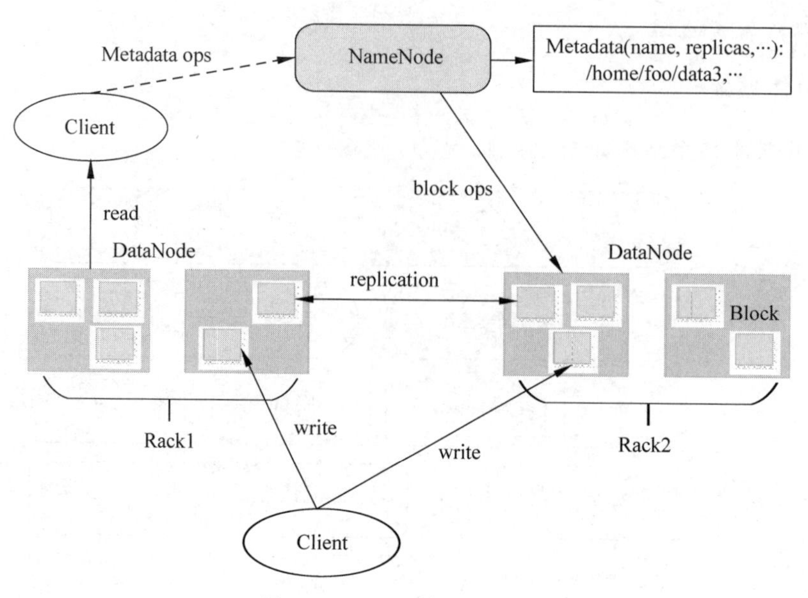

图 1.3　HDFS 体系结构图

2）MapReduce

MapReduce 是一个用于处理和生成大型数据集的编程模型，其在集群上使用并行算法处理大规模数据集，如处理大量存储在文件系统（非结构化）或数据库（结构化）中的数据。

MapReduce 有两个主要阶段，分别为 Map（映射）阶段和 Reduce（化简）阶段，如图 1.4 所示。MapReduce 采用分而治之的思想：①Map 阶段，先将输入的数据划分成若干个独立的数据块，由 Map 任务并行地将这些数据块分配到集群中的多个节点；②Reduce 阶段，将 Map 的输出进行分布式并行计算，把计算结果合并到 Reduce 任务，从而得到最终计算结果。其中，多节点的计算都是 MapReduce 编辑模型实现的，这些计算包含相关的任务调试、负载均衡及容错处理等过程，无须相关人员担心这些问题。

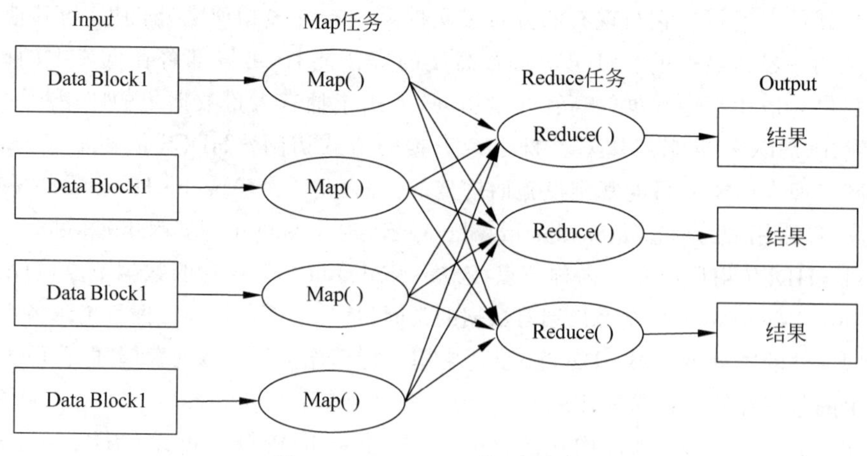

图 1.4　MapReduce 的两个阶段

3）YARN

YARN 旨在提供更高效和灵活的工作负载调度以及资源管理功能，其基本思想是将资源管理和作业调度/监控的功能分解成单独的守护进程。YARN 框架有一个全局的 ResourceManager(RM)和一定数量的 ApplicationMaster(AM)。

ResourceManager 和 NodeManager 组成数据计算框架。ResourceManager 在系统中有管理所有应用程序之间资源的最终权限。NodeManager 是每个机器框架的代理，主要负责容纳和监视它们的资源（CPU、内存、磁盘、网络）使用情况，并将其报告给 ResourceManager/Scheduler。每个应用程序的 ApplicationMaster 实际上是一个特定于框架的库，负责从 ResourceManager 协商资源，并与 NodeManager 一起工作来执行和监视这些任务。

YARN 的工作原理如图 1.5 所示。

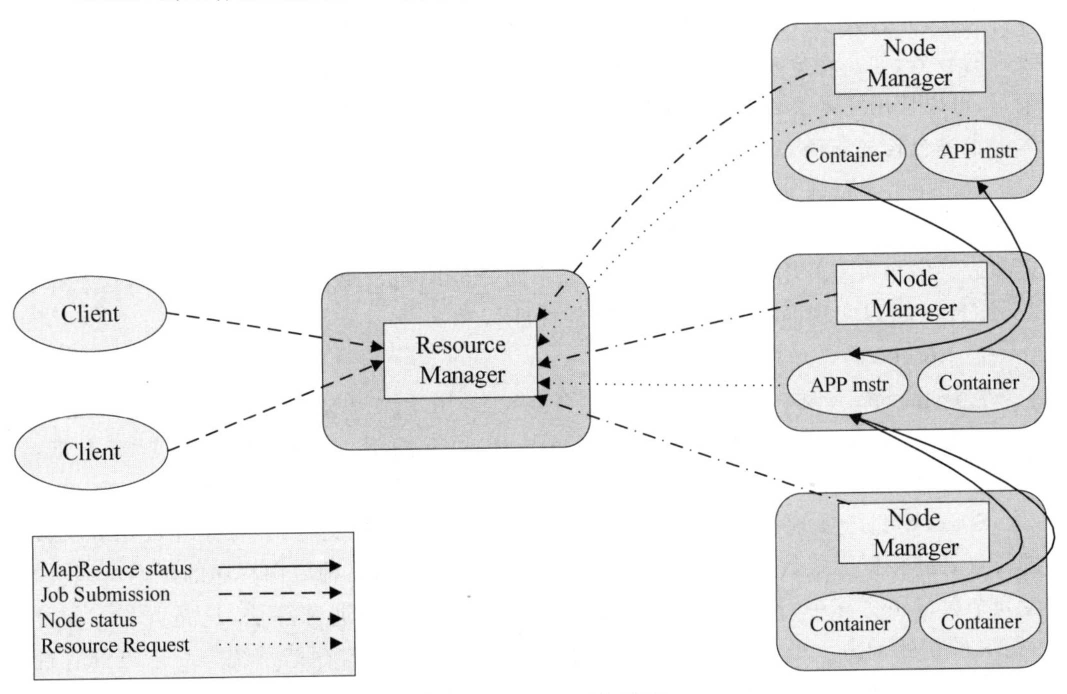

图 1.5　YARN 工作原理

4）Hive

最初，Hive 是由 Facebook 开发的，之后 Apache 软件基金会将其作为 Apache Hive 名下的开源软件进一步开发。现在，它被不同的公司使用，例如，Amazon 在 Amazon Elastic MapReduce 中使用它。

Hive 是一个数据仓库基础架构工具，用于处理 Hadoop 中的结构化数据。提供用于查询的 SQL 类型语言，称为 HiveQL 或 HQL，并负责将 SQL 语句转换为 MapReduce 任务运行，快速实现 MapReduce 计算，不需要构建专门的 MapReduce 程序，非常适合于数据仓库的统计分析，而且成本低廉。它位于 Hadoop 的顶部，用于概述大数据，并使查询和分析变得简单。

5）HBase

HBase 是一个建立在 Hadoop 文件系统之上的分布式列式数据库。它是一个开源项目，可以横向扩展。它的数据模型类似于 Google 的 BigTable，旨在提供对大量结构化数据的快速随机访问。它利用了 Hadoop 文件系统（HDFS）提供的容错功能，可以直接或通过 HBase 将数据存储在 HDFS 中。数据使用者使用 HBase 可以随机读取/访问 HDFS 中的数据。HBase 位于 Hadoop 文件系统之上，提供读写访问能力。

HBase 与一般的数据库不同，是 NoSQL 型的数据库，随着数据呈指数级增长，关系数据库无法处理各种数据以提供更好的性能，因此 HBase 提供可扩展性和划分能力，以实现高效的存储和检索。

6）ZooKeeper

ZooKeeper 是面向分布式应用程序的分布式开源协调服务。它是 Google Chubby 的开源实现，并公开了一组简单的原语集，分布式应用程序可以利用这些原语集来实现更高级别的服务，如实现分布式同步、配置维护、组命名服务等。所以编程人员不必从头开始编写，可以使用它来实现共识、组管理、Leader 选举和在线协议，而且可以根据自己的具体需求进行构建服务。它易于编程，运行在 Java 中，并具有 Java 和 C 的接口。

ZooKeeper 允许分布式进程通过与标准文件系统组织相似的共享分层名称空间相互协调。名称空间由数据寄存器（称为 znode）组成，以 ZooKeeper 的说法，它们与文件和目录类似。但与典型的用于存储的文件系统不同，ZooKeeper 数据保存在内存中，这意味着 ZooKeeper 可以实现高吞吐量和低延迟的性能。

7）Spark

Apache Spark 是一个开源的集群计算框架，是用于大规模数据处理的快速和通用引擎。最初在加州大学伯克利分校的 AMPLab 开发的 Spark 代码库，后来被捐献给 Apache 软件基金会。Spark 为隐式数据并行和容错编程的整个集群提供了一个接口。

Spark 有助于实现迭代算法，循环访问数据集多次，实现交互式/探索性数据分析，即进行重复的数据库式数据查询。与 MapReduce 实现相比，这种应用程序的延迟可能会减少几个数量级。其中，迭代算法的一类是机器学习系统的训练算法，这是开发 Apache Spark 的初始动力。Apache Spark 需要集群管理器和分布式存储系统。对于集群管理，Spark 支持独立模式（本地 Spark 集群），Hadoop YARN 或 Apache Mesos 的集群管理。

8）Pig

Pig 是一个交互式或基于 MapReduce 操作脚本的执行平台，支持 Pig Latin，这是一种用于表达数据流的语言。Pig Latin 提供了一个抽象的方式，通过关注数据而不是定制软件程序的结构，从大数据中获得答案。Pig 使原型非常简单。例如，可以在大数据环境的小型表示上运行 Pig 脚本，以确保在承诺处理所有数据之前获得所需的结果。识别输入，然后读取表（或数据库）的元数据，并创建输入要求的类定义。Pig Latin 语言支持使用一系列运算符来加载和处理输入数据，这些运算符可以转换输入数据并生成所需的输出。

Pig 执行环境有两种模式：①本地模式，所有脚本都在一台机器上运行，Hadoop MapReduce 和 HDFS 不是必需的；②Hadoop 模式，也称为 MapReduce 模式，所有脚本都在给定的 Hadoop 集群上运行。

9）Sqoop

Sqoop(SQL-to-Hadoop)是一个大数据工具，主要是用于在 HDFS 和 RDBMS 之间导入和导出数据，能够从非 Hadoop 数据存储中提取数据，将数据转换为 Hadoop 可用的形式，然后将数据加载到 HDFS 中。

虽然有时需要实时移动数据，但通常需要批量加载或卸载数据。像 Pig 一样，Sqoop 是一个命令行解释器。可以在解释器中输入 Sqoop 命令，并一次执行一个命令。

Sqoop 有以下四个关键特性。

(1）批量导入。Sqoop 可以将单个表或整个数据库导入 HDFS。数据存储在 HDFS 文件系统中的本地目录和文件中。

(2）直接输入。Sqoop 可以将 SQL(关系数据库）数据直接导入和映射到 Hive 和 HBase。

(3）数据交互。Sqoop 可以生成 Java 类，以便以编程方式与数据进行交互。

(4）数据导出。Sqoop 可以根据目标数据库的具体情况，使用目标表定义将数据直接从 HDFS 导出到关系数据库中。

Sqoop 通过查看要导入的数据库并为源数据选择适当的导入函数来工作。在识别出输入之后，它将读取表(或数据库）的元数据并创建输入要求的类定义。

10）Flume(日志收集)

Flume 是一个分布式的、可靠的、可用的服务，可以高效地收集、汇总和移动大量的日志数据。它具有基于流式数据流简单而灵活的体系结构，同时它有可调谐的可靠性机制和许多故障转移的恢复机制，具有强大的容错能力。它使用一个简单的可扩展的数据模型，允许在线分析应用程序。

1.5 大数据行业应用

如今，大数据在各个行业，如互联网、生物医学、农业、旅游业、制造业等热门行业，都有广泛的运用，其中还包括对各行业大数据处理分析的应用。下面主要介绍在互联网与电子商务、医疗健康、交通、金融交易、旅游、政治等这些不同行业的大数据应用。

1.5.1 互联网与电子商务行业

在互联网与电子商务行业中，大数据和相关技术对传统的网络发展带来巨大影响。例如，通过收集互联网用户的地理分布数据、搜索短语实时数据、购物浏览行为数据以及社交兴趣爱好社交数据等不同的互联网用户数据，就可以实现地理定位，通过用户个性化需求导向、个性偏好导向和关系导向等方向的方式，实现精准化、个性化的网络营销。

另外，通过整合大数据，可以实现跨平台、跨终端的商品推送，大数据处理技术中的推荐系统就可以为用户做到推送服务，这样的推荐服务首先针对用户所产生的行为日志数据进行采集，然后对用户和物品产生的兴趣程度通过推荐算法进行用户和物品的同步匹配计算，并将计算结果推送到在线存储，最终产品在有用户访问时通过在线信息，获得该用户可能感兴趣的物品。

一个经典的大数据互联网应用案例就是淘宝网。淘宝网最初的大数据是在2005年淘宝网的第一批数据产品“淘数据”中发布的，这些数据主要通过日成交额、用户访问量等数据来生成经营数据决策表，以便决策者分析业务流程。2009年，淘宝网将传统的数据库转向大数据技术框架，充分利用大数据的优势来处理和分析商用数据，这个时期表明淘宝已正式步入大数据时代。2010年以后，淘宝网进入大数据成熟阶段，发布了一系列大数据应用，如阿里金融、阿里云和数据魔方等。这些发展使得淘宝大数据的商业价值已逐渐从内部运用走向对外实践，从价值创造走向价值实现，在管理模式、运营模式、盈利模式等方面的大数据运用上，为其电子商务模式带来良性发展。（数据仓库平台的发展如图1.6所示。）

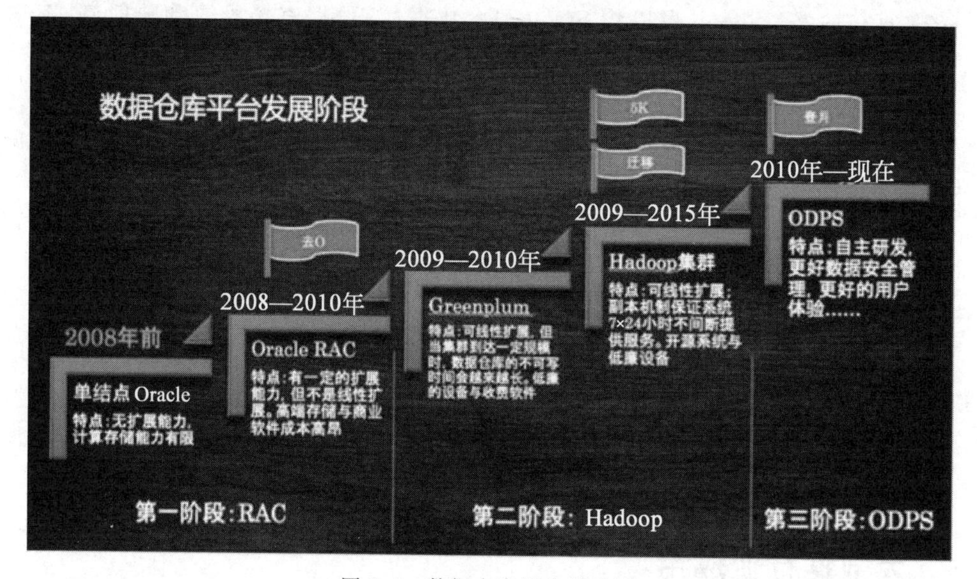

图1.6　数据仓库平台的发展

在云计算、互联网等全球信息技术发展的推动下，全球数据量增长速度超过历史上的任何一个时期。国际数据公司的一份报告指出，2011年全球数据总量为1.8ZB，到2020年将增至35.2ZB，年均增长超过40%。“福布斯”分析师指出，全球90%的数据是在过去的2～3年内产生的。互联网无疑是信息和数据最大的增量来源，包括不同的数据类型（结构化、半结构化和非结构化数据）。每个月都有10亿条Twitter消息和300亿Facebook更新在全球范围内发布。科学领域日益完全基于大量数据，如系统生物学、宏观生态学、基因组学和脑科学。此外，还有无数的传感器可以测量和传送位置、移动、温度、湿度和其他变化的细节，从而产生丰富的数据。因此，大数据已经渗透到工业、技术、交通、电力、医疗、金融、社会保障、国防和公共安全等人类社会的各个领域和部门。大数据作为新一轮的战略高地技术与传统信息产业竞争，将推动信息产业创新发展，促进社会生产力发展，改善工作和生活环境，成为推动世界经济增长和社会进步的重要发展力量。

大数据研究是跨越信息科学、社会科学、网络科学、系统科学、心理学、经济学等诸多领域的新兴跨领域环节，正在成为热门研究领域。大数据包含人类所需的几乎所有信息，然而由于其庞大的规模、多样性和其他动态方面的特点，现在已经大大超出了人类的认知，并且如何有效地处理这种动态信息量是一个公认的问题。近年来建立的大数据平台有几种创新方法，这些研究对大数据技术的发展和创新做出了贡献。美国的跨国合作公司谷歌，提出了代表性的技术——谷歌文件系统（GFS）和地图缩减处理模型。开源软件框架 Hadoop 分布式文件系统（HDFS）现在是大数据分析的主要平台。

1.5.2 医疗健康行业

医疗健康大数据应用为医疗行业带来了宝贵的价值。实际上，大数据的一些应用已经有效地提高了私营和公共医疗服务，更好地帮助患者摆脱病患和协助医生做出准确的诊断。大数据分析可以通过提供决策支持工具，从而降低医疗行业的高成本来支持运营服务的优化，从而彻底改变传统的医疗模式。以下是医疗领域中具体的大数据应用。

（1）大数据分析帮助健康机构检测哪些部门需要被重新配备，能够有助于实时评估和监测服务质量，医疗单位的绩效以及人力资源和医疗设备的需求，从而提供更好的医疗健康服务，同时减少不必要的医院开支。

（2）使医生和患者更好地了解并掌握疾病演变，支撑医生的决策。如大量的病毒和 DNA 的信息来源通过数据分析有助于了解疾病演变，这些数据分析有助于医生和研究人员找到预防遗传和遗传疾病的新方法，从而进一步帮助医生有效地诊断患者的病况。然后，将患者的历史手术结果分析与患者当前的症状或历史记录进行分析，这样的相互关系有助于根据患者资料找到最合适的干预措施和治疗方法，从而支持医生的决策。

（3）预测性大数据模型可以分析来自私营和公共医院的临床数据，从而预测疾病的情况，防止流行病蔓延。这些模型根据受影响的地区和人口症状能够检测出与人口健康有关的严重症状，决策者能够通过这些检测结果建立有效的预防计划，并阻止流行病蔓延。

（4）提供医疗服务的用户化。一些医疗项目实时收集和分析患者的反馈意见，以提高他们的满意度。例如，实时医疗数据可以监测病人的病情，以适应药物剂量或根据分析的症状给出医疗建议。一些项目使用智能传感器连接到智能手机或血糖仪，目标是在线监测和实时监测患者的症状（血糖水平、心脏跳动等）。如果有紧急情况和症状信息会立即发送给医生，以便根据新患者的症状调整医疗方案。一般来说，医疗数据分析可以提高患者的生活质量，同时为医生提供有价值的治疗和手术方面的信息。

1.5.3 交通行业大数据应用

随着工业化和城市化的步伐加快，交通大数据已经成为非常普遍的研究领域。由于拥挤的城市中主要的旅游设施、汽车数量迅速增加，交通问题越来越严重，不仅浪费资源和时间，而且给经济造成了重大损失。例如，每年在德国造成 600 亿欧元的交通问题。又如，北京在 2010 年年初共有 400 万辆汽车，从 2011 年到 2016 年增加了 800 多万辆，交通拥堵可能导致燃料消耗增加，空气污染增加，实施公共交通管理方面的困难。据悉，德国等候车的平均车时速为 70km，交通拥堵的年度财务成本每天高达 970 亿元，而德国人在高速运输中怠速燃烧大约 3 亿升燃料，造成大量财产损失和环境污染。

大数据智能交通系统的出现改善了城市交通管理，为智能交通的发展提供了新趋势。智能交通系统通过收集实时交通数据，可以识别当前的交通运行状况、交通流状况，并可以预测未来的交通流量，然后发布一些最新的实时交通信息，帮助驾驶者选择最佳路线，能够做到对移动车辆进行精确的管理、监控。同时，智能交通系统还具有改善交通条件，减少交通拥挤和管理费用，高可靠性，提高交通安全和不受天气条件影响等优点。

智能交通系统在大数据应用中的商业价值如下。

1. 改善交通案件侦查能力

例如，将24个月的交通违章图像信息存储在系统中，交警部门可以轻松地检索车辆的信息，如颜色、模型和车牌，以及其他相关信息，如历史行为、驾驶路线、车辆运营公司以及司机的身份，以便交警能够快速获取违章车辆的信息。

2. 改善交通警察对机动车辆的监督

例如，交通警察可以很容易地从系统中的几十亿条记录中检索过往车辆的车牌号码和行驶轨迹。

3. 轻松访问相关车辆并分析数据

以前调查一些复杂的交通案件需要获取来自多个检查站或多个车辆的数据，从而花费较长的时间，现在只需10s就可以轻松访问到相关车辆的数据信息。

1.5.4 金融行业

自从有了大数据，金融服务行业便迅速发展信息体系结构，其中，访问、分析和管理海量数据的能力对提高业务效率和性能至关重要。大数据的出现，使得银行的盈利能力一直在上升，特别是在世界各地经济条件好的地方，银行通过进入新的市场和服务领域来开发新的收入来源。随着客户数量的增加，这会显著影响组织提供的服务水平。现有的数据分析实践简化了银行和其他金融服务机构的监督和评估流程，包括大量客户数据，如个人和安全信息。但是在大数据的帮助下，银行现在可以使用这些信息来实时跟踪客户行为，提供任何特定时刻所需的确切资源类型。这种实时评估反过来会提升整体绩效和盈利能力，从而推动组织进一步进入成长周期。

利用大数据技术提高客户在商业银行业务方面的经验，可以帮助增加以利息为基础的收费。许多较大型的金融机构都倾向于扩大理财投资组合，以确保风险较低且收费一致。差异化的服务，交叉销售和向上销售的举措，以及扩展到全球新兴的财富管理市场正在上升。大数据分析和用户信息管理在确保分析策略得到正确执行方面起着核心作用。

金融服务机构将继续通过运营效率，更好的风险管理以及改善的客户亲密度来关注收入增长和更高的利润率。这样的知识使得企业能够适应和增强他们的产品、服务和策略（如实时的有针对性的广告宣传）。因此，可以增加顾客的满意度，扩大利润，增强竞争力。

例如，Facebook、Google、Amazon收集和出售有关网络用户行为、反馈、评论和在线交易的信息。信用卡公司(如 Equifax 和 TransUnion)也是这样做的,以增加利润,并提高他们的服务质量。此外,多种通信技术的迅猛发展以及众多实体(如企业子公司,合作伙伴,供应商和在线客户)之间的高度互联互通,带来了基于大数据实时共享和货币化的新商业模式。

实际上,银行和其他金融机构可以从大数据高级分析中获得三个主要方面的优化:客户体验的优化,操作运营的优化以及员工敬业度的提升。

1. 客户体验优化

关注客户的需求是非常重要的,因为今天的客户对他们与银行或信用社的互动方式抱有很高的期望。他们的购买旅程非常复杂,非线性,因此金融玩家必须能够仔细了解客户的偏好和动机。

为了实现客户的360°视图,一系列客户快照已经不够了。公司需要一个中央数据中心,将客户与品牌的所有交互结合在一起,包括基本的个人数据、交易历史、浏览历史记录、使用服务等。

根据麦肯锡公司的说法,使用数据做出更好的营销决策可以将营销生产力提高15%~20%,考虑到平均每年1万亿美元的全球营销支出,这个数字可能高达2000亿美元。

以数据为基础的分析可以帮助金融行业的客户了解客户并帮助创建客户细分。这种信息收集和评估需要对组织基础设施进行额外投资,并通过跨组织多个职能部门人员之间的投入和协调一致。

2. 操作运营优化

虽然大数据已经在金融的很多领域得到了应用,但除了一些早期的采用者之外,风险管理还没有打开它的力量。

大数据技术可以提高风险模型的预测能力,通过提供更多的自动化流程,更精确的预测系统以及更少的失败风险,以指数方式提高系统响应时间和有效性,提供更广泛的风险覆盖范围,并显著节约成本。风险团队几乎可以实时从各种来源获得更准确的风险情报。

大数据在金融风险管理方面的很多领域都可以应用和带来价值,包括欺诈管理、信用管理、市场和商业贷款、操作风险和综合风险管理等方面。例如,启用大数据的系统可以检测欺诈信号,使用机器学习实时分析这些信号,并准确预测非法用户的交易。大数据提供了与财务风险相关的不同因素和领域的全球视野的能力。

3. 员工敬业度提升

对于大数据受到的所有关注,许多公司倾向于忘记一个潜在的因素,可能会对他们的业务产生巨大影响,这种因素就是员工体验。如果做得对,它可以帮助追踪、分析和分享员工绩效指标。将大数据分析应用于员工绩效有助于识别并确认绩效最好的员工,也可以认识到挣扎或不快乐的员工。这些工具允许公司查看实时数据,而不仅是基于人类记忆的年度评论。

当拥有正确的工具和分析时,可以衡量一切,包括个人表现、团队精神、部门之间的互动以及整个公司的文化。当数据与客户指标相关时，也可以使员工花更少的时间在手动流程上，而更专注于更高级的任务。

1.5.5 政府机构

为了加强大数据领域的研究和开发，一些国家的政府已经在实时分析多种动态或静态信息的来源(例如，日志、历史事件、公共和私人监控摄像机、社交网络上的公民评论、在线交易、GPS 数据和移动通信)。他们也利用了许多政府信息通信技术的数据，目标是发现有价值的数据信息、模式和相关性，或者建立预测模型，使政府能够优化战略，增强公民的公共服务。另一个重要的目标是确保连续的监督和监测，以保护公民和减轻犯罪的影响。

例如，政府可以应用先进的大数据算法来预测可能影响国家安全的事件，或者识别事件、犯罪组织和恐怖分子。此外，政治学家和专家可能会使用大数据分析来提取有价值的知识。这种数据分析使人们能够更好地理解政治问题。例如，Bensrhir 提出了基于地理政治分析的大数据应用，这个应用可以评估前美国总统奥巴马在特定时期的政治观点。首先从白宫网站收集奥巴马的演讲稿，然后清理数据以保持一致性，并将相关数据集提取到用例中。应用数据挖掘技术来评估总统对政治事件的关注，分析总统的情绪，并评估总统在重大政治事件中的态度。可以通过扩展模型来检测政治模式，预测选举对于国家进程的影响，验证政治观点，监督政治目标，获得公民对目前政治形势信任的可靠性等。

又如，阿里云为政府机构推出政务云，使得各级政府部门的政务网站可以安全上云。例如，为区县级政府及垂直部门网站上云，配备了 Web 应用防火墙增强版，提供 2GB 的 DDoS 防护能力(可选 10GB DDoS 防护、1 次人工远程渗透测试服务和 1 年期安全管家贴身服务)。政务云提供暴力破解密码拦截、木马查杀、异地登录提醒、高危漏洞修复、主机防火墙的防入侵功能，以及安全巡检，发现主动威胁等相应功能以保障云服务器和业务系统的安全，这有效地解决了政务网站安全上云的安全性问题。

1.5.6 零售业

零售企业收集的数据量(如大数据量级从 TB 上升到 ZB 量级，数据的维度也在运营数据、交易数据、用户数据的基础上，增加了交互数据直到大数据)继续迅速增长，特别是由于在网上或电子商务上进行的业务的易用性、可用性和普及程度日益提高。通过收集到的大量有关销售和客户购物历史的数据，零售数据挖掘有助于识别顾客行为，发现顾客购物模式和趋势，提高顾客服务质量，获得更好的顾客忠诚度和满意度，提高商品消费率，从而可能分析设计出更有效的货物运输和分销政策，来降低商业成本。

零售网站通常包含经常更新的最新产品信息，无论在哪个场合，更新的超级优惠都会在网站上更新，并发送推送消息或邮件给注册用户。为了提高业务水平，他们提供返现优惠，以便客户有兴趣在这些零售网站购物，使得企业可能获得丰厚的利润。甚至连零售商都在使用预测分析来确定要存储哪些产品，推广活动的有效性以及哪些产品最适合消费者。

当零售业到达成熟阶段时,零售企业就需要数据共享和利用各领域(例如,企业、供应商、客户、合作伙伴和法律机构执行力)之间的高度互联性来创造一个新的商业模式。

沃尔玛是一个跨国零售公司,经营连锁折扣店,它利用大数据挖掘来发现零售业的商业模式的变化。其系统的力量在于实时分析和分享从不同来源收集的数据:①内部数据(例如,金融、客户、交通、商品)和②外部数据(例如,客户行为、Facebook 上的评论、来自手机的数据、电子邮件或用户在网站上的单击)。沃尔玛平台基于广泛的大数据生态系统进行在线营销,拥有二百多个 Hadoop 节点和强大的分析引擎。为了克服快速增长的数据流,沃尔玛开发了自己的组件,并随后开源(像 Muppet 是一个设计用于在多个集群上实时处理和分析大数据的工具,而 Thorax 是一个建立大规模网络应用程序的框架设计)。沃尔玛挖掘在线用户的意见和行为,以推荐一个符合用户兴趣的产品。为了获得更好的购物体验,沃尔玛为使用智能手机的顾客提供一站式移动导航。此外,利用大数据的价值,沃尔玛通过大数据共享和货币化增加盈利,使其有能力影响合作伙伴决定调整价格,实现利润最大化和降低成本的目的。

1.5.7　其他应用领域

大数据在其他行业也有广泛的应用,如农业、旅游、能源等。例如农业大数据,它可以使生产策略最优化,根据气候预测来满足调整农作物种植计划,监测地区和客户资料等需求。这可以通过分析多种不同来源(例如条件和历史,需求预测或智能传感器)的数据来完成。

又如在旅游业中,已经有一些大数据旅游模型,这些模型改进了旅游活动,更好地为旅游者提供服务。例如更好地了解游客的行为,发现其偏好和需求,监测游客的地理位置、活动和背景。同时,可以根据游客的偏好、在线行为和地理位置向游客推荐实时的酒店、餐馆和活动。一个旅游推荐系统就是基于广泛的大数据分析和可视化工具的结合,其中包括:对旅游活动历史模式的分析;实时分析当前旅游活动、偏好、配置文件和网站访问情况;跟踪旅游地位;监测其他参数,如天气状况和交通拥堵情况,以此来实时建立个性化推荐。

另外,如水利资源中,自动化的传感器和监测系统提供大量的实时流量数据。例如,灌溉系统中的自动化传感器在分秒中产生各种有关气候(温度、辐射、风速和湿度)、作物(作物高度、植物密度、叶面积指数等)和土壤(含水量、渗透等)的数据和其他可能是多个小时才能产生的数据。这些数据可以被存储和分析,以调节自动化灌溉水源的开启或关闭。传感器产生的数据需要实时处理,以便立即采取行动。然而,使用实时数据开发和验证模型是一项艰巨的任务。

1.6　大数据的挑战和机遇

随着大数据的不断发展和研究,其有利的价值在不断被挖掘的过程中,大数据的发展也面临着巨大的挑战和机遇。

1.6.1 大数据的挑战

大数据的发展面临着各种各样的挑战，主要的大数据挑战体现在如下方面。

1. 隐私和安全

隐私安全是大数据最重要的敏感问题之一，这些问题包括概念、技术和法律意义。通过个人信息与外部大数据相结合可以推断出有关该人的新信息，这种信息可能对于个人是保密的，并且不希望数据信息被所有者或任何了解他们的人知道。

虽然收集和使用有关用户的信息，可以便于为企业的业务增加巨大的价值，但这些都是通过他们不知道的手段来间接来完成的。同时也可能会带来严重的后果，如大数据研究者对群众的数据进行分析预测，很容易识别到个人的信息，如果信息泄露很容易对弱势群体造成不良后果。

数据是通过许多网络共享的，这些共享的信息增加了安全和隐私风险。因此，部署先进的安全机制来保护大数据交换和存储在多个集群中的大数据是非常重要的。然而，由于大数据产生的速度迅速和庞大的数据量，难以保护所有大型数据集。因此，最实际的保护方式是保护数据的价值及其关键属性，而不是数据本身。

2. 异构性和不完备性

非结构化数据几乎代表了社交媒体交互、记录会议、处理 PDF 文档、传真传输、发送电子邮件等所有类型的数据。结构化数据总是组织成高度机械化和可管理的方式，它能够与数据库进行良好的整合，但非结构化数据是完整的、无组织的，处理非结构化数据非常烦琐，当然也很昂贵。尽管结构化数据是一种以易于管理的方式组织的数据，挖掘非结构化数据非常麻烦而且代价高昂，但是如果将所有这些非结构化数据转换为结构化数据也是不可行的。大数据分析算法期望得到的数据为同质数据，不能理解有差别的异构数据。即使在数据清理和处理之后，数据中的一些不完整性和一些错误也可能保留下来。

3. 数据质量

收集大量的数据和存储是有代价的。如果用于决策或业务预测分析，较多的数据肯定会带来较好的结果。业务领导者总是希望存储越来越多的数据，而 IT 领导者将在存储所有数据之前考虑所有的技术问题。因为大数据基本上集中于对高质量的数据存储从而得出更好的结果和结论，而不是拥有非常大的不相关的数据，这进一步导致了数据质量的各种问题：如何确保哪些数据是相关的，有多少数据足以做出决策以及存储的数据是否准确，或者不能从中得出结论等。实时处理大量的数据时，分析哪些数据是重要的，也是大数据的一个巨大的挑战。

4. 数据的访问和信息共享

如果需要对数据访问及时做出准确的决定，就必须准确、完整、及时地提供信息。这使得数据管理和治理过程变得复杂，增加了数据信息开放的必要性，从而需要更好的决策、商业智能和生产力将数据信息以标准化的方式与标准化的 API、元数据和格式提供给政府机构。同时，对于数据开放共享，政府部门各自为政，把数据开放当成自己的权利，不愿意共享开放；法律法规制度不够具体，不清楚哪些数据可以跨部门共享和向公众开放，缺乏公共平台，共享渠道不畅。

当然，期望在公司间共享数据是很尴尬的，因为有关客户和业务的数据的共享威胁着客户的隐私安全和公司的竞争文化趋势。

5. 存储和处理问题

由于互联网大数据的严格要求，将数据外包给云计算的存储和服务器似乎是一种选择。然而将大量数据上传在云中并不能解决问题，因为大数据需要获取收集的所有数据，以提取重要信息的方式进行链接。例如，大字节的数据将需要大量的时间才能上传到云中，而且这些数据更新速度很快，这将使得这些数据很难被实时上传。同时，云数据的分布性也是大数据分析的难题。因此，大数据的云问题可以分为容量和性能两个方面的问题。

从存储点到处理点的数据传输可以通过两种方式来避免。一个是仅在存储位置进行处理，结果可以转移，或者仅将该数据传输到重要的计算。但是这两种方法都需要保持完整性和数据来源。处理这么大量的数据也需要大量的时间。为了找到合适的元素，需要对整个数据集进行扫描，这是不可能的。因此，在收集和存储数据的同时建立索引是一个好的做法，并且大大减少了处理时间。

6. 技能

由于大数据处于年轻化和新兴技术阶段，因此需要吸引具有多种新技能的人才，这些技能不应局限于技术方面，还应扩展到研究、分析、解释和创造性技能。这些技能需要在个人中得到发展，因此需要组织的项目培训。此外，大学需要引入大数据课程，以培养熟练这些技能的员工。

1.6.2 大数据的机遇

(1) 大数据的使用将成为个体企业竞争和成长的重要基础。所有的公司企业都将使用大数据。在大多数行业中，已建立的竞争对手和新进入者都将利用数据驱动的策略来创新、竞争，并从深度和实时信息中获取价值。

(2) 大数据在教育领域的机遇：大数据可以生成更详细的学校信息，推广虚拟云课程，使学生更灵活地学习课程及了解学业动态。

(3) 保险、政府部门、农业和制造业等都将通过使用大数据来提高生产力。

(4) 大数据的概念在医学研究领域有实际应用。在医疗保健方面，数据大多来自医疗记录、放射图像、人类遗传学等，更多的信息可以帮助分析病人的护理和疾病，因此，研究可以更快地完成。将来大数据将有助于更好地为患者提供诊断和治疗。

(5) 使用智能手机和平板电脑会导致大量的移动数据流量。大数据对移动网络非常重要，其对提高网络质量、交通规划、硬件维护预测等也十分有用。

(6) 各种科学分支产生大量的实验数据。大数据正是满足了科学需求需要一种新的数据处理方式。

1.7 本书内容结构介绍

本书内容共分为10章。第1章给出大数据的宏观介绍。第2章简单介绍了Hadoop的基础知识，并描述了Hadoop实验环境搭建的相关操作。第3章阐述了HDFS的原理和基本操作，同样描述了HDFS简单的实验操作。第4章讨论了YARN的基本概念和工作原理。第5章简单介绍了MapReduce的概念，并给出了MapReduce开发环境搭建的操作描述，同时提供了3个简单的MapReduce实验的演示。第6章和第7章分别介绍了Hive和HBase的基础知识，并描述了Hive和HBase的安装配置操作。第8章讨论了ZooKeeper的相关知识以及简单的应用。第9章和第10章分别对两个关键组件Spark和Kafka进行了介绍，同时给出了相应的操作实验。读者可以按照章节顺序阅读，也可以根据自己的需求选择阅读顺序。本书知识结构如图1.7所示。

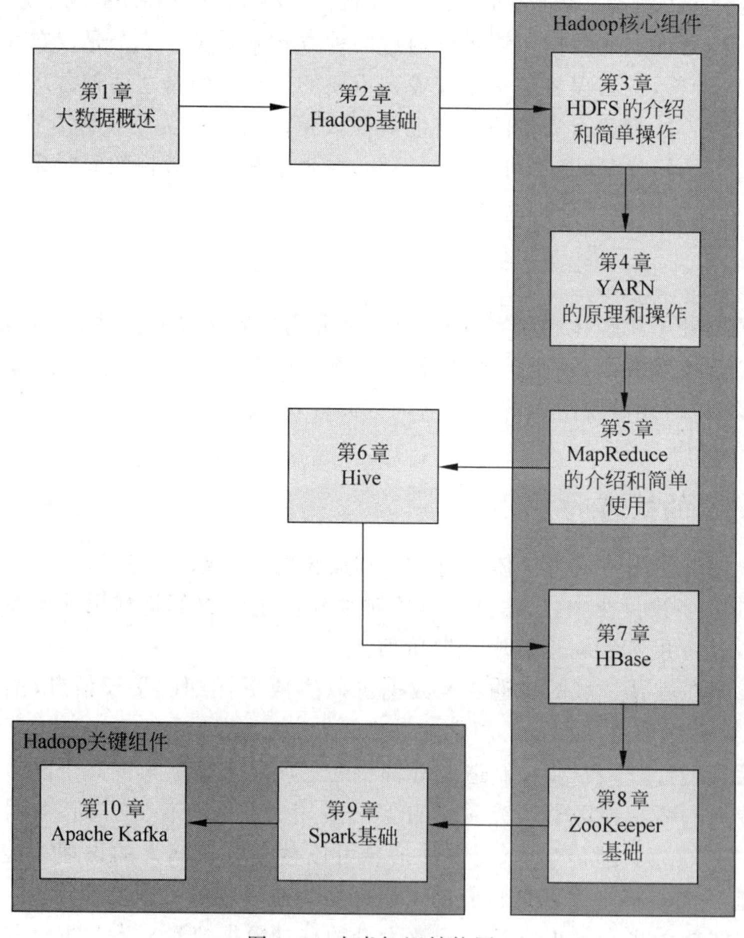

图1.7 本书知识结构图

第 2 章

Hadoop基础

在大数据领域,大数据的平台和组件有很多,但是无论从哪个方面看,Hadoop 都是其中十分成功的一个代表,本章将从以下四个部分来对 Hadoop 的基础知识进行讲解。

2.1　概念介绍

介绍架构及 Apache Hadoop 的基本概念。

2.2　Hadoop 的安全性

介绍 Hadoop 的安全性。

2.3　实验环境准备

介绍搭建 Hadoop 实验环境的准备工作。

2.4　搭建 Hadoop

介绍 Hadoop 环境的搭建步骤。

通过本章的学习,读者将对 Hadoop 的基本概念和安全性有初步的了解,通过学习如何搭建 Hadoop 环境,进一步了解 Hadoop,便于进行后续的实验。

关于 Hadoop 的详细文档介绍可访问网站 http://hadoop.apache.org/或扫描右侧二维码,获取更多 Hadoop 信息。

2.1　概念介绍

2.1.1　架构

随着计算机的不断发展,信息系统也变得越来越复杂,而"架构"一词在信息学中变得越来越重要。在这里给出 IEEE 关于架构的定义:架构是一个系统的基础组织结构,包括系统的组件构成、组件之间的相互关系、系统和其所在环境的关系，以及指导系统设计和演化的相关准则。

“架构”一词是系统结构层面上的，存在软件架构、硬件架构等概念，具有广泛的适用性。使用架构能更好地帮助使用者了解系统总体与局部的关系，从整体上进行思考。

2.1.2 Apache Hadoop 概述

Apache Hadoop 是 Apache 软件基金会旗下一个开源分布式计算平台，可以在具有数千个节点和 PB 级别的大型数据系统上进行数据处理，允许在集群服务器上使用简单的编程模型对大数据集进行分布式处理。Hadoop 被设计成能够从单台服务器扩展到数以千计的服务器，每台服务器都有本地的计算资源和存储资源。Hadoop 的高可用性并不依赖硬件，自身就能在应用层侦测并处理硬件故障，因此能基于服务器集群提供高可用性的服务。

目前，以 Hadoop 为核心，已经形成了一个基本完善的生态系统，图 2.1 中给出了 Hadoop 应用生态中的主要组件。

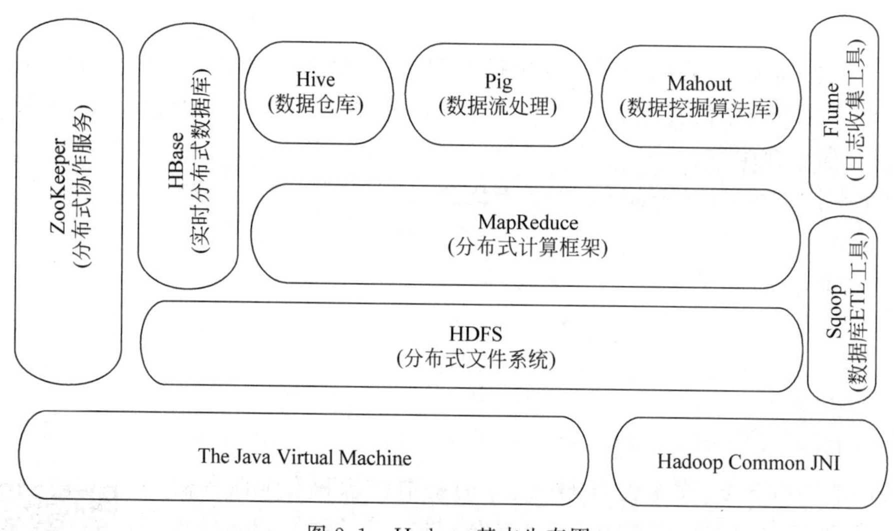

图 2.1 Hadoop 基本生态圈

简单地说，HDFS 用于存储数据，MapReduce 用于处理数据，YARN 用来管理集群的资源(CPU 和内存)。

2.2 Hadoop 的安全性

早期的 Hadoop 集群并没有考虑安全问题，认为集群运行在安全的环境中。然而，随着集群的不断扩大，用户对集群的使用需求逐渐增加，共享资源越来越多，集群的安全性问题也就变得越来越突出。

2.2.1　安全问题

Hadoop 的安全问题主要表现在以下几个方面。

1. 用户和服务间的安全问题

1）NameNode 或者 JobTracker 缺乏安全认证机制

当不指定用户名和用户组时，Hadoop 会调用 Linux 命令“whoami”获取当前 Linux 的用户名和用户组，并将其添加到作业的 user. name 和 group. name 两个属性中。此时，作业被提交到 JobTracker 后，JobTracker 将不经过验证直接读取这两个属性，并将该作业提交到对应队列中。通过这台被认证的客户端，任何身份的用户都可以提交作业，进而使用他人的资源。

2）DataNode 缺乏安全授权机制

只要知道某个 block 的 blockID，用户就可以绕过 NameNode 直接从 DataNode 上对该 block 进行读写。

3）JobTracker 缺乏安全授权机制

用户在修改或者中断其他用户作业的状态时，不会经过任何验证。

2. 服务器和服务器间的安全问题

DataNode 与 TaskTracker 缺乏安全授权机制，使得用户可以随意启动虚假的 DataNode 和 TaskTracker，例如，直接在已经启动的 TaskTracker 上启动另一个 TaskTracker。

3. 磁盘或者通信连接的安全问题

磁盘或者通信连接没有经过加密，造成数据在流动中很容易被外界获取。

2.2.2　Simple 机制

Simple 机制是 Hadoop 中提供的一种安全机制，它是 JAAS 协议（Java Authentication Authorization Service）与 Delegation Token（委托令牌）结合的一种机制。

该机制的工作原理如下。

（1）用户提交作业时，JobTracker 端会进行身份核实，验证用户身份，即检查当前操作用户与 JobConf 中的 user. name 中记录的用户是否一致。

（2）检查 ACL（Access Control List，访问控制列表）配置文件，确认用户是否具有提交作业的权限。当验证通过后，获得 HDFS 或者 MapReduce 授予的 Delegation Token，之后进行的任何操作，均会检查该 Token 是否存在，同时还会检查该 Token 与之前注册使用 Token 的用户是否一致。

2.2.3　Kerberos 机制

Kerberos 机制是 Hadoop 提供的另一种安全机制，它实现机器级别的安全认证，解决服务器到服务器的认证问题。

1. Kerberos 概述

集群中确定的机器由管理员事先手动添加到 Kerberos 的数据库中，KDC（Key Distribution Center，密钥分配中心）将分别产生主机与各个节点的 keytab，这个 keytab 包含 host 及其对应节点的名字以及它们之间的密钥，然后 KDC 会将这些 keytab 分发到对应的节点上。根据这些 keytab 文件，节点可以从 KDC 上获得与目标节点通信的密钥，被目标节点认证，获得相应的服务，防止了被冒充的可能性。

Kerberos 机制解决了以下问题。

1）解决了服务器到服务器的认证问题

Kerberos 为集群里所有机器都分发了 keytab，使其相互之间使用密钥进行通信，确保冒充服务器的情况不会发生。防止了用户伪装成 DataNode、TaskTracker，去接受 JobTracker、NameNode 的任务指派。

2）解决客户端到服务器的认证问题

Kerberos 对可信任的客户端提供认证，确保它们可以执行作业的相关操作，防止用户恶意冒充 Client 提交作业的情况，使用户无法伪装成其他用户入侵到一个 HDFS 或者 MapReduce 集群上。即使用户知道 Data 的相关信息，也无法读取 HDFS 上的数据，且无法发送修改操作到 JobTracker 上。

2. 相关名词解释

（1）Princal（安全个体）：被认证的个体，有一个名字和口令。

（2）KDC（Key Distribution Center）：一个网络服务，提供 Ticket 和临时会话密钥。

（3）Ticket：一个记录，客户用它来向服务器证明自己的身份，包括客户标识、会话密钥、时间戳。

（4）AS（Authentication Server）：认证服务器。

（5）TGS（Ticket Granting Server）：许可证服务器。

3. Kerberos 工作原理

1）Kerberos 协议

Kerberos 协议工作原理可以分为以下两个部分（如图 2.2 所示）。

（1）Client 向 KDC 发送自己的身份信息，KDC 从 Ticket Granting Service 得到 TGT（Ticket-Granting Ticket），并用协议开始前 Client 与 KDC 之间的密钥将 TGT 加密回复给 Client。此时只有真正的 Client 才能利用它与 KDC 之间的密钥将加密后的 TGT 解密，从而获得 TGT。此过程避免了 Client 直接向 KDC 发送密码，以求通过验证的不安全方式。

（2）Client 利用之前获得的 TGT 向 KDC 请求其他 Service 的 Ticket，从而通过其他 Service 的身份鉴别。

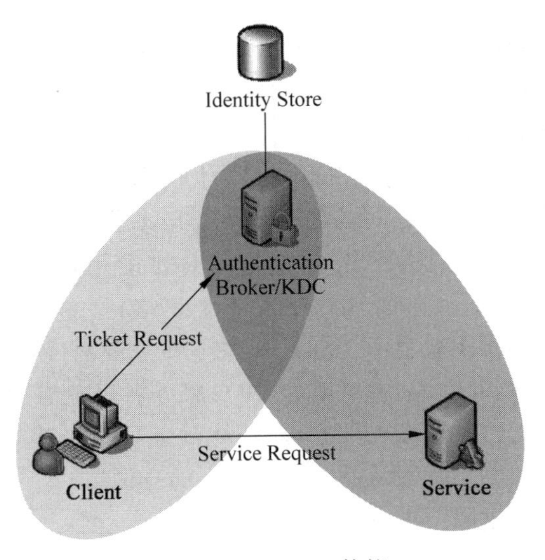

图 2.2　Kerberos 协议

2）Kerberos 认证过程

Kerberos 认证过程是 Kerberos 协议的重点。

Kerberos 认证过程如图 2.3 所示，具体的认证过程描述如下。

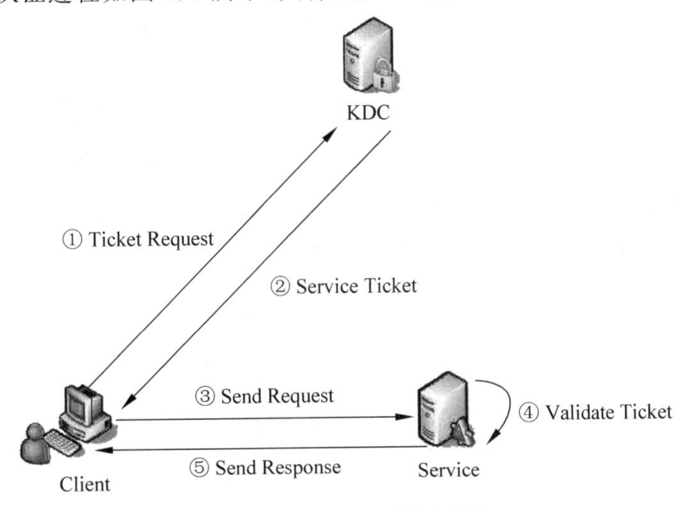

图 2.3　Kerberos 认证过程

（1）Client 将之前获得的 TGT 和需要请求的服务信息（服务名等）发送给 KDC，KDC 中的 Ticket Granting Service 将为 Client 和 Service 之间生成一个 Session Key 用于 Service 对 Client 的身份鉴别。然后 KDC 将这个 Session Key 和用户名、用户地址（IP）、服务名、有效期、时间戳一起包装成一个 Ticket（这些信息最终用于 Service 对 Client 的身份鉴别）发送给 Service，不过 Kerberos 协议并没有直接将 Ticket 发送给 Service，而是通过 Client 转发给 Service，所以有了第二步。

（2）此时 KDC 将刚才的 Ticket 转发给 Client。由于这个 Ticket 是要给 Service 的，不能让 Client 看到，所以 KDC 用协议开始前 KDC 与 Service 之间的密钥将 Ticket 加密后再发送给 Client。同时为了让 Client 和 Service 之间共享那个密钥(KDC 在第一步为它们创建的 Session Key),KDC 用 Client 与它之间的密钥将 Session Key 加密,然后随加密的 Ticket 一起返回给 Client。

(3) 为了完成 Ticket 的传递,Client 将刚才收到的 Ticket 转发到 Service。由于 Client 不知道 KDC 与 Service 之间的密钥,所以它无法篡改 Ticket 中的信息。同时 Client 将收到的 Session Key 解密出来,然后将自己的用户名、用户地址(IP)打包成 Authenticator,用 Session Key 加密,也发送给 Service。

(4) Service 收到 Ticket 后利用它与 KDC 之间的密钥将 Ticket 中的信息解密出来,从而获得 Session Key 和用户名、用户地址(IP)、服务名以及有效期。然后再用 Session Key 将 Authenticator 解密从而获得用户名、用户地址(IP)将其与之前 Ticket 中解密出来的用户名、用户地址(IP)做比较从而验证 Client 的身份。

(5) 如果 Service 有返回结果,将其返回给 Client。

3) Kerberos 在 Hadoop 上的应用

Kerboros 在 Hadoop 上的应用过程如图 2.4 所示。

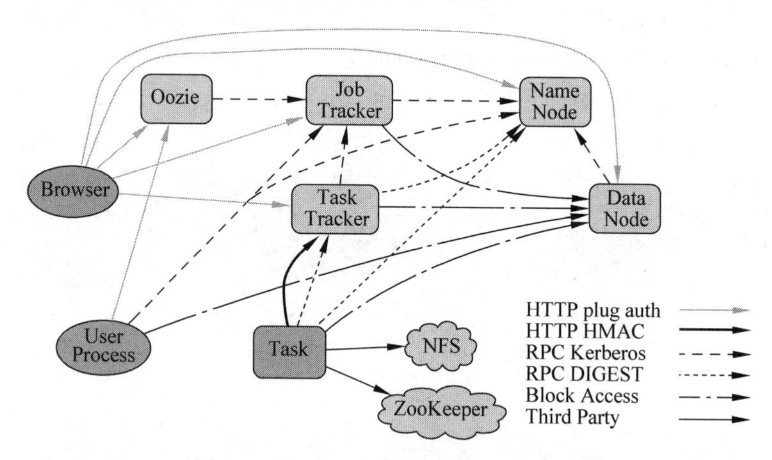

图 2.4 Kerboros 在 Hadoop 上的应用

在 Hadoop 集群内部使用 Kerberos 进行认证,具体的执行过程如图 2.5 所示。

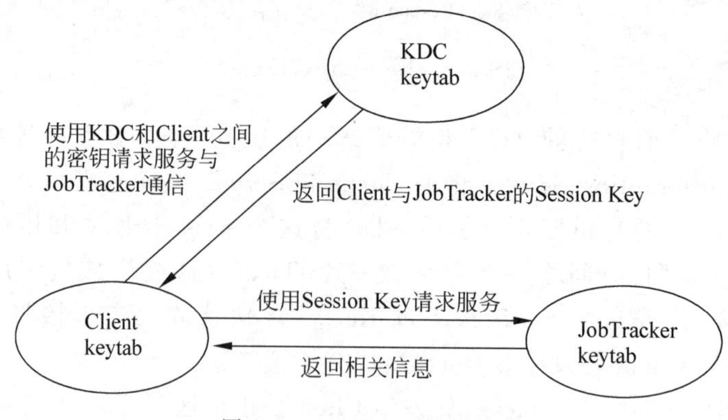

图 2.5 Kerberos 认证过程

4）Kerberos 的优点

(1) 可靠：Hadoop 本身并没有认证功能和创建用户组功能，使用外围的可靠的认证系统。

(2) 高效：Kerberos 使用对称密码操作，比 SSL 的公共密钥更高效。

(3) 操作简单：用户可以方便地进行操作，不需要很复杂的指令。比如删除一个用户只需要从 Kerbores 的 KDC 数据库中删除该用户即可。

2.2.4 委托令牌

委托令牌(Delegation Token)主要用于 NameNode 对客户端进行认证。当客户端初始访问 NameNode 时，如果通过 Kerberos 认证，则 NameNode 会为它返回一个密钥，之后客户端只需借助该密钥便可进行 NameNode 认证。为了防止重启后密钥丢失，NameNode 将各个客户端对应的密钥持久化保存到镜像文件中。默认情况下，所有密钥每隔 24 小时更新一次，且 NameNode 总会保存前 7 小时的密钥以保证之前的密钥可用。

委托令牌是客户端和 NameNode 之间的共享密钥，可以使用 DIGEST-MD5 机制进行 RPC 验证。委托令牌的格式如下。

```
TokenID = {ownerID, renewerID, issueDate, maxDate, sequenceNumber}
TokenAuthenticator = HMAC - SHA1(masterKey, TokenID)
Delegation Token = {TokenID, TokenAuthenticator}
```

令牌同时具有到期日期和最大发行日期。令牌将在到期日期后到期，但即使过期到最大发行日期也可以更新。在对 NameNode 进行任何初始 Kerberos 身份验证后，客户端可以请求委托令牌。令牌还具有指定的令牌更新器。令牌更新程序在代表用户更新令牌时使用其 Kerberos 凭据进行身份验证。委托令牌最常见的用途是 MapReduce 作业，在这种情况下，客户端将 JobTracker 指定为更新程序。委托令牌由 NameNode 的 URL 输入，并存储在 JobTracker 的系统目录中，以便将它们传递给任务。客户首次与 NameNode 之间的交互如图 2.6 所示。

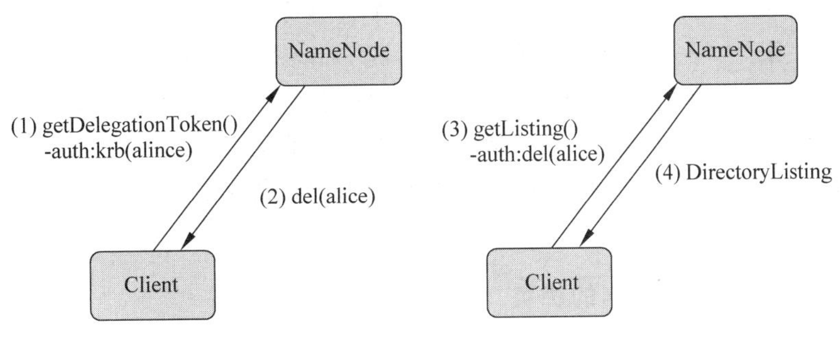

图 2.6 客户首次与 NameNode 之间的交互

1. 数据块访问令牌

数据块访问令牌(Block Access Token)主要用于 DataNode、SecondaryNameNode 和

Balancer为客户端存取数据块进行认证。当客户端向NameNode发送文件访问请求时，如果通过NameNode认证以及文件访问权限检查，NameNode则会将该文件对应的数据块位置信息和数据块访问密钥发送给客户端，客户端需凭借数据块访问密钥才可以读取一个DataNode上的数据块。NameNode会通过心跳将各个数据块访问密钥分发给DataNode、SecondaryNameNode和Balancer。需注意的是，数据块访问密钥并不会持久化保存到磁盘上，默认情况下，它们每隔10小时更新一次并通过心跳通知各个相关组件。

数据块访问令牌的格式如下：

```
TokenID = {expirationDate, keyID, ownerID, blickID, accessModes}
TokenAuthenticator = HMAC - SHA1(key, TokenID)
Block Access Token = {TokenID, TokenAuthenticator}
```

其中，keyID标识用于生成令牌的私钥，accessMode可以是READ，WRITE，COPY，REPLACE的任意组合。

用户向NameNode申请访问文件的过程如图2.7所示。

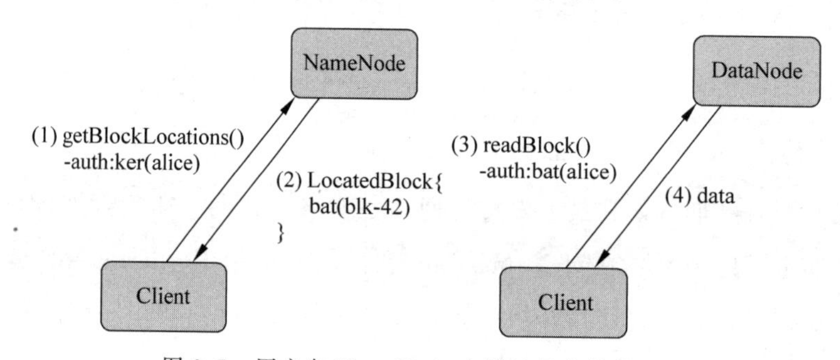

图2.7　用户向NameNode申请访问文件的过程

2. 作业令牌

作业令牌(Job Token)主要用于TaskTracker对任务进行认证。用户提交作业到JobTracker后，JobTracker会为该作业生成一个作业令牌，并写到该作业对应的HDFS系统目录下。当该作业的任务调度到各个TaskTracker上后，将从HDFS上获取作业令牌。该令牌可用于任务与TaskTracker之间进行相互认证(比如Shuffle阶段的安全认证)。与数据块访问令牌一样，作业令牌也不会持久化保存到内存中，一旦JobTracker重新启动，就会生成新的令牌。由于每个作业对应的令牌已经写入HDFS，所以之前的令牌仍然可用。

3. 基于令牌的认证机制的优势

相比于单纯使用Kerberos，基于令牌的安全认证机制有很多优势，具体如下。

(1) 性能：在Hadoop集群中，同一时刻可能有成千上万的任务正在运行。如果使用Kerberos进行服务认证，则所有任务均需要KDC中AS提供的TGT，这可能使得KDC成为一个性能瓶颈，而采用令牌机制则可避免该问题。

(2) 凭证更新：在 Kerberos 中，为了保证 TGT 或者服务票据的安全，通常为它们设置一个有效期，一旦它们到期，就对其进行更新。如果直接采用 Kerberos 验证，则需要将更新之后的 TGT 或者服务票据快速推送给各个 Task，这必将带来实现上的烦琐。如果采用令牌，当令牌到期时，只需延长它的有效期而不必重新生成令牌。此外，Hadoop 允许令牌在过期一段时间后仍可用，从而为过期令牌更新留下足够时间。

(3) 安全性：用户从 Kerberos 端获取 TGT 后，可凭借该 TGT 访问多个 Hadoop 服务，因此，泄露 TGT 造成的危害远比泄露令牌大。

(4) 灵活性：在 Hadoop 中，令牌与 Kerberos 之间没有任何依赖关系，Kerberos 仅仅是进行用户身份验证的第一道防线，用户完全可以采用其他安全认证机制替换 Kerberos。

因此，基于令牌的安全机制具有更好的灵活性和扩展性。

有关 Hadoop 安全性的问题不仅包括以上这些内容，读者如果感兴趣可自行进行更深入的学习。

2.3　实验环境准备

本节主要介绍在安装 Hadoop 之前需要进行的一些准备工作，读者可自行根据需要选择安装。

搭建 Hadoop 集群至少需要三台或以上主机才能完成，如果只有一台计算机，推荐使用安装三台 Linux 虚拟机完成集群搭建，如果有三台或以上主机，可以使用主机来搭建 Hadoop 集群。

接下来，将分别对虚拟机、CentOS 系统及其他辅助软件安装进行介绍。本节实验环境的相关操作视频可扫描右侧二维码观看。

2.3.1　虚拟机安装

1. VMware 虚拟机安装

关于 VMware 虚拟机的安装可访问网站 https://www.vmware.com/cn，或者扫描下方二维码，获取更多有关 VMware 虚拟机的信息。

首先需要下载 VMware。进入 VMware 官网 https://www.vmware.com/cn 下载安装包，双击程序自动解压，解压完成后会进入如图 2.8 所示的虚拟机安装向导界面。

在如图 2.8 所示的界面中，单击“下一步”按钮，进入如图 2.9 所示的许可协议界面，在图 2.9 的许可协议界面中，勾选“我接受许可协议中的条款”选项。

单击图 2.9 中的“下一步”按钮，进入如图 2.10 所示的界面，根据需要可单击“更改”按钮，选择安装位置，然后单击“下一步”按钮进行后续的操作。

后续按照如图 2.11 和图 2.12 所示对 VMware 的安装进行配置，然后单击“下一步”按钮继续安装操作。最后在如图 2.13 所示的界面中单击“安装”按钮，等待 VMware 的安装。

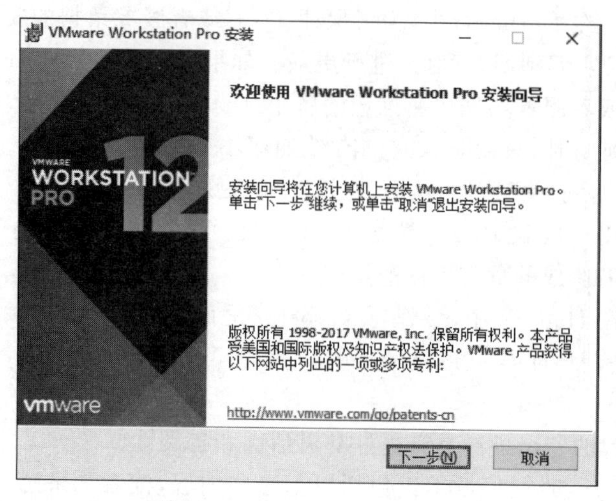

图 2.8　VMware 安装向导界面

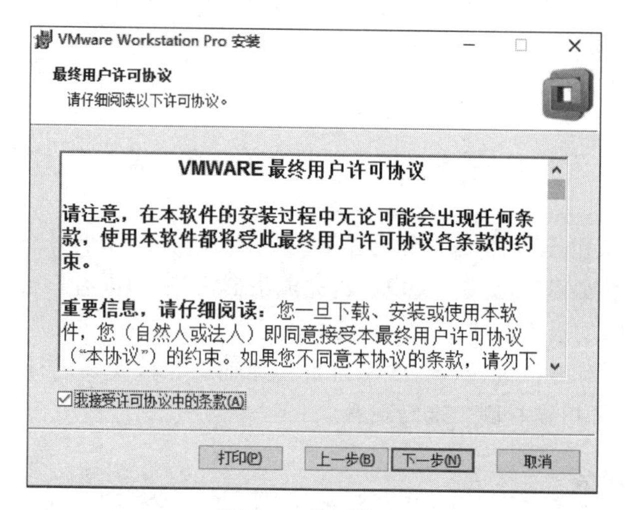

图 2.9　许可协议

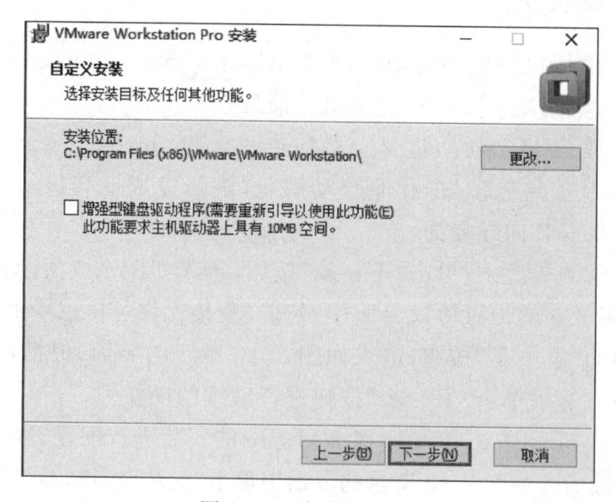

图 2.10　自定义安装

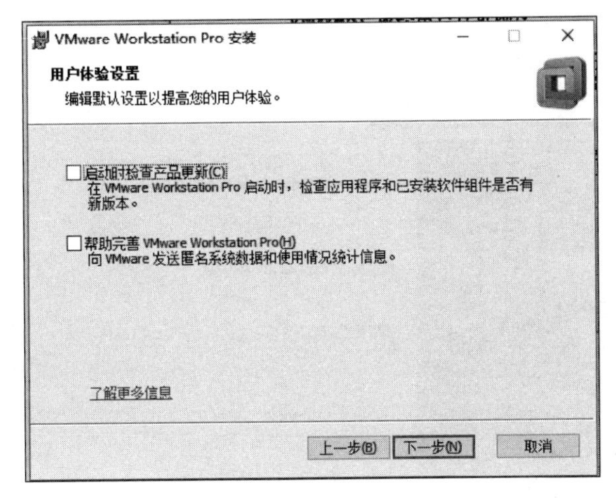

图 2.11　用户体验设置

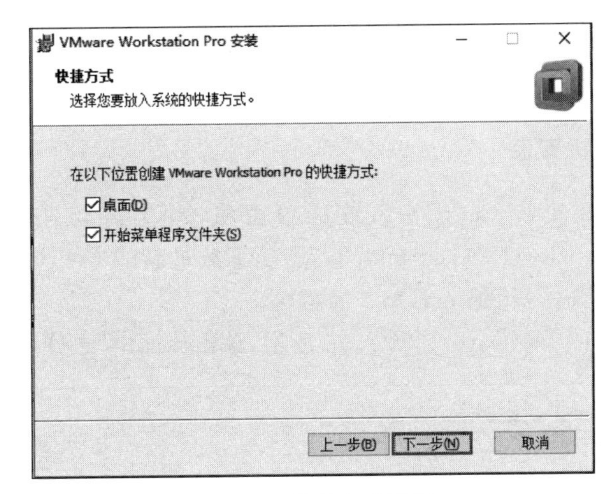

图 2.12　快捷方式设置

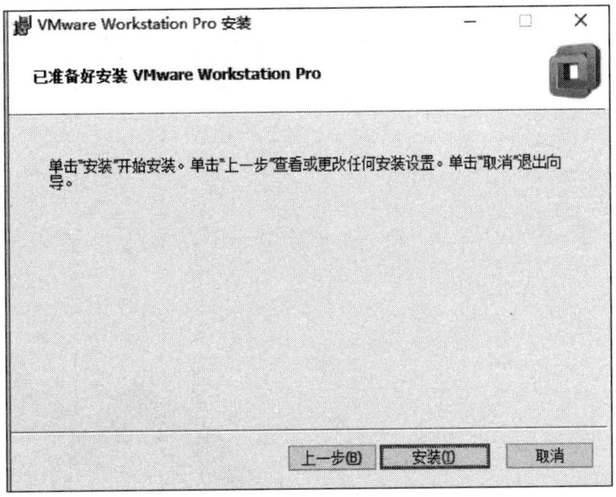

图 2.13　安装

VMware 安装完成后，会出现如图 2.14 所示的界面，在界面中单击“完成”按钮即可。至此就完成了 VMware 的安装。

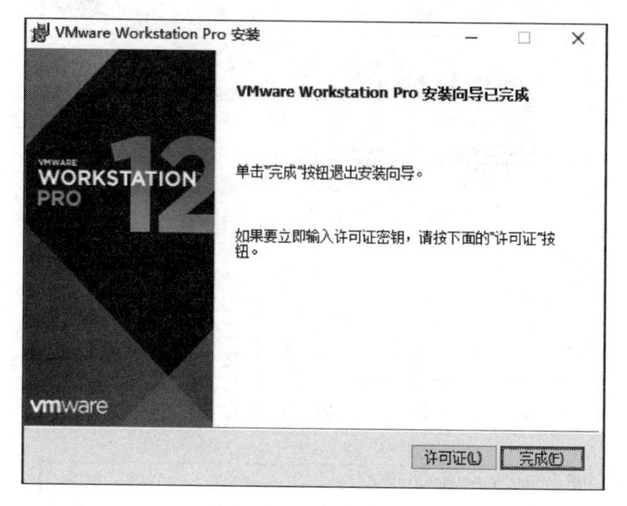

图 2.14　完成安装

2. CentOS 虚拟机安装

要使用 VMware 安装 CentOS 系统的虚拟机，首先需要进入 Linux 官方网站(https://linux.cn/article-4130-1.html#3_9284)下载最新的 CentOS 7 的 ISO 文件，然后在接下来的步骤中开始安装 CentOS 7 虚拟机。

打开之前安装好的 VMware，如图 2.15 所示，单击界面中“创建新的虚拟机”图标。

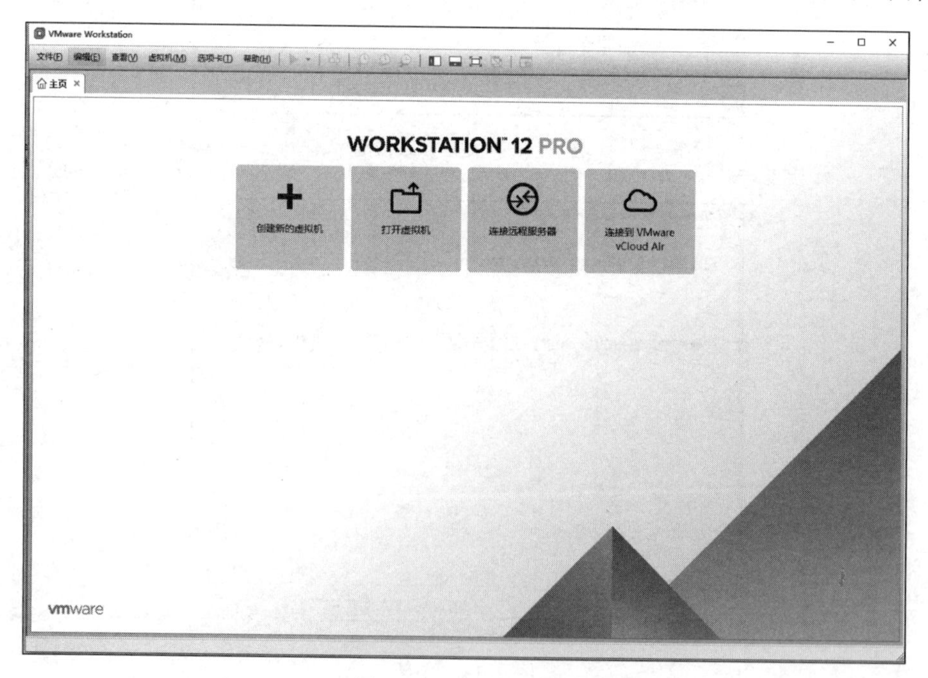

图 2.15　VM 主界面

进入新建虚拟机向导，如图2.16所示，选择“自定义(高级)”选项，然后单击“下一步”按钮，继续进行新建操作。

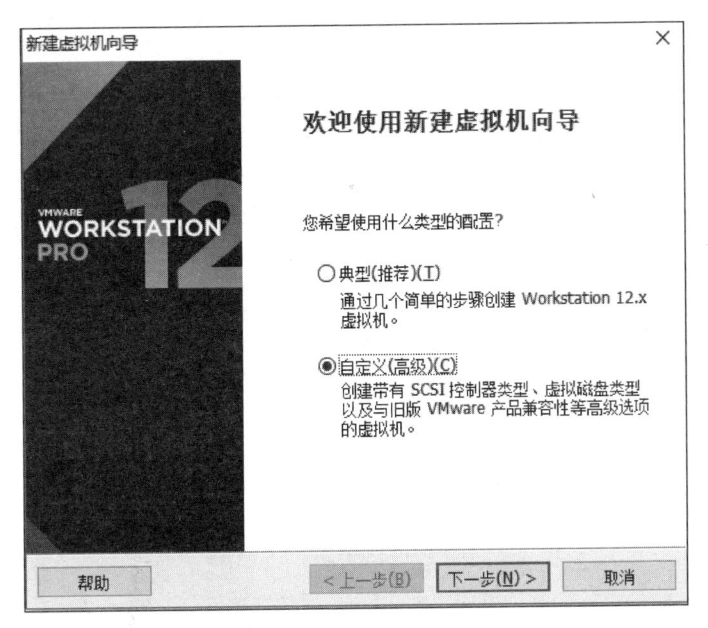

图2.16　新建虚拟机向导

在设置虚拟机硬件兼容性时，在下拉框中选择Workstation 12.x，如图2.17所示，继续单击“下一步”按钮。

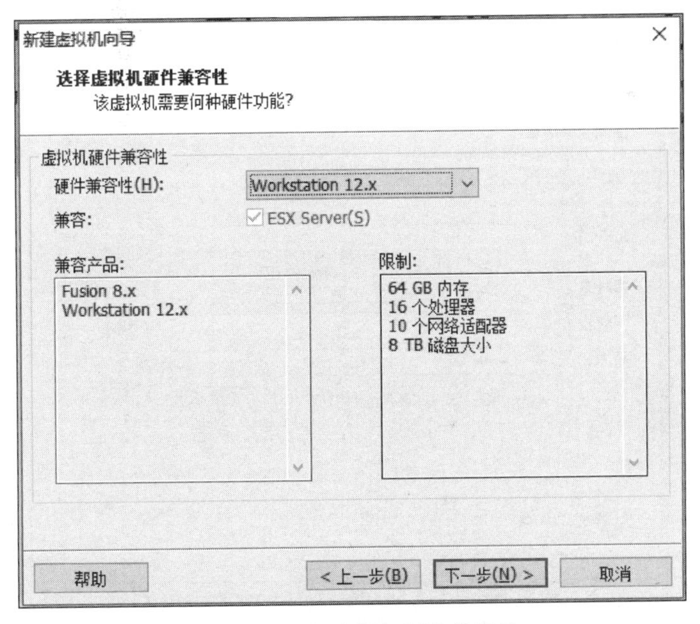

图2.17　选择虚拟机硬件兼容性

在如图 2.18 所示安装客户机操作系统界面中，选择“安装程序光盘映像文件(iso)”选项，单击“浏览”按钮，选择之前下载保存的 CentOS 系统的 ISO 文件，然后单击“下一步”按钮。

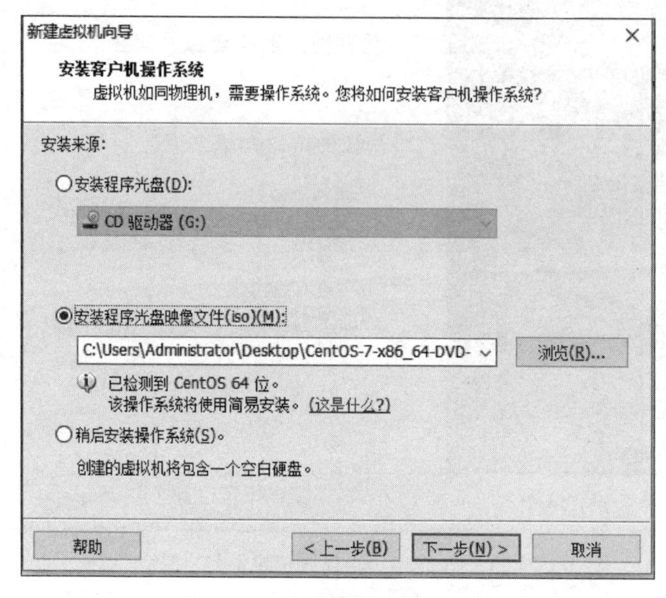

图 2.18　安装客户机操作系统

在如图 2.19 所示的简易安装信息界面设置好 CentOS 的账号与密码，单击“下一步”按钮。

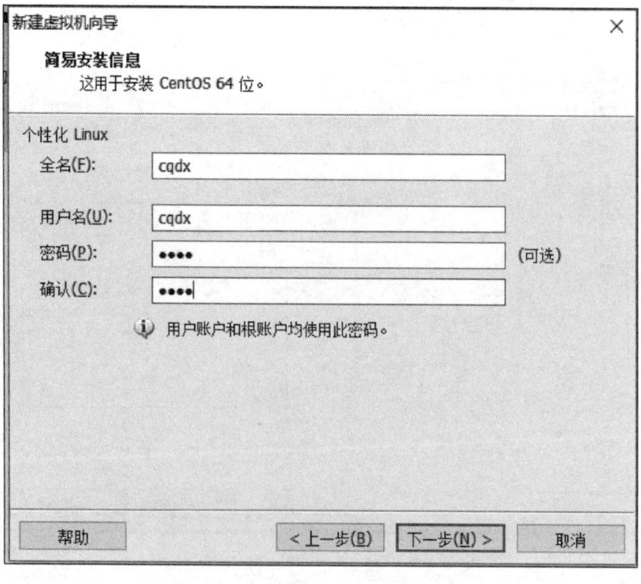

图 2.19　设置 CentOS 账号密码

在如图 2.20 所示的界面中，设置虚拟机名称并选择安装位置，继续单击“下一步”按钮。

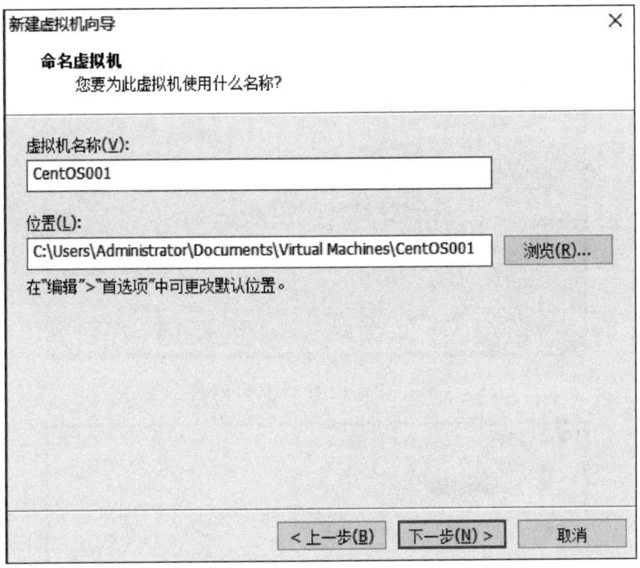

图 2.20　命名虚拟机

根据自己的计算机情况，自行配置虚拟机性能。在这里，本书将处理器设置为 4 核心，虚拟机内存设置为 2GB，如图 2.21 和图 2.22 所示。

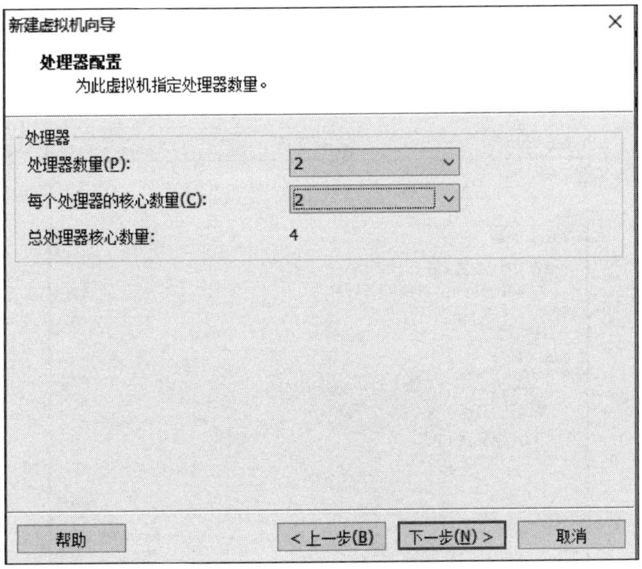

图 2.21　配置处理器

虚拟机的网络类型、I/O 控制器类型、磁盘类型使用默认设置即可，如图 2.23～图 2.25 所示。

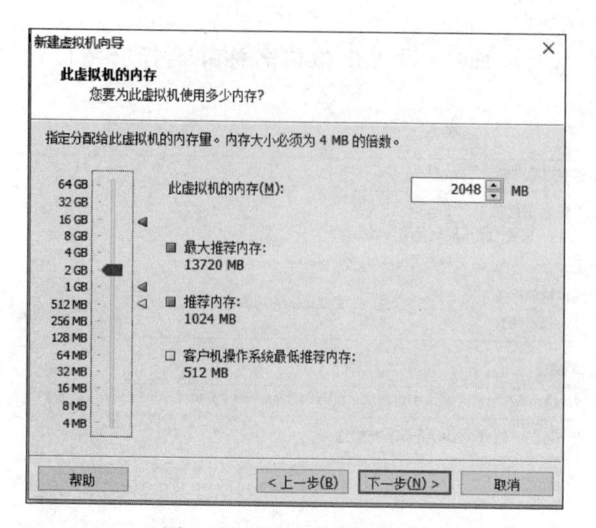

图 2.22 设置虚拟机内存

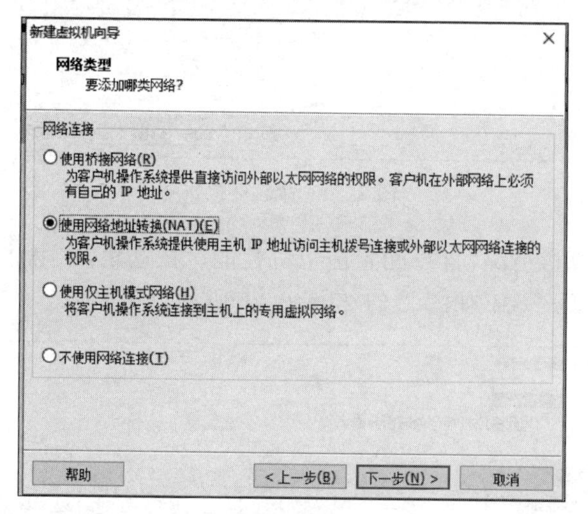

图 2.23 设置网络类型

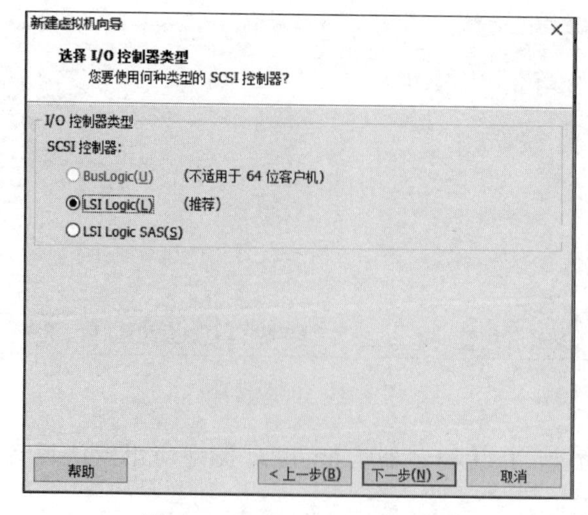

图 2.24 选择 I/O 控制器类型

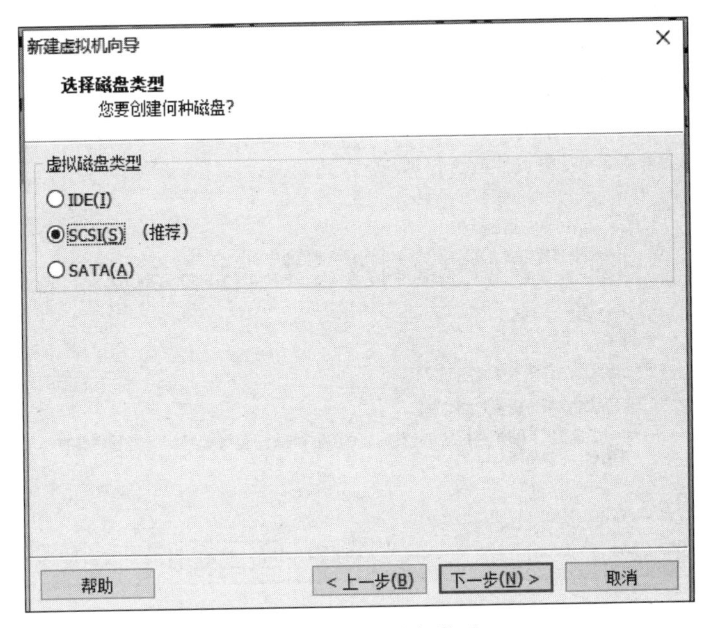

图 2.25　选择磁盘类型

在如图 2.26 所示的界面中，选择“创建新虚拟磁盘”选项，单击“下一步”按钮，按照如图 2.27 所示的界面提示，选择合适的磁盘大小，这里选择“将虚拟磁盘存储为单个文件”选项，便于后续的实验操作。单击“下一步”按钮。

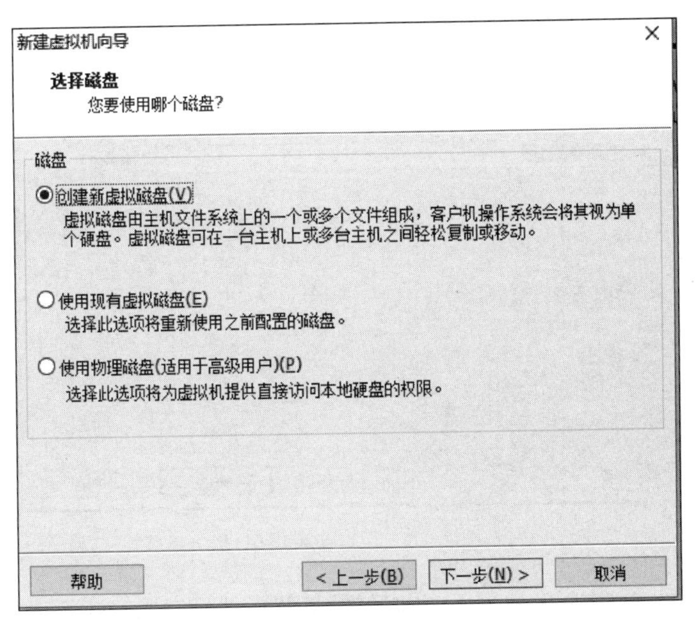

图 2.26　选择磁盘

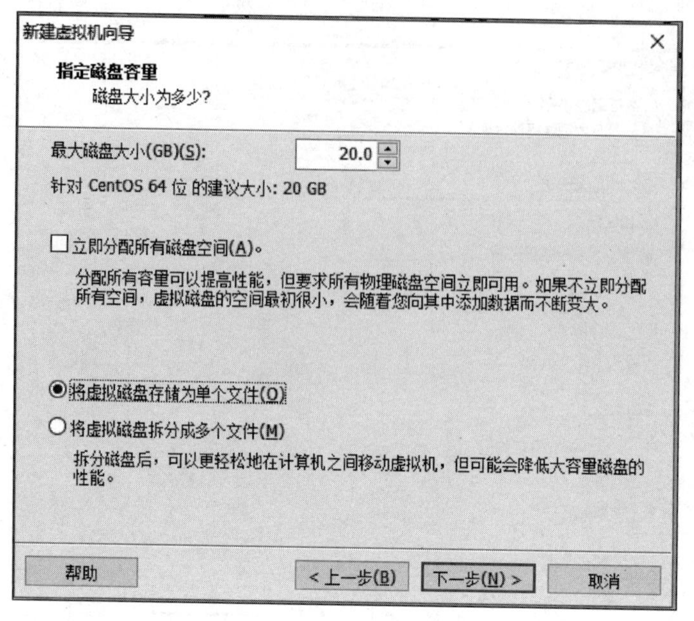

图 2.27　指定磁盘容量

在如图 2.28 所示的界面中，继续单击“下一步”按钮，开始安装虚拟机，虚拟机安装过程如图 2.29 所示。

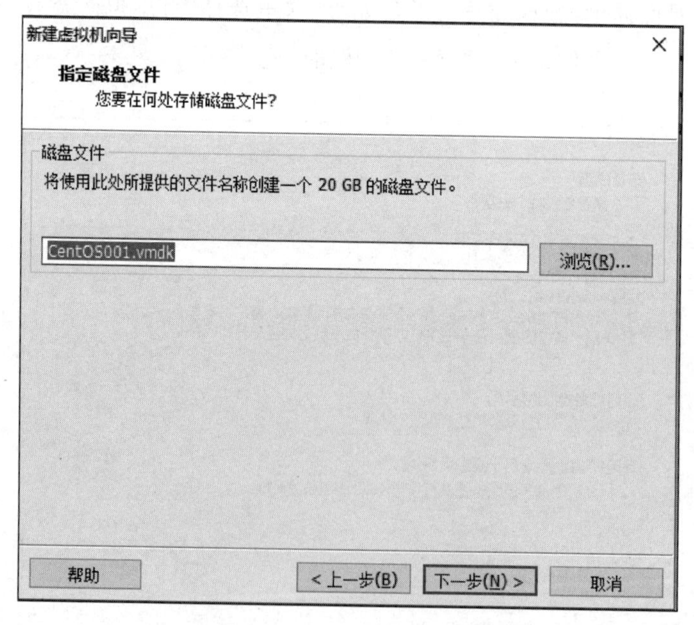

图 2.28　开始安装虚拟机

之后出现如图 2.30 所示的界面，此时继续等待虚拟机完成安装。

虚拟机安装完成后，CentOS 将自动启动，进入如图 2.31 所示的开机画面。

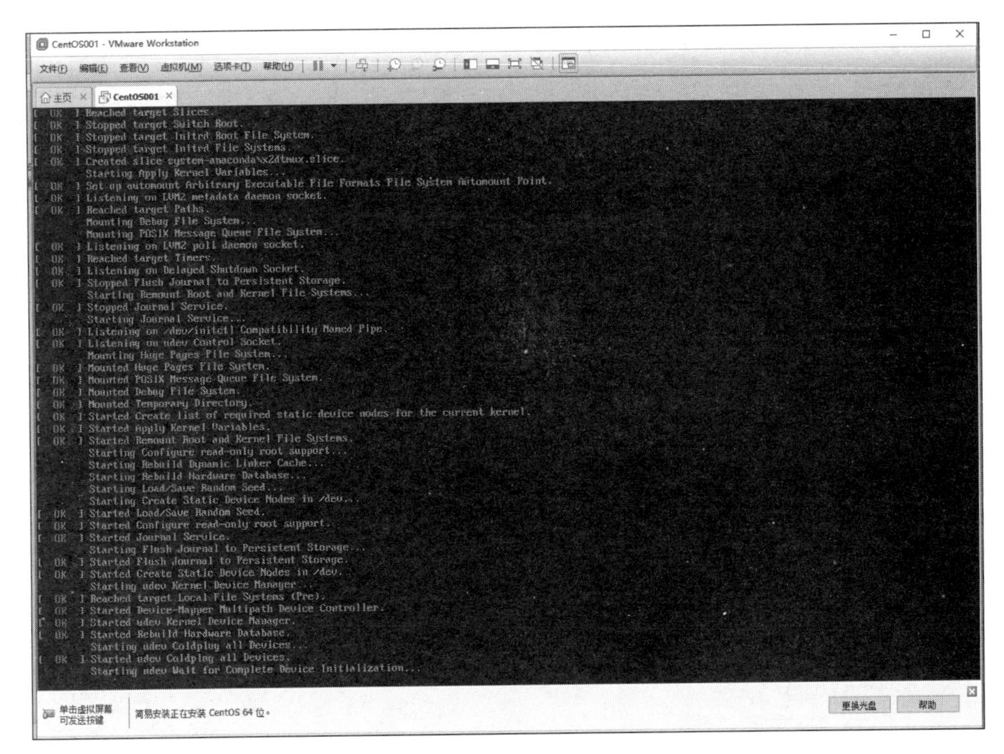

图 2.29 虚拟机安装过程

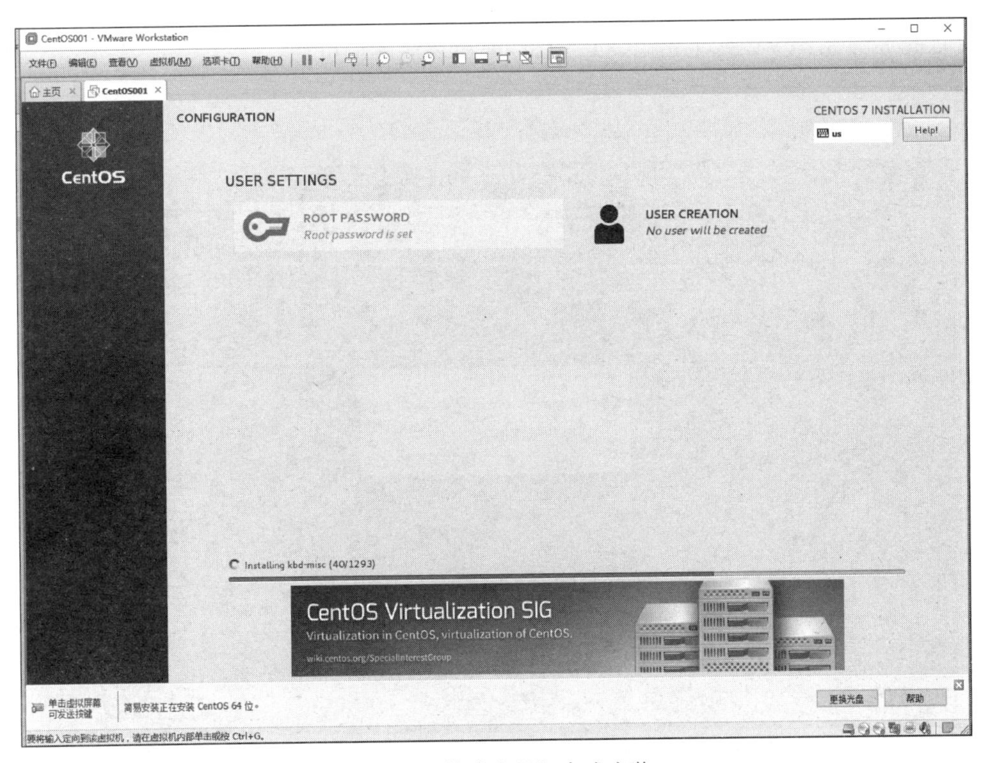

图 2.30 等待虚拟机完成安装

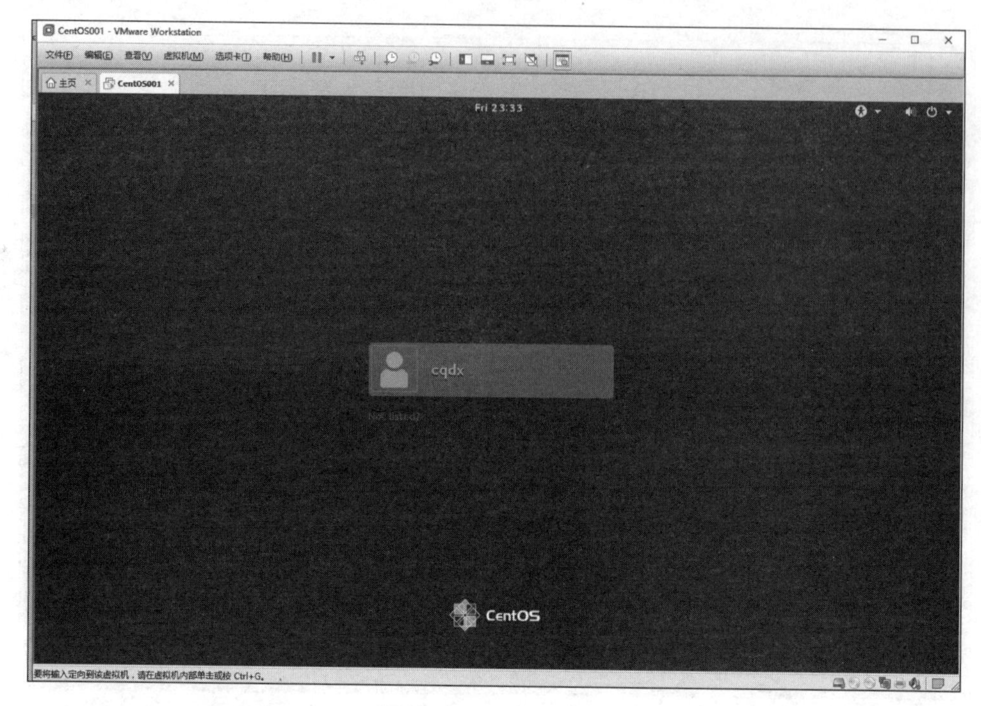

图 2.31　CentOS 启动

由于搭建 Hadoop 集群最少需要用到三台机器，为了节省时间，另外两台虚拟机可使用 VM 虚拟机自带的虚拟机克隆功能进行安装。

首先如图 2.32 所示，单击“关机”按钮，关闭当前虚拟机。

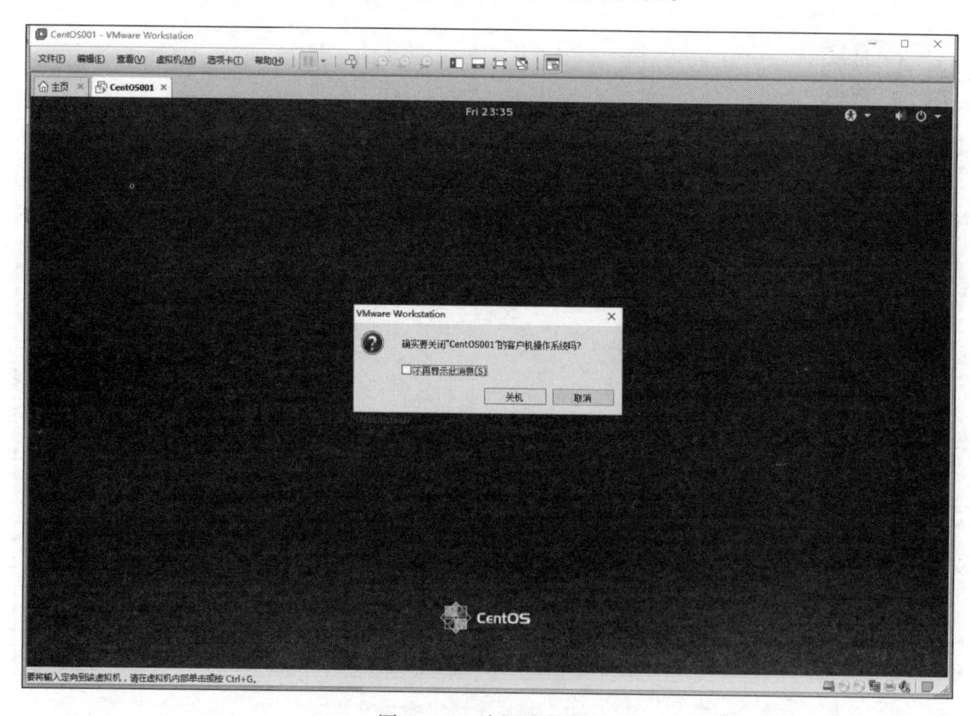

图 2.32　关闭虚拟机

在 VM 菜单栏中选择“虚拟机”→“管理”→“克隆”，如图 2.33 所示。

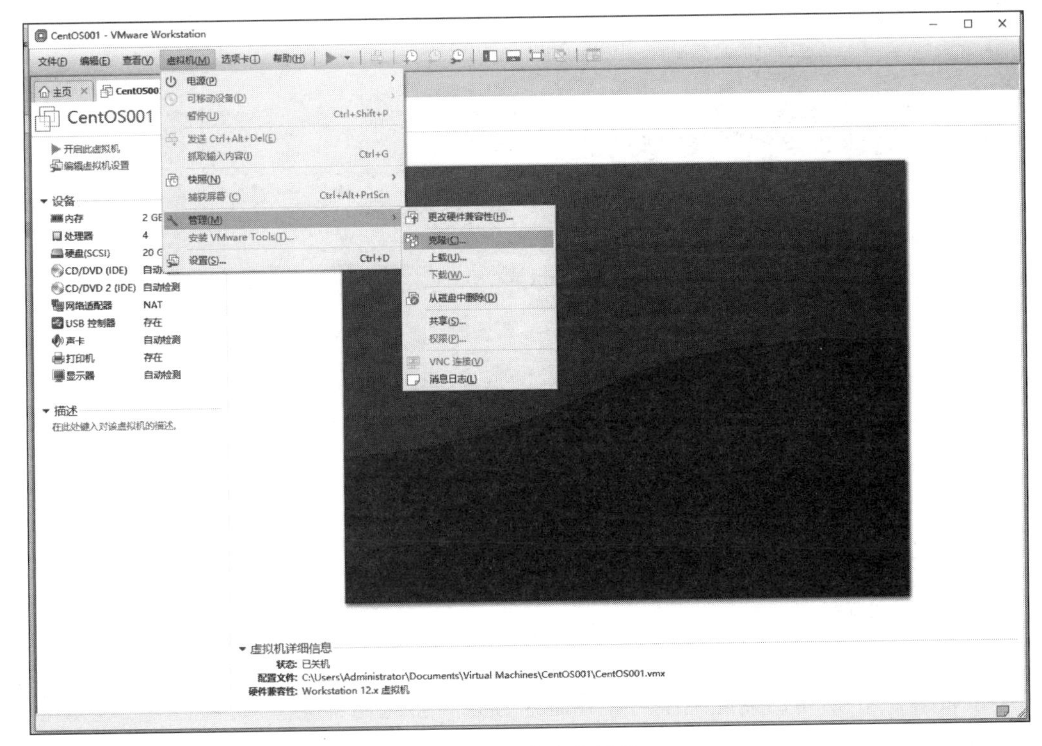

图 2.33 克隆虚拟机

进入如图 2.34 所示的克隆虚拟机向导界面后，单击“下一步”按钮。

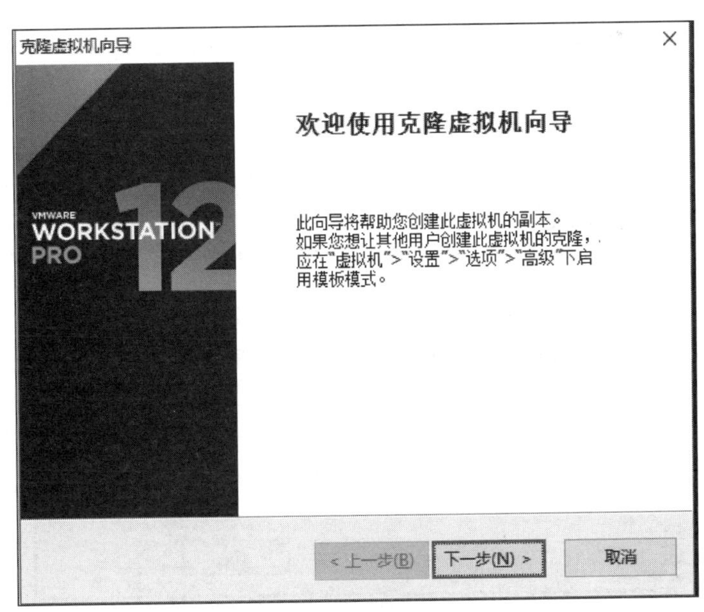

图 2.34 克隆虚拟机向导

在如图 2.35 所示的界面中，克隆源选择"虚拟机中的当前状态"，然后单击"下一步"按钮。

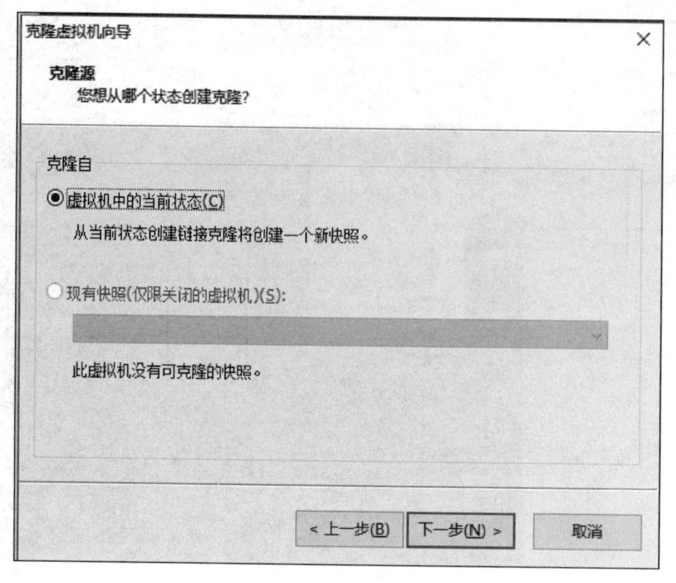

图 2.35　选择克隆源

在如图 2.36 所示的克隆类型选择界面中，选择"创建完整克隆"选项，单击"下一步"按钮，进入如图 2.37 所示的界面，在该界面中根据需要更改虚拟机名称(虚拟机名称要与之前创建的虚拟机名称不同)，单击"浏览"按钮，选择虚拟机安装位置，然后单击"完成"按钮，等待完成虚拟机克隆。

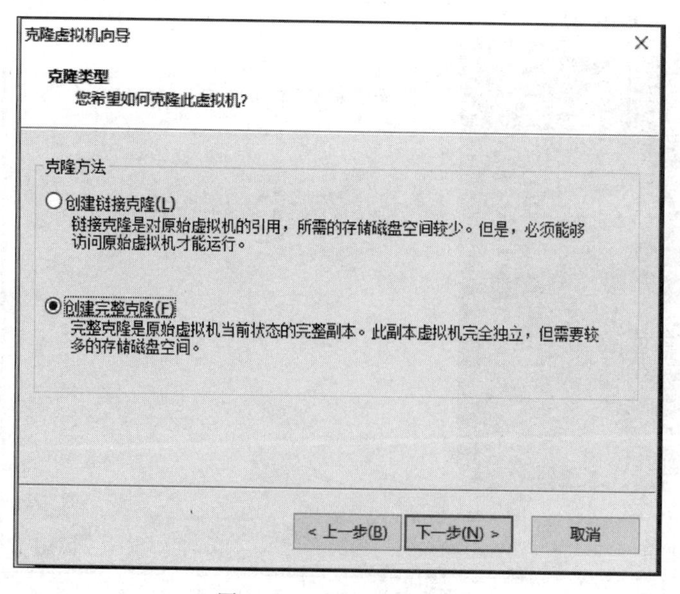

图 2.36　选择克隆类型

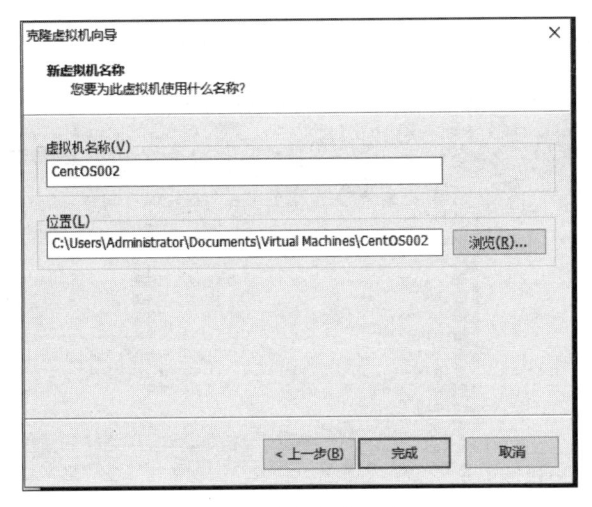

图 2.37 命名新的虚拟机

克隆完成后，出现如图 2.38 所示的界面，单击“关闭”按钮即可。然后，重复上述的克隆步骤，克隆出第三台虚拟机。

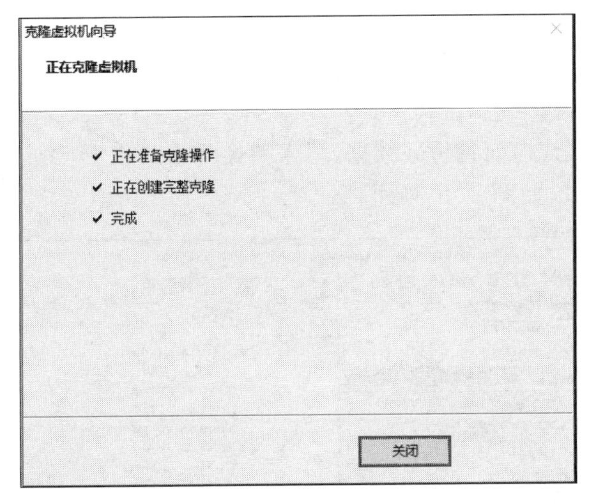

图 2.38 完成克隆

2.3.2 CentOS 7 系统安装

如果使用三台或三台以上的主机来搭建 Hadoop 集群，则需要在主机上安装 CentOS 7 操作系统。有关 CentOS 操作系统的信息，可访问网站 https://linux.cn/article-4130-1.html#3_9284，或扫描右侧二维码，获取更多有关 CentOS 的信息。

在正式开始安装 CentOS 操作系统前，需要进行一些简单的准备工作。

首先，需要准备一个存储容量为 8GB 或 8GB 以上的 U 盘，从官网上下载 CentOS 7 的 iso 文件，安装好 UltraISO 软件。

然后，使用安装好的 UltraISO 软件将准备好的 U 盘制作成启动盘。打开 UltraISO

软件，如图 2.39 所示，选择菜单栏中的“文件”，打开下载好的 CentOS 系统的 ISO 文件。

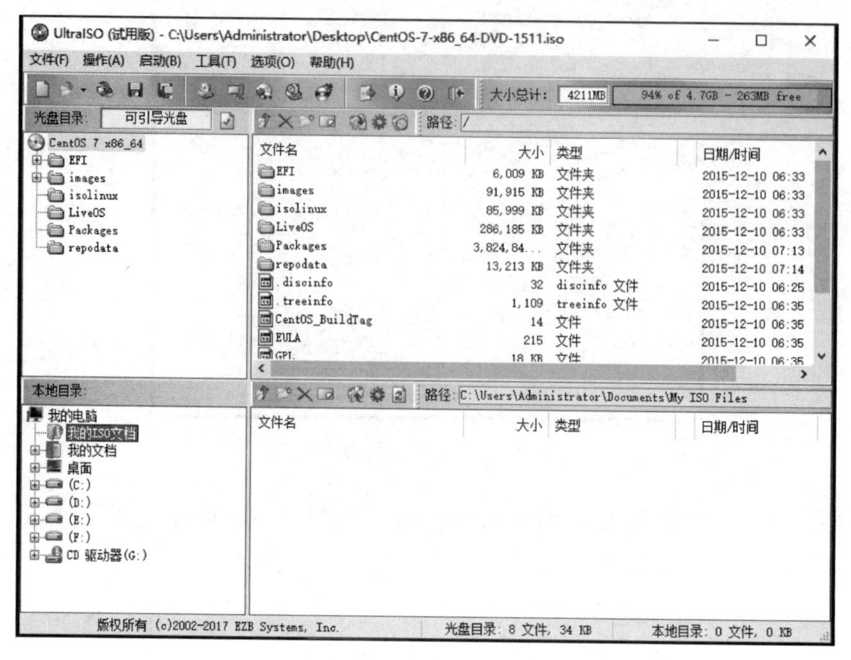

图 2.39 打开 UltraISO 软件

接着，插入 U 盘(请提前备份好数据，写入映像将格式化 U 盘)，在菜单栏中选择“启动”→“写入硬盘映像”，如图 2.40 所示。

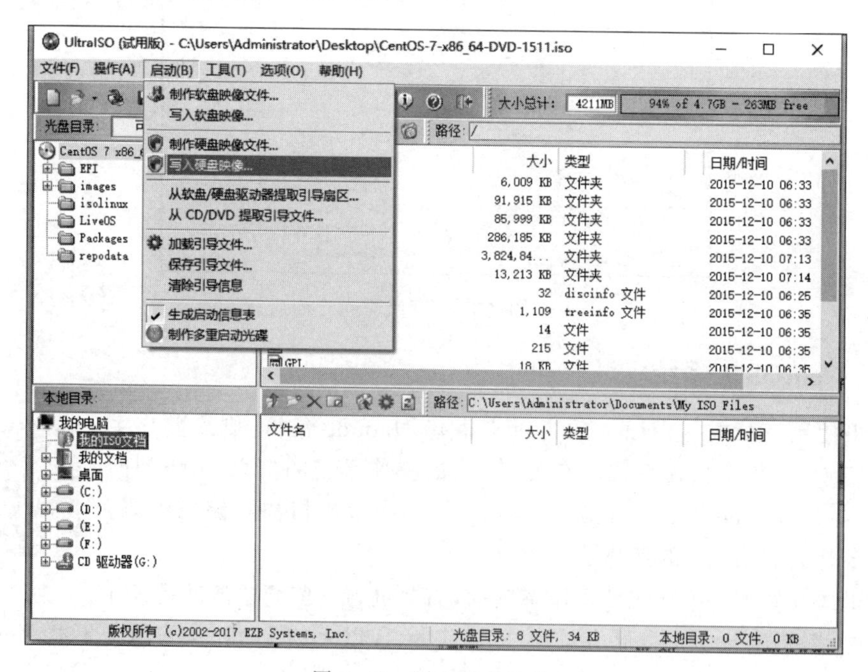

图 2.40 写入硬盘映像

出现如图 2.41 所示的界面，在该界面中，将硬盘驱动器设置为插入的 U 盘，单击“写入”按钮，然后等待写入，写入完成后，启动盘的制作也就完成了。

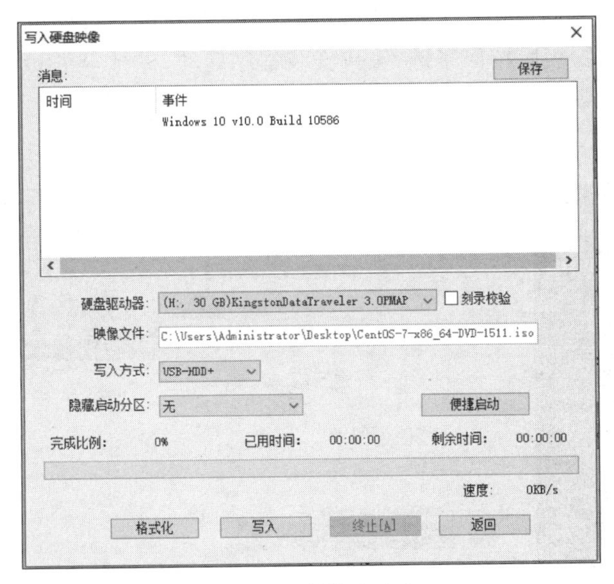

图 2.41 制作启动盘

接下来，开始正式进入 CentOS 系统的安装。

将制作好的 U 盘插入需要安装 CentOS 系统的计算机，把计算机的第一启动方式设置为 U 盘启动。使用 U 盘启动后，进入如图 2.42 所示的安装界面 。

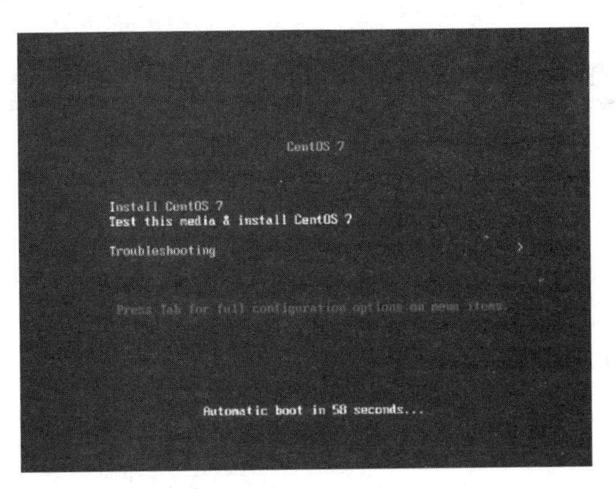

图 2.42 安装界面

在出现安装界面时，在键盘上按下 Tab 键，开始编辑路径，将“vmlinuz initrd=initrd.img inst.stage2=hd:LABEL=CentOS\x207\x20x86_64 quiet ”改成“vmlinuz initrd=initrd.img linux dd quiet”，然后按回车键。在回车后显示出的列表中可以查看到计算机的硬盘信息，能够清晰地找到插入的 U 盘（一般显示格式为 NTFS 的硬盘都是计算机自带的盘符，剩下的另外一个就是插入的 U 盘，记住 U 盘的盘符名称，本书中的 U 盘盘符名称是 sdb4）。

接下来，按组合键 Ctrl＋Alt＋Del 重新启动计算机，重复上面编辑路径的步骤，不同的是，这次将 “vmlinuz initrd＝initrd. img inst. stage2＝hd：LABEL＝CentOS\x207\x20x86_64 quiet”改成 “vmlinuz initrd＝initrd. img inst. stage2＝hd：/dev/sdb4（你自己的 U 盘盘符）quiet”，然后按回车键，等待安装程序启动，进行 CentOS 的安装。

在等待之后出现的 CentOS 7 的安装界面中选择安装语言，这里选择简体中文，如图 2.43 所示。

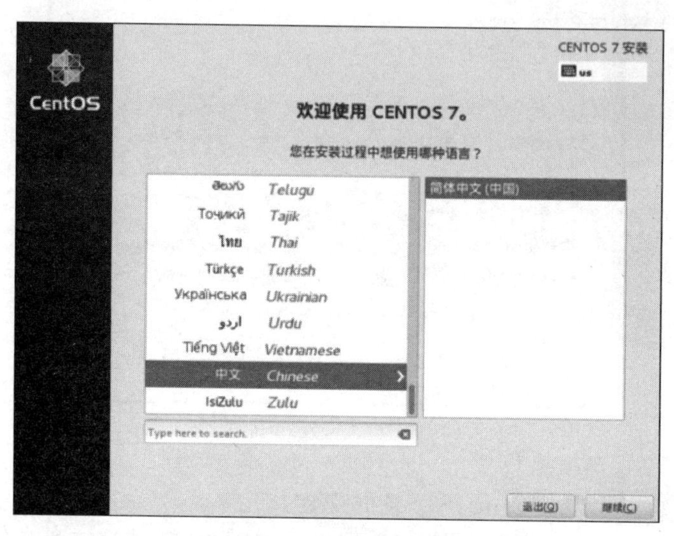

图 2.43 选择安装语言

在软件选择界面中，为了方便操作，选择“GNOME 桌面”图形界面安装，如图 2.44 所示。

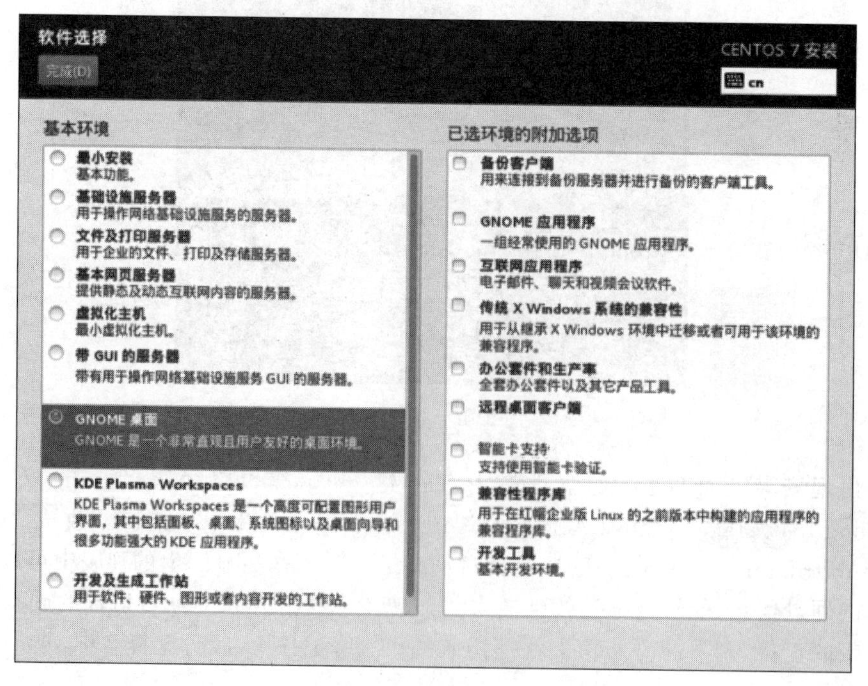

图 2.44 软件选择

在如图 2.45 所示的安装信息摘要界面中，单击“安装位置”图标，然后在如图 2.46 所示的界面中，单击设置“ROOT 密码”，最后单击“开始安装”按钮即可。安装完成后，CentOS 会自行启动。

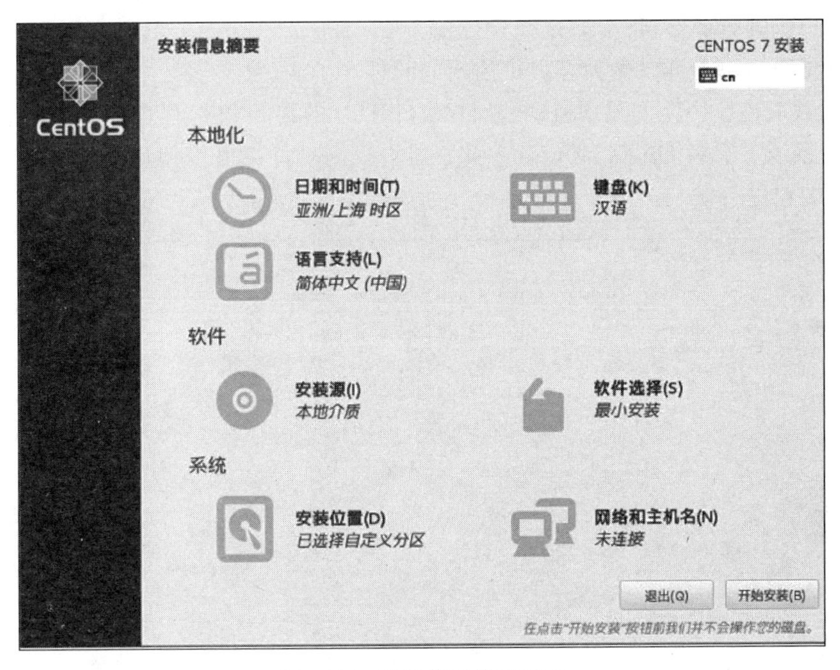

图 2.45　安装信息摘要界面

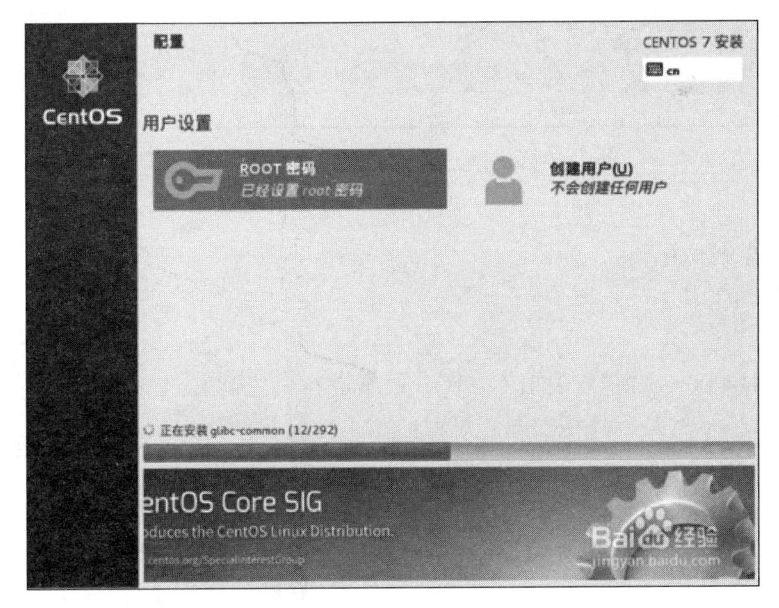

图 2.46　用户配置界面

2.3.3 其他软件安装

无论是通过安装多台 VM 虚拟机，还是使用多台 CentOS 主机搭建 Hadoop 集群，建立一台客户机进行操作，将会简化配置过程。

这里将介绍一个可以作为客户机使用的软件 SecureCRT 8.0。

SecureCRT 是一款支持 SSH(SSH1 和 SSH2)的终端仿真程序，简单地说，就是在 Windows 系统下登录 UNIX 或 Linux 服务器主机的软件。可以使用百度或者谷歌下载软件的安装包进行安装。该软件的运行界面如图 2.47 所示。

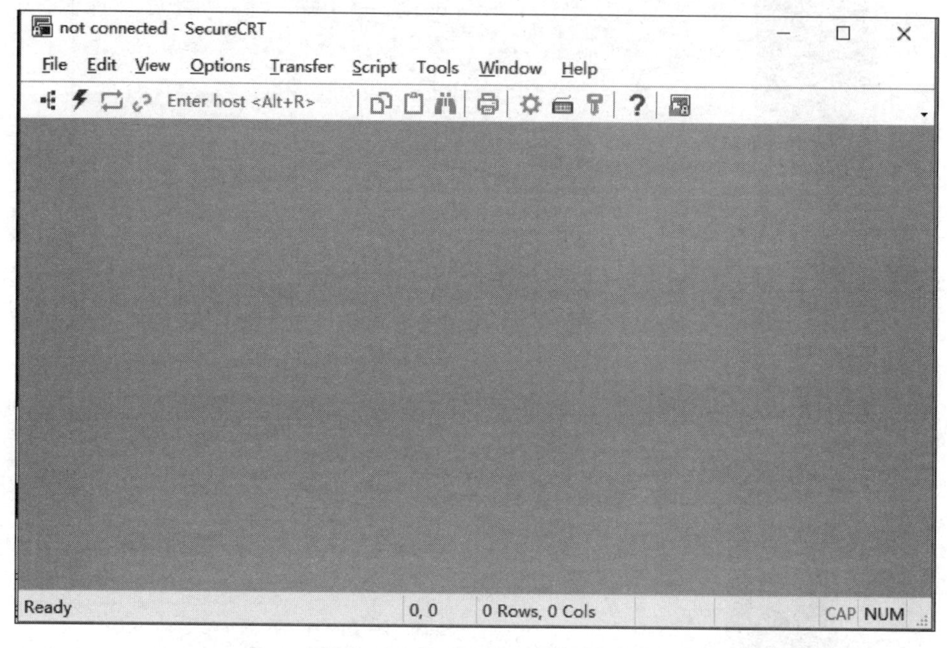

图 2.47 SecureCRT 运行界面

2.4 搭建 Hadoop

在搭建 Hadoop 之前，需要对 CentOS 系统进行一些配置，以便于兼容和简化 Hadoop 的运行环境。配置过程的相关操作视频可扫描右侧二维码获取。

在进行配置之前，进入 CentOS 系统，在用户界面选择“NO Listed?”选项，进入如图 2.48 所示的界面，在界面中输入用户名“root”，单击 Next 按钮，进入如图 2.49 所示的界面，在界面中输入之前设置的密码(默认密码为 root)，单击 Sign in 按钮，进入系统，然后选择习惯的语言，开始 Linux 之旅。

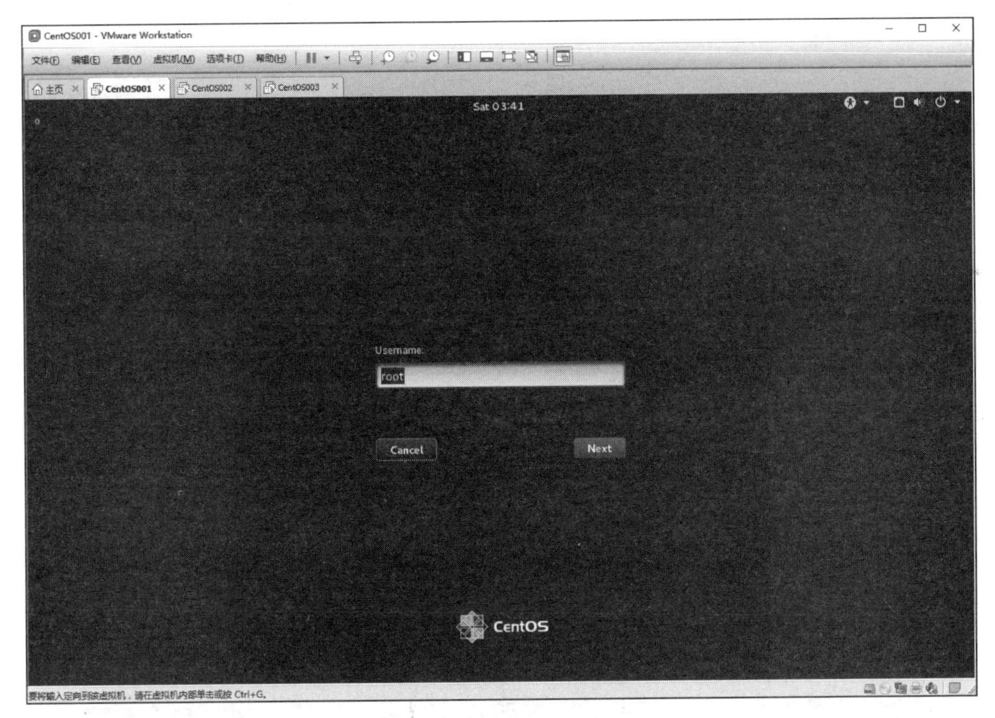

图 2.48　输入用户名

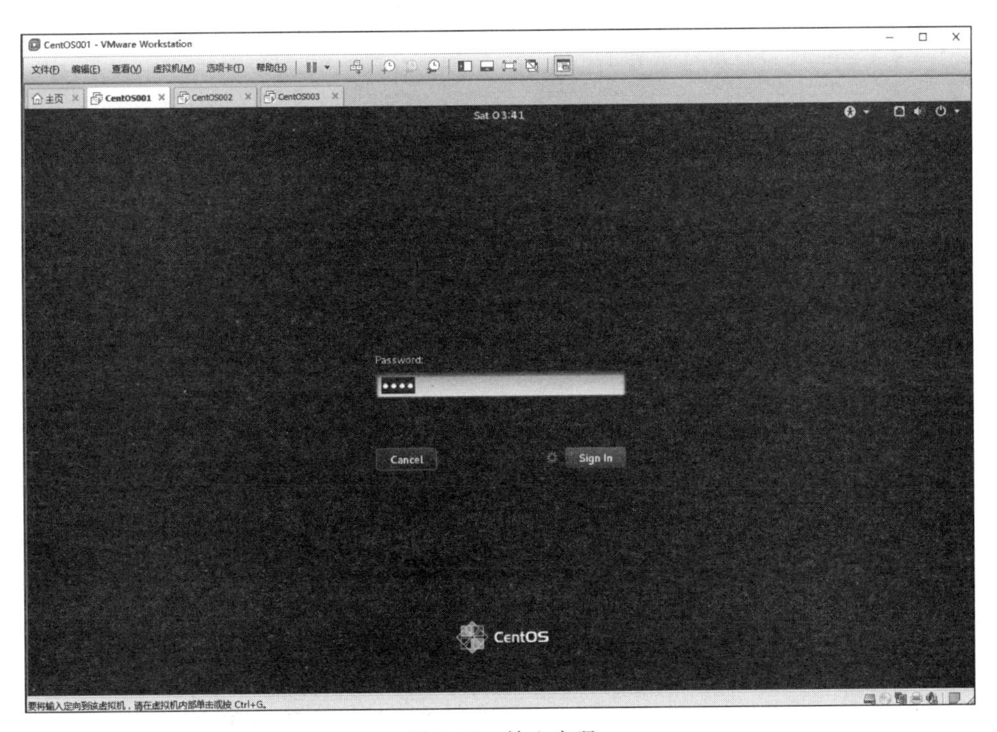

图 2.49　输入密码

2.4.1 CentOS 7 系统配置

进入系统后，如图 2.50 所示，在主界面中右击，选择 Open in Terminal 命令打开命令终端，如图 2.51 所示。

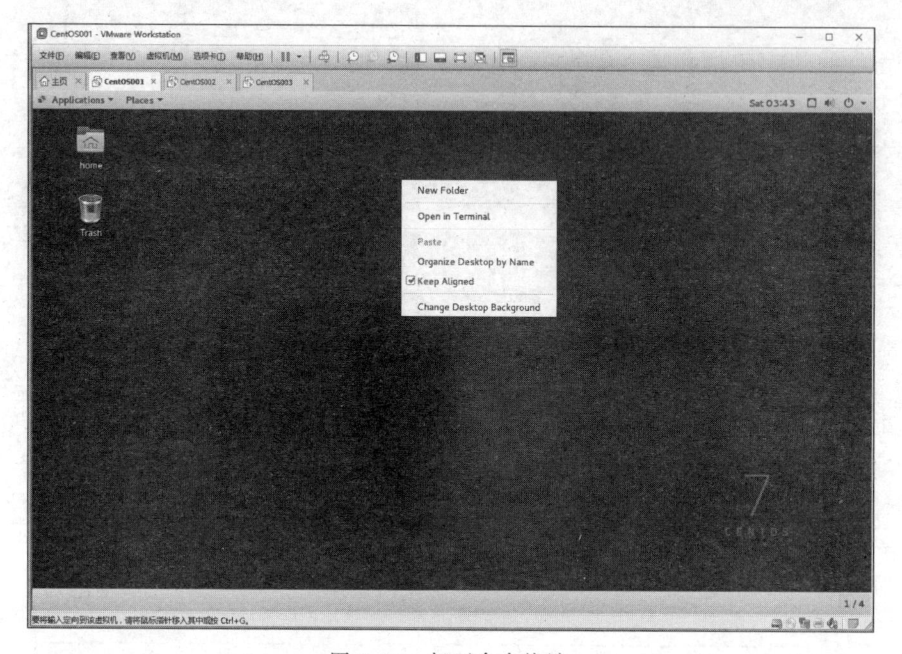

图 2.50 打开命令终端

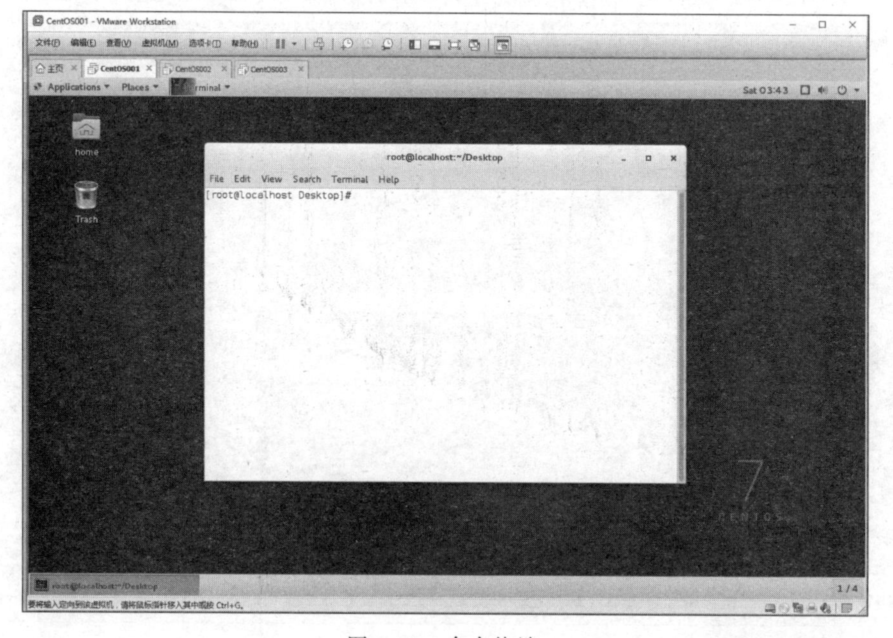

图 2.51 命令终端

在命令终端中输入命令"hostname"，查看当前主机的主机名，如图 2.52 所示。

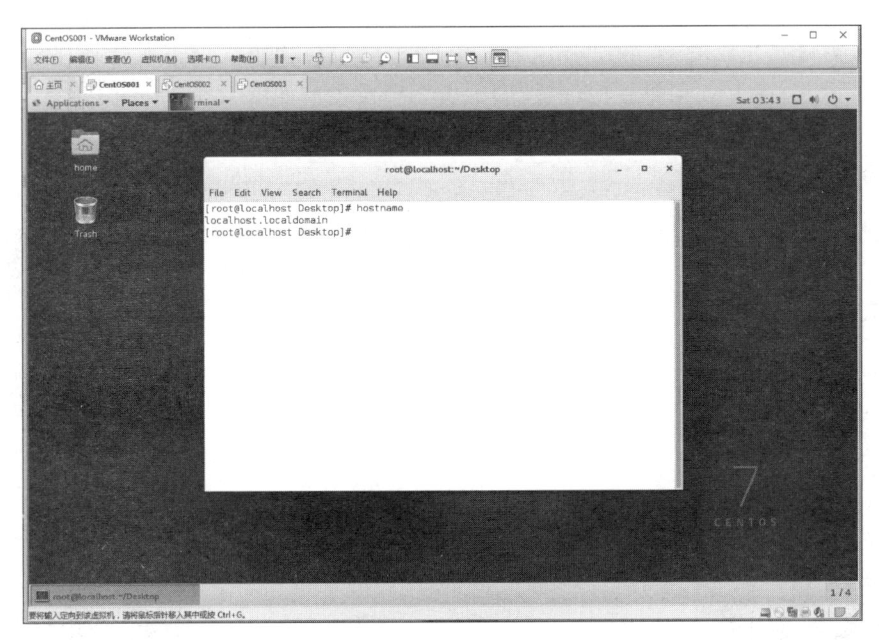

图 2.52　查看主机名

接下来，开始正式对 CentOS 系统进行配置。

第一步：修改主机名。

在命令终端中，输入命令“hostnamectl set-hostname < hostname >”修改主机名，其中，“hostname >”使用自己命名的主机名替换，如图 2.53 所示，本书将主机名命名为“hadoop1”。使用同样的方法，修改其他几台 CentOS 7 主机的主机名，本书分别将另外两台主机的主机名修改为“hadoop2”和“hadoop3”。

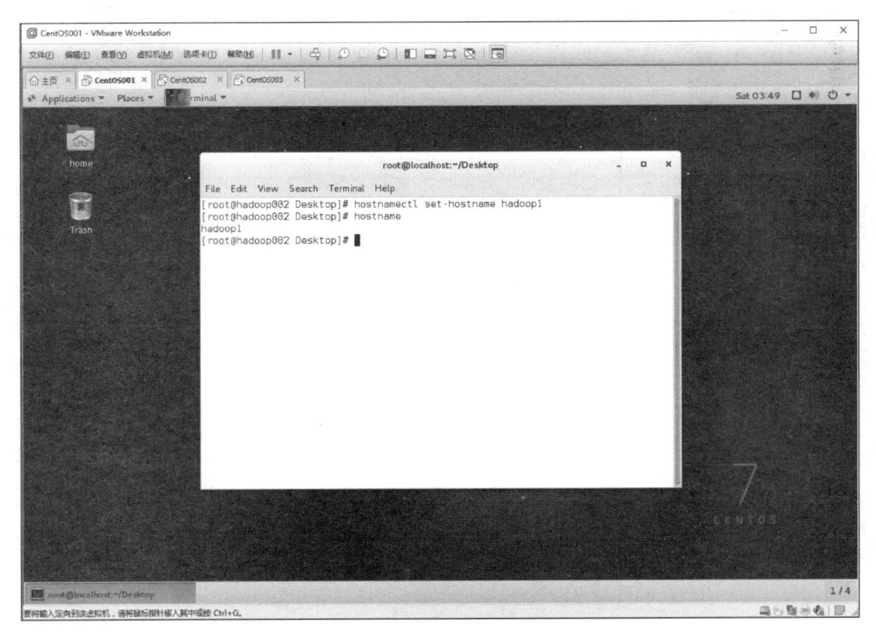

图 2.53　修改主机名

主机名修改完成后，如果使用的是虚拟机搭建集群，为了使虚拟机能连接外网，需要修改网络设置，在 VM 菜单栏中选择“虚拟机”→“设置”，如图 2.54 所示。

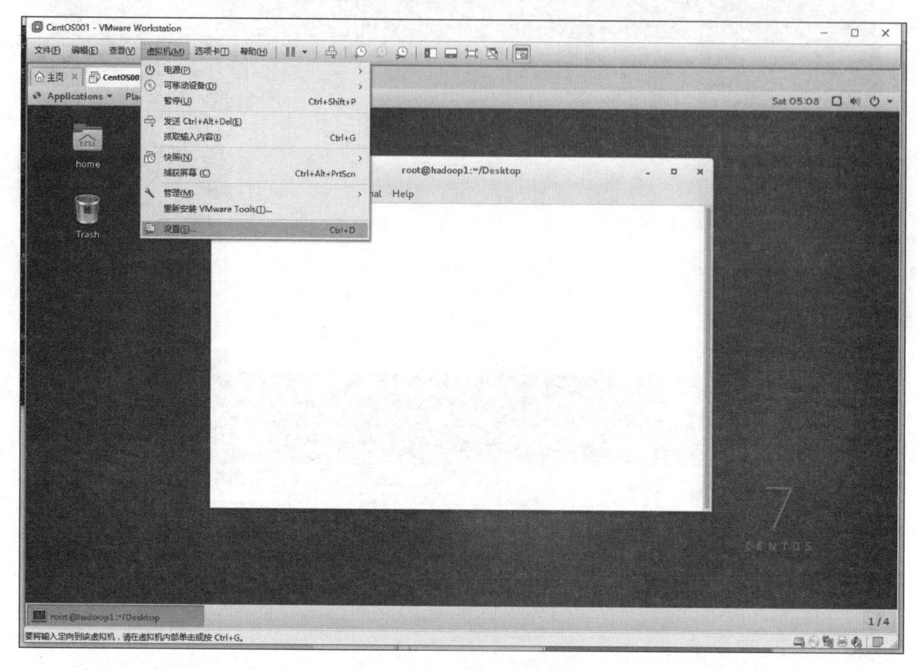

图 2.54 修改网络设置

在如图 2.55 所示的虚拟机设置界面中，将三台虚拟机的网络连接修改为“桥接模式”。

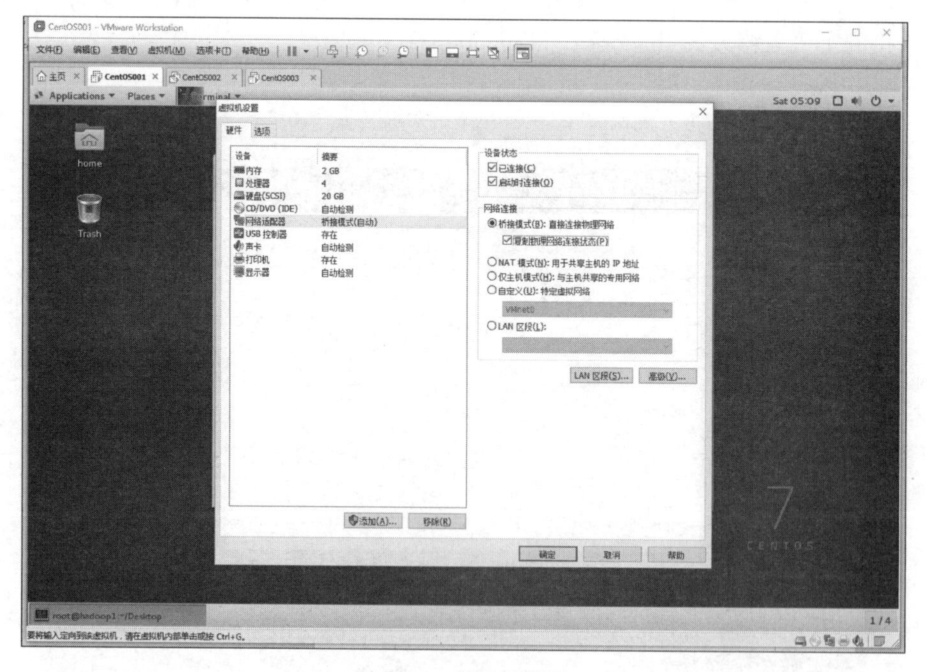

图 2.55 虚拟机设置

第二步：修改静态 IP，关闭 IPv6。

这一步需要查看当前网络的网关，如果使用的是虚拟机，就需要查询本机的网关，在键盘上按组合键 Win+R，然后在“运行”对话框中，输入“cmd”打开命令符，在命令提示符界面中输入“ipconfig”查询本机网关，本书使用的网关为“10.250.62.1”，如图 2.56 所示。

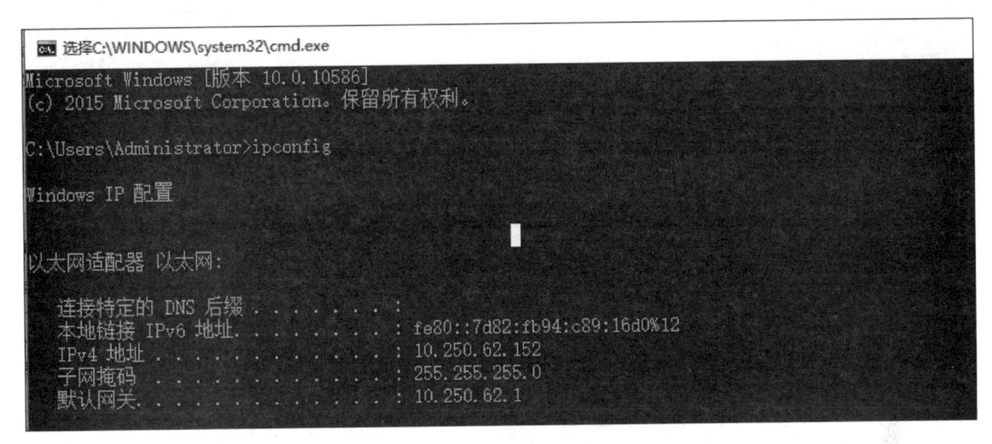

图 2.56　查看当前网络网关

接着如图 2.57 所示，在系统主界面中单击右上角的网络端口图标，选择 Wired→Wired Settings，出现如图 2.58 所示的界面。

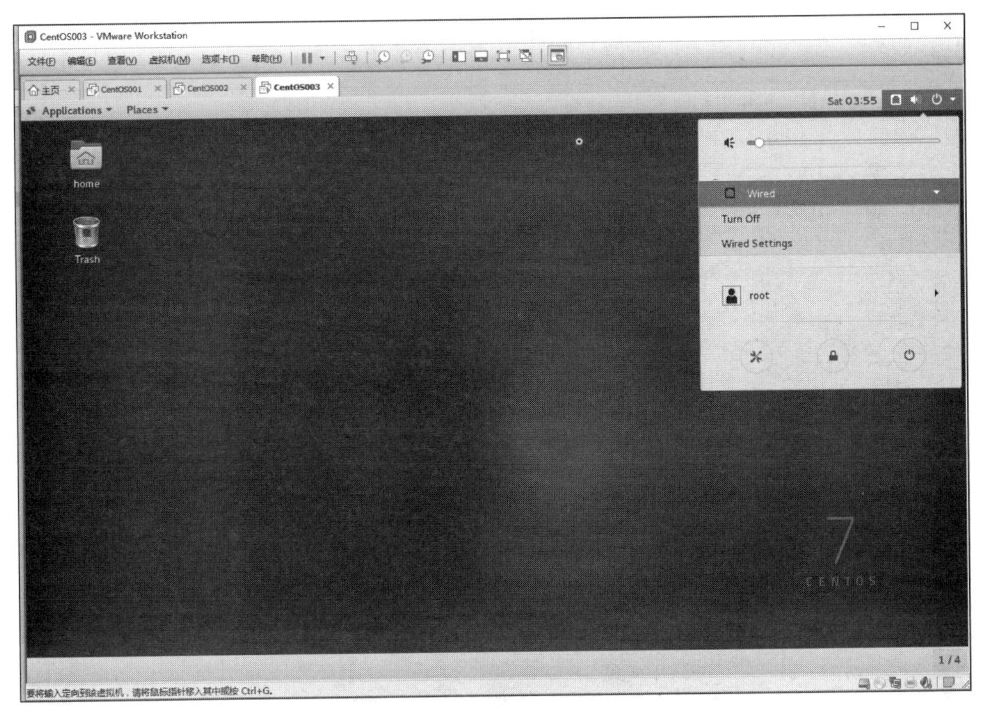

图 2.57　设置系统网络

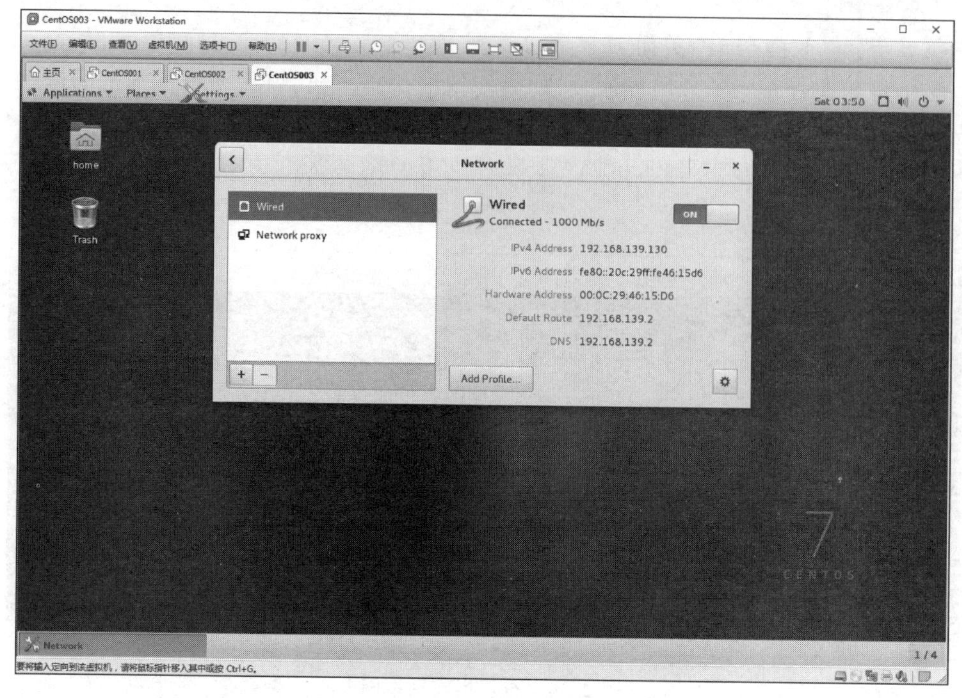

图 2.58　网络设置界面

在如图 2.58 所示的网络设置界面中单击右下角的设置图标，出现如图 2.59 所示的界面，在该界面中，选择 IPv4，根据默认路由将 IP 地址设置为“10.250.62.×××”，DNS 设置为静态的“8.8.8.8”，子网掩码一般推荐设置为“255.255.255.0”。

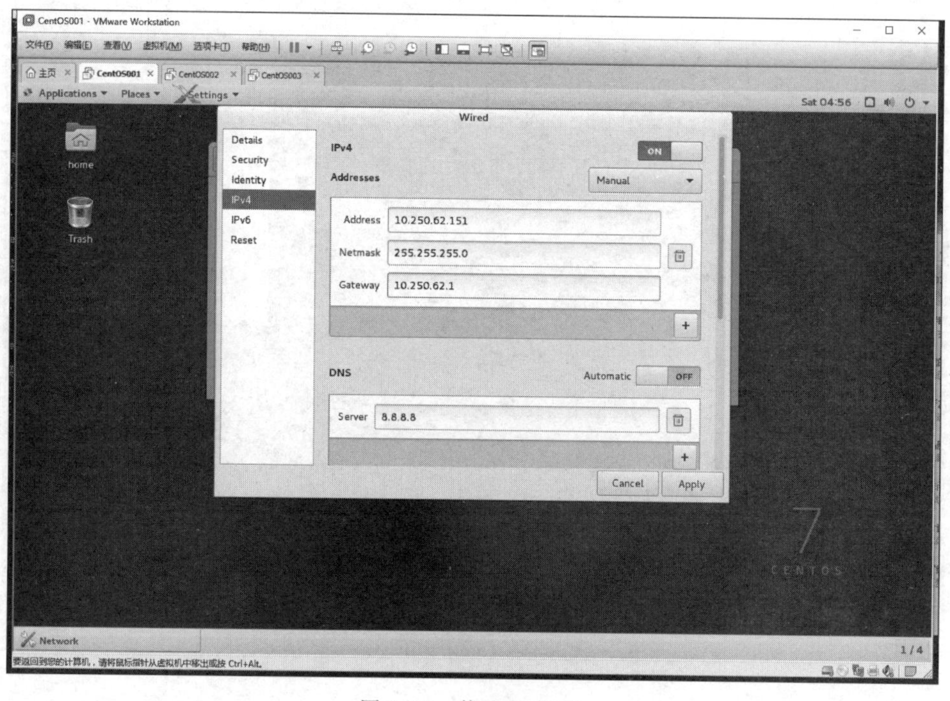

图 2.59　修改静态 IP

然后单击 IPv6，单击 ON 将其变为 OFF，关闭 IPv6，如图 2.60 所示。设置完成后，单击 Apply 按钮保存设置。

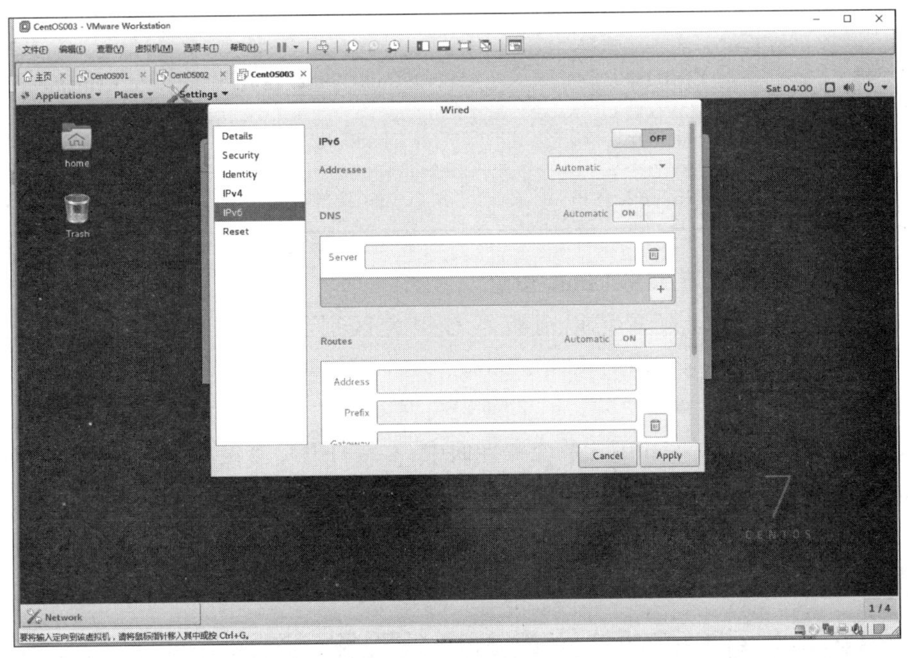

图 2.60　关闭 IPv6

在回到的窗口界面中，如图 2.61 所示，单击 ON 关闭网络，然后再次单击，重启网络，重启后的 IP 如图 2.61 所示，静态 IP 到此设置完成。其他两台主机也需要进行相同的操作。

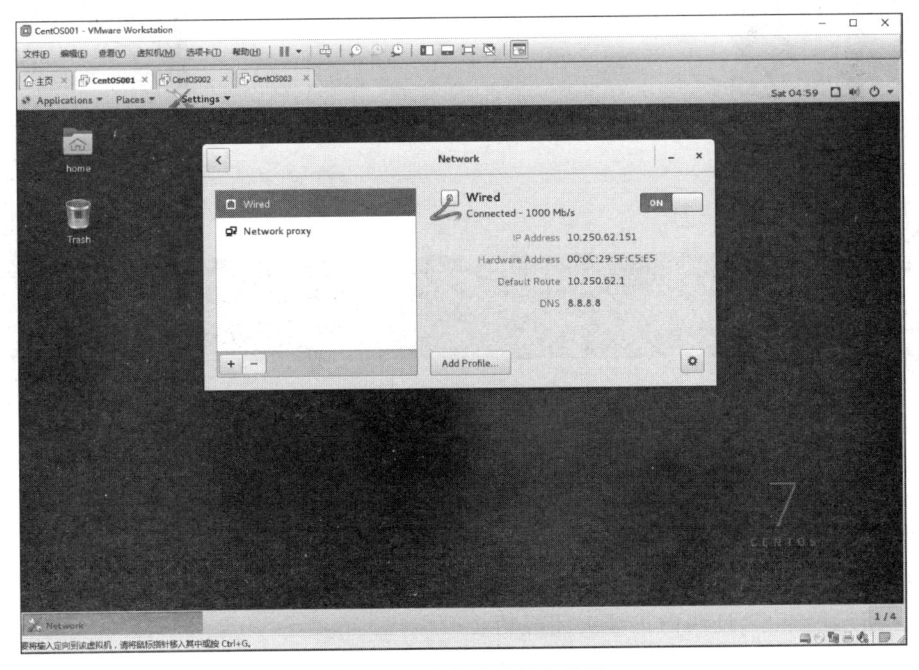

图 2.61　重启后的网络设置

为了方便记忆与操作，本书将三台主机称为 CentOS001、CentOS002、CentOS003，按照表 2.1 进行设置。

表 2.1 主机名和 IP 的设置情况

主 机	CentOS001	CentOS002	CentOS003
主机名	hadoop1	hadoop2	hadoop3
IP 地址	10.250.62.151	10.250.62.182	10.250.62.153

第三步：关闭防火墙和 SELinux 设置。

CentOS 7 的防火墙配置跟以前版本有很大区别，这个版本的防火墙默认使用"firewall"，而之前的版本使用的是"iptables"。

首先，关闭防火墙。

使用同样的方法，在 CentOS 系统主界面中，右键打开命令终端，输入命令"systemctl stop firewalld.service"关闭防火墙，如图 2.62 所示。

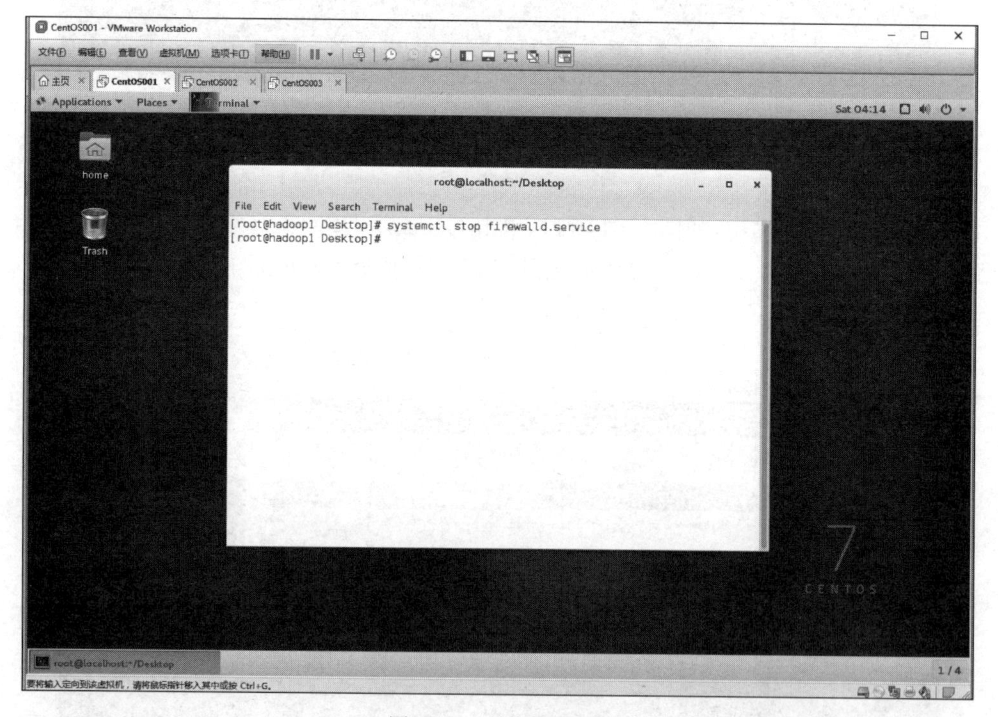

图 2.62 关闭防火墙

继续输入命令"systemctl disable firewalld.service"，禁止防火墙的开机启动，如图 2.63 所示。

接着输入命令"firewall -cmd --state"，查看防火墙状态，确认防火墙关闭，出现如图 2.64 所示的结果，证明防火墙关闭成功。

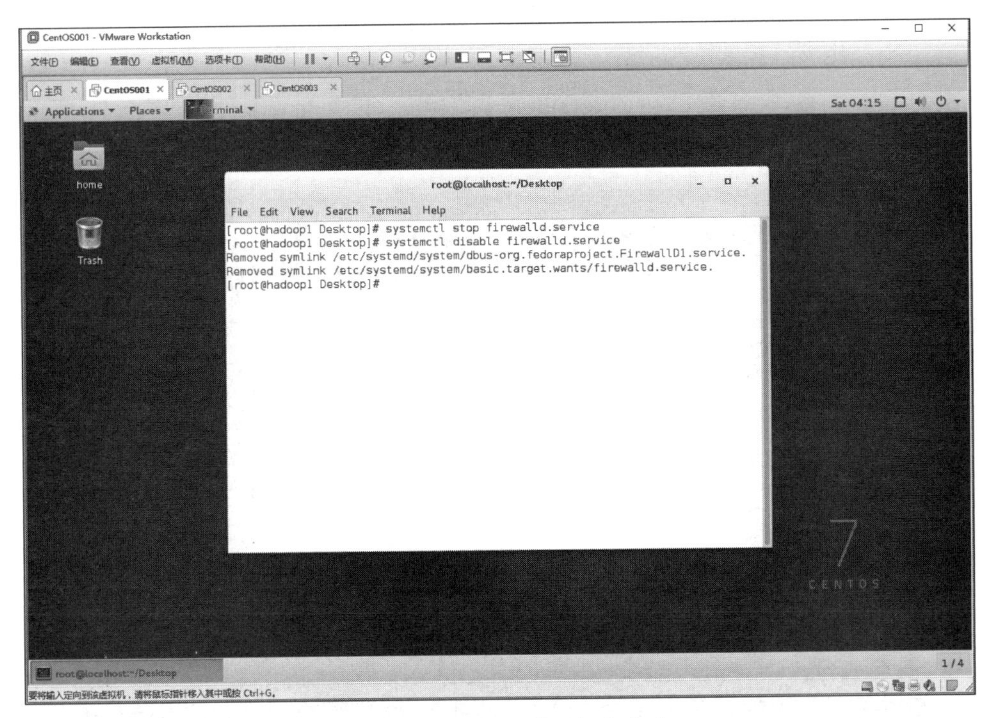

图 2.63　关闭防火墙开机自启动

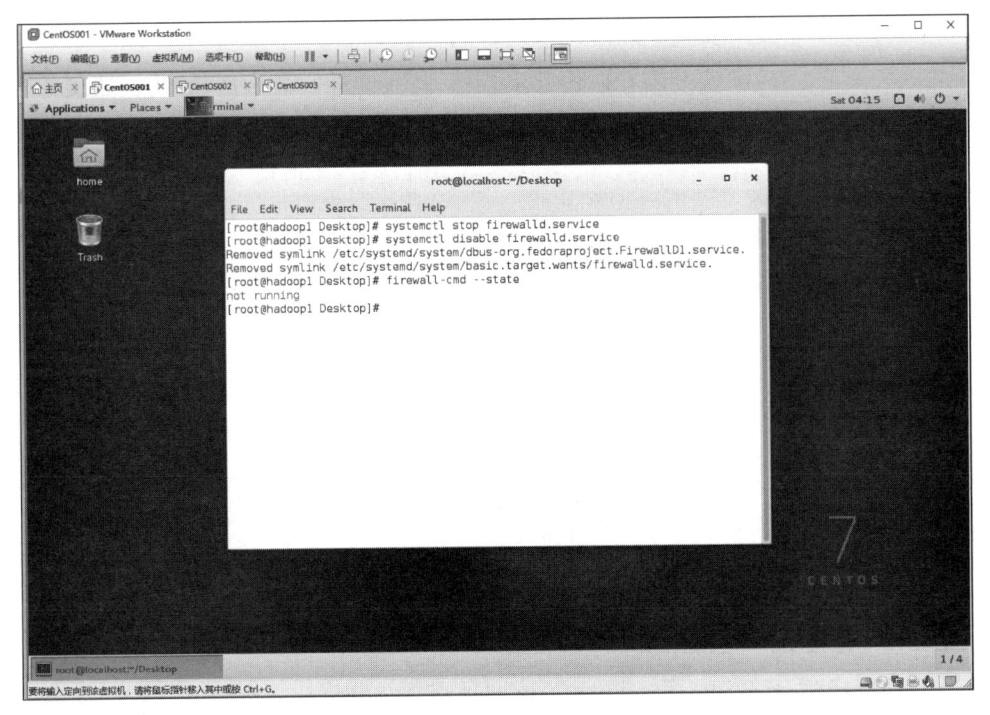

图 2.64　确认防火墙关闭

使用同样的方法，将另外两台 CentOS 主机的防火墙关闭并禁止开机启动。

接下来关闭 SELinux。

打开命令终端，输入命令“vi /etc/selinux/config”，打开配置文件，如图 2.65 所示。

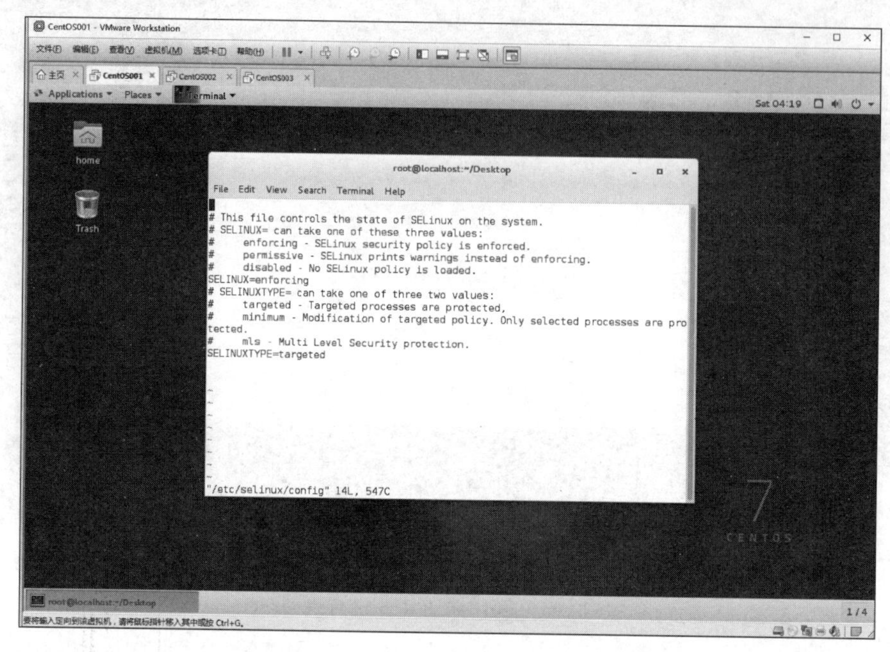

图 2.65 打开 SELinux 配置文件

在 vi 模式下，使用键盘上的方向键移动光标，按 I 键进入插入操作，将配置文件中的“SELINUX=enforcing”修改为“SELINUX=disabled”，接着按 Esc 键，退出插入 vi 模式，输入“:wq”保存修改并退出。进行同样的操作，关闭其他两台 CentOS 7 主机的 SELinux。

修改后的配置文件如下。

```
# This file controlsthe state of SELinux on the system.
# SELINUX = can take oneof these three values:
#     enforcing - SELinux security policy isenforced.
#     permissive - SELinux prints warningsinstead of enforcing.
#     disabled - No SELinux policy is loaded.
#SELINUX = disabled
# SELINUXTYPE = can takeone of these two values:
#     targeted - Targeted processes areprotected,
#mls - Multi Level Security protection.
SELINUXTYPE = targeted
```

第四步：修改 host 集群。

打开命令终端，输入“vi /etc/hosts”，按回车键。然后按照如图 2.66 所示，修改配置文件，最后输入“:wq”保存修改并退出。在另外两台 CentOS 7 主机上也进行同样的操作，操作完成后重启三台主机即可。

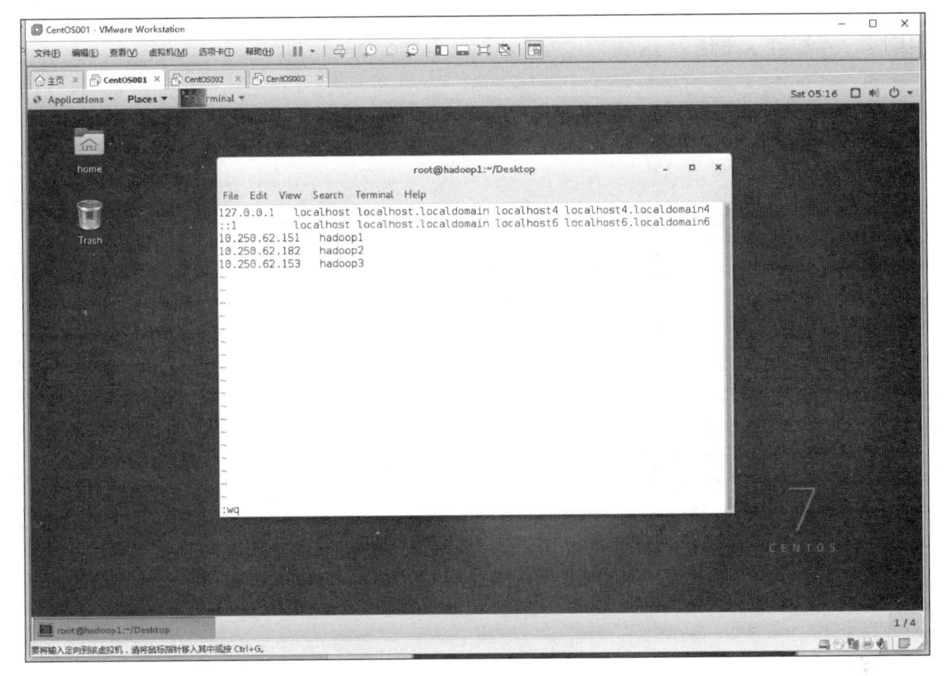

图 2.66　修改 hosts 配置文件

2.4.2　SSH 免密码登录

接下来的操作将在 SecureCRT 软件中进行，如果不想使用该软件，也可以在相应主机的命令终端中完成以下操作。

打开 SecureCRT 软件，单击菜单栏下方快捷工具中最左边的第一个图标 Session Manager，打开会话管理窗口，如图 2.67 所示。单击"＋"按钮，新增一个会话连接。

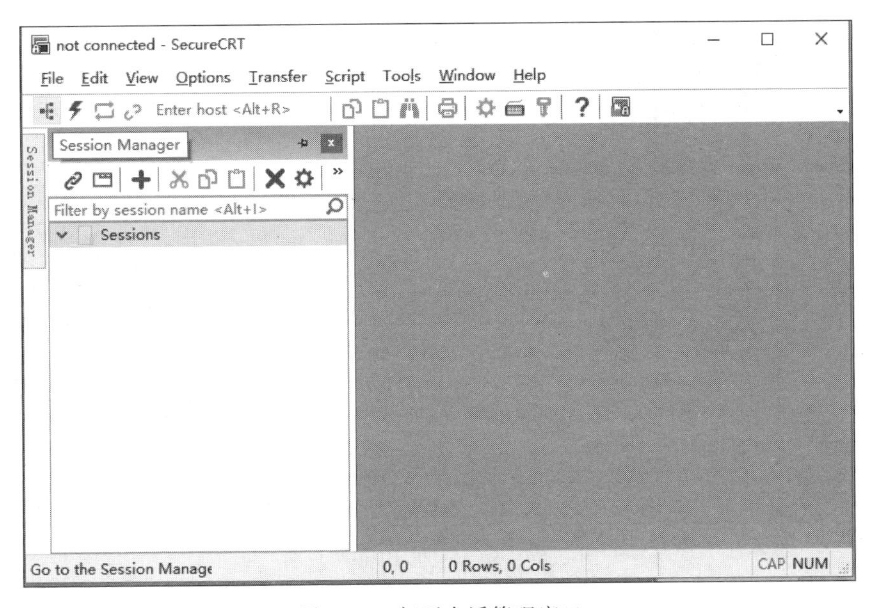

图 2.67　打开会话管理窗口

如图 2.68 所示,连接方式选择 SSH2,单击“下一步”按钮。

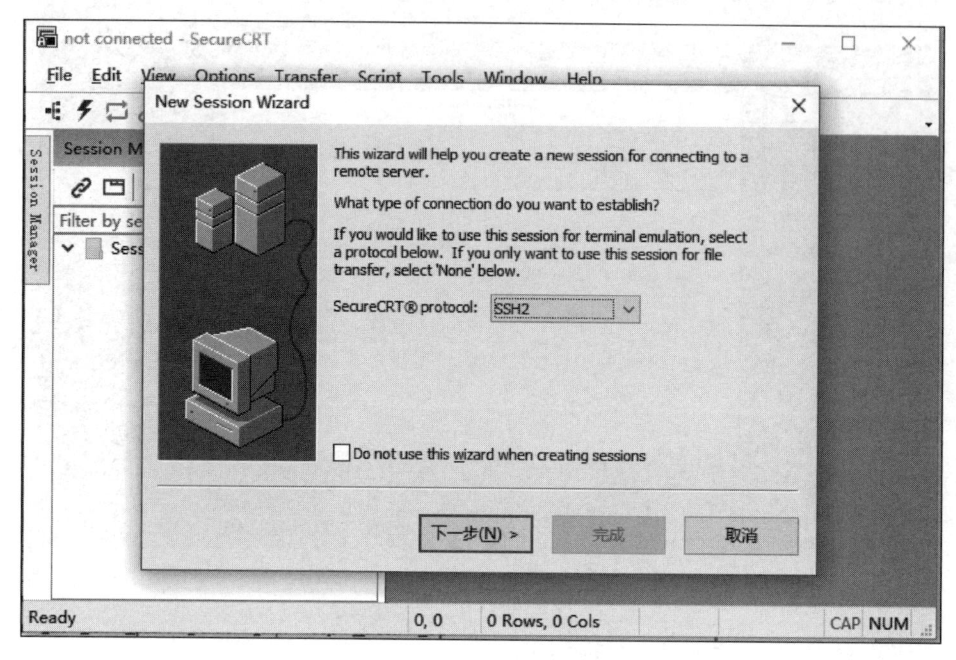

图 2.68 选择连接方式

如图 2.69 所示,输入主机的 IP 地址以及 root 的用户名。继续单击“下一步”按钮,在如图 2.70 所示的对话框中,单击“完成”按钮即可。

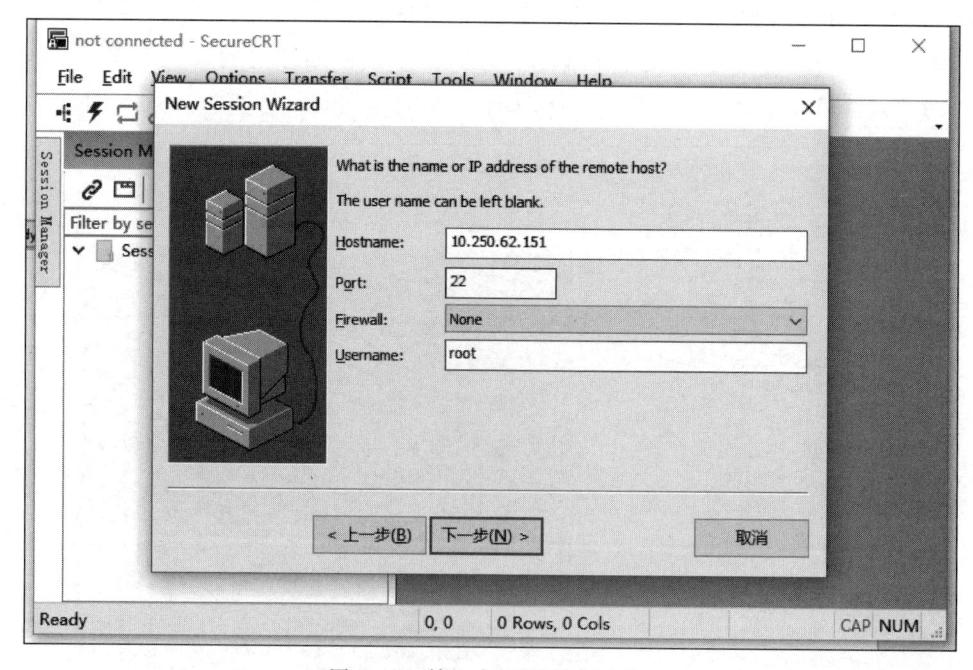

图 2.69 输入主机 IP 和用户名

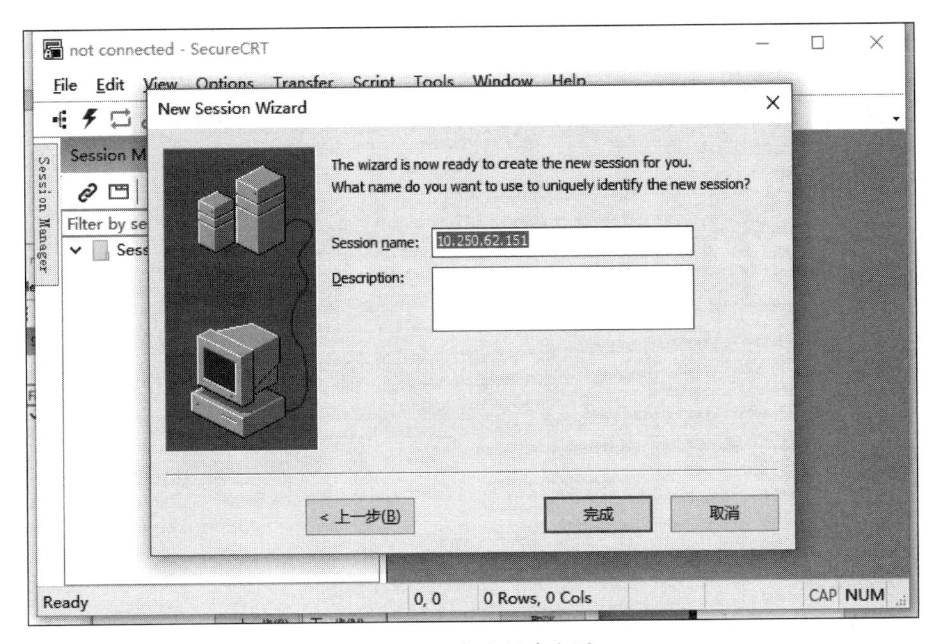

图 2.70 完成新建会话

接下来，选择新建的会话，单击 Connect 连接，如图 2.71 所示。

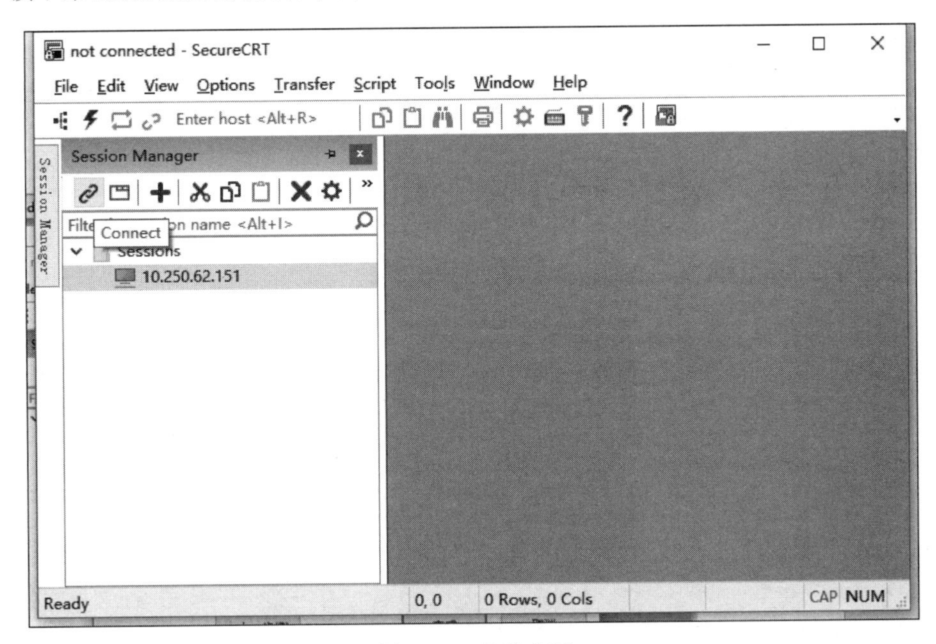

图 2.71 连接会话

出现如图 2.72 所示的提示对话框，在对话框中单击 Accept & Save 按钮。

接着，在如图 2.73 所示的界面中输入密码，为了便于操作，勾选 Save password 复选框，单击 OK 按钮，完成会话连接。

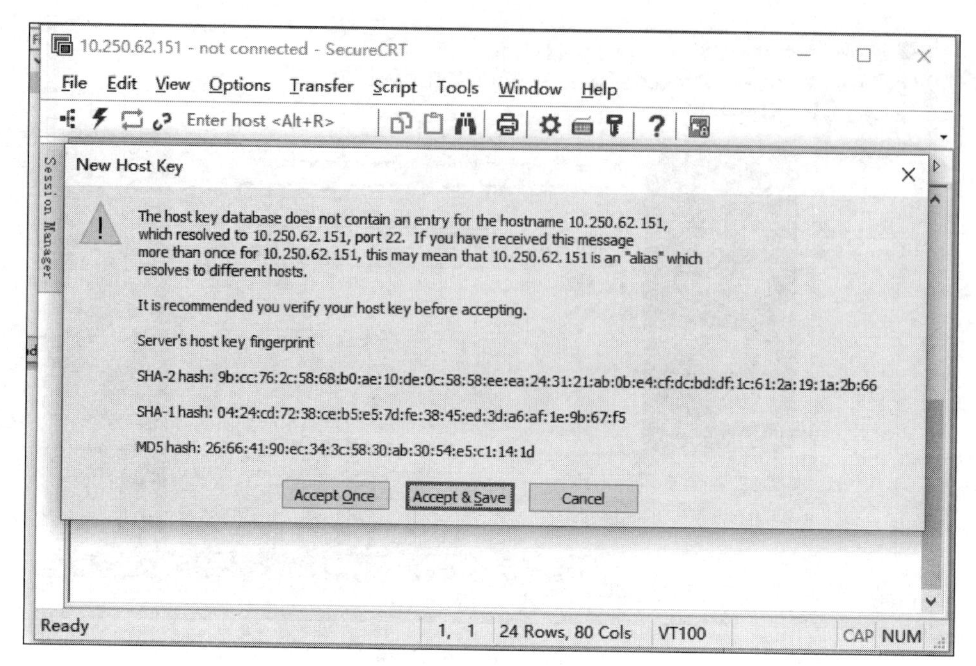

图 2.72　同意并保存会话

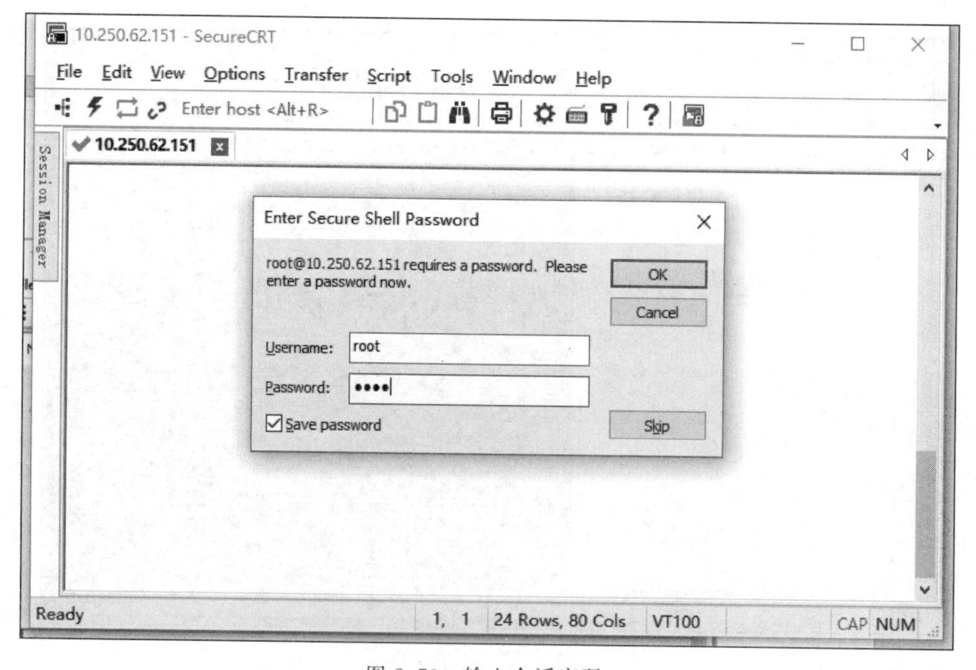

图 2.73　输入会话密码

进行同样的操作，完成其他两台虚拟主机的会话连接。

接下来设置 SSH，双击打开主机 hadoop1 的会话连接，如图 2.74 所示。

输入命令“ssh-keygen -t rsa”，如图 2.75 所示。

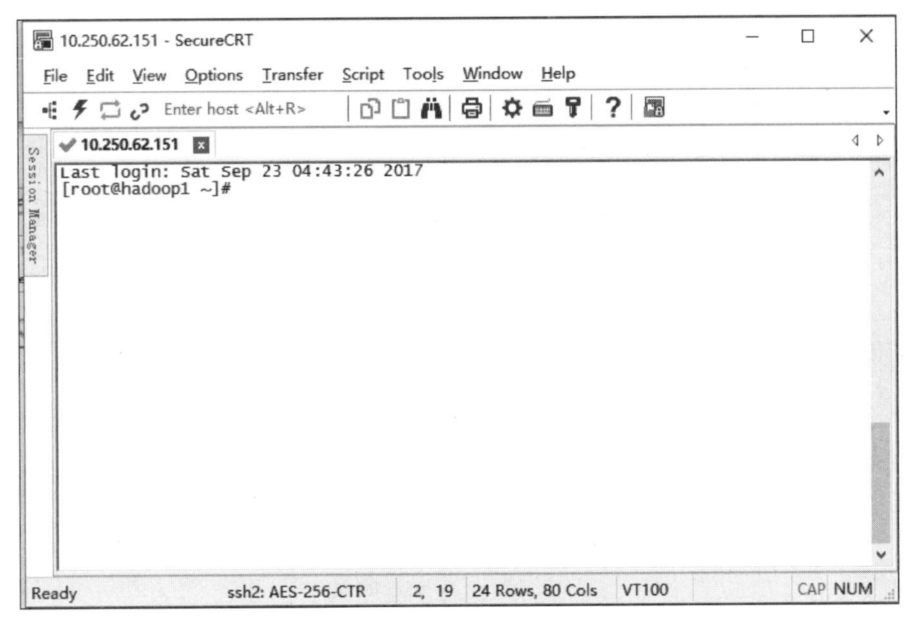

图 2.74 打开会话

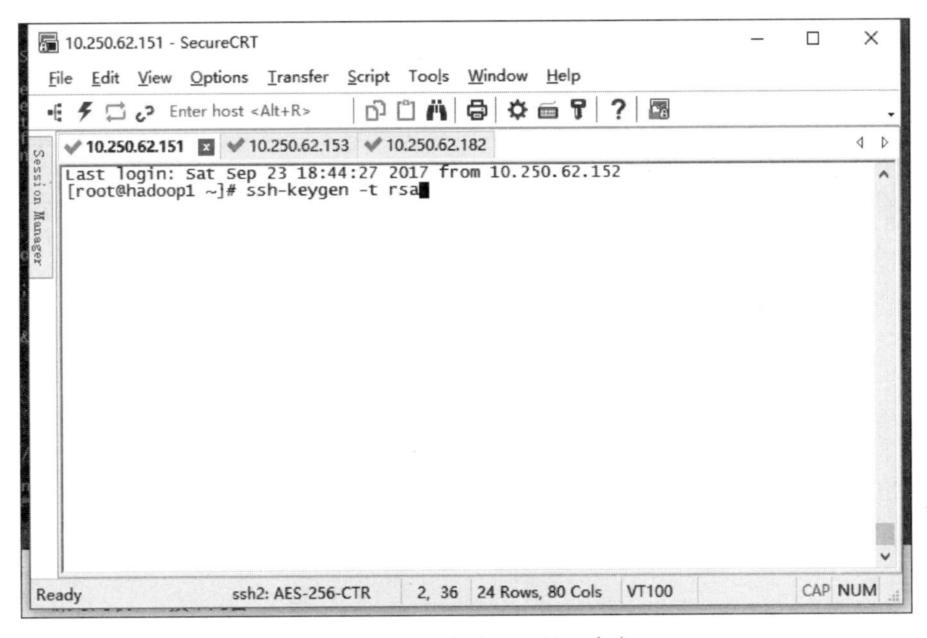

图 2.75 输入免密登录设置命令

等待命令执行完成后，输入命令“ssh-copy-id hadoop1”，将 SSH 的 id 复制给主机 hadoop1，如图 2.76 所示。

命令执行完毕后，输入密码，如图 2.77 所示。然后按照同样的方法，将 id 复制给另外两台主机 hadoop2 和 hadoop3。

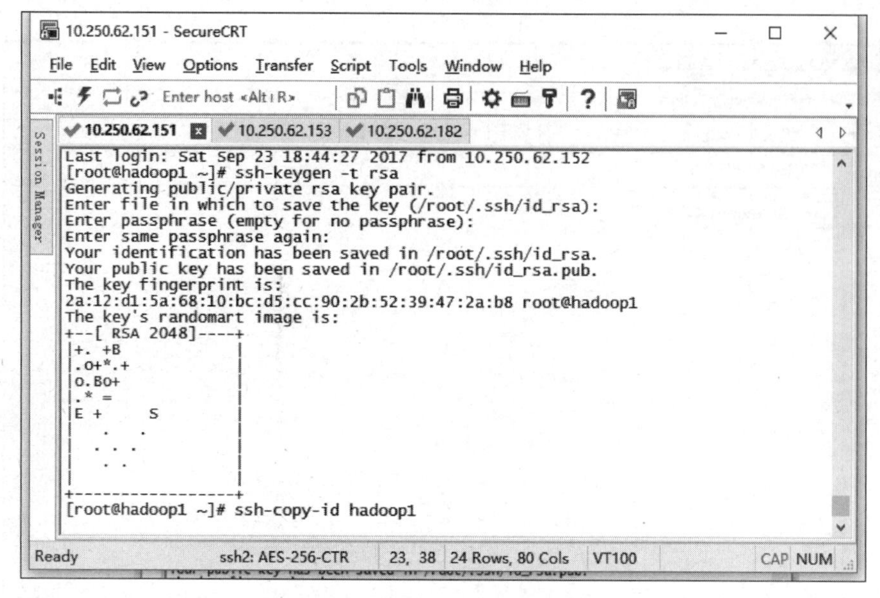

图 2.76　复制 SSH 的 id

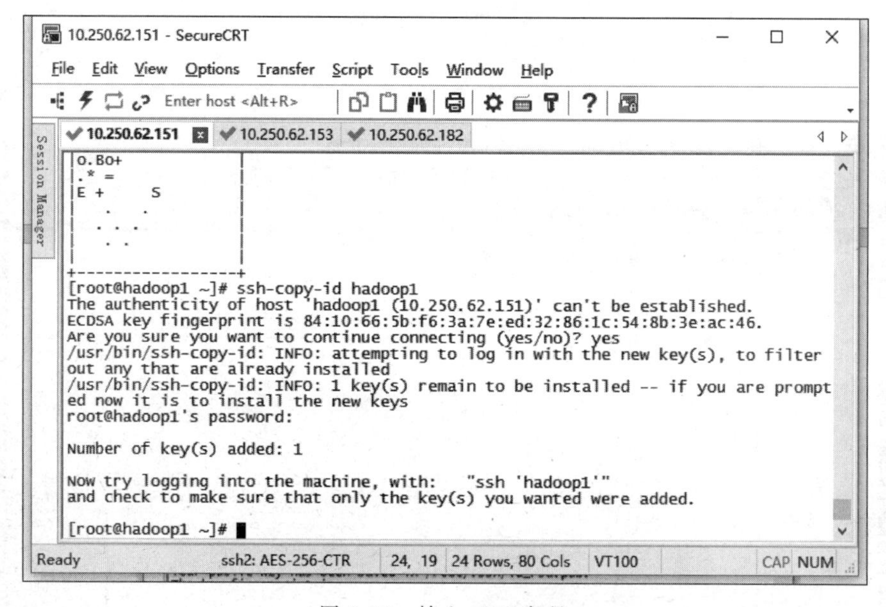

图 2.77　输入 SSH 密码

2.4.3　配置 JDK

Hadoop 是运行在 JVM(Java 虚拟机)中的,所以需要给每一台 CentOS 主机安装 Java 环境。有关 JDK 的详细内容,可访问网页 https://www.oracle.com/technetwork/java/javase/downloads/jdk8-downloads-2133151.html,或者扫描右侧二维码,获取更多有关 JDK 的信息。

首先,可通过前面提到的网站或者上方的二维码,进入官方网址下载 Linux 版本的 JDK。

然后使用 SecureCRT 软件,打开一个主机的会话连接窗口。输入命令“cd /user/”,进入系统的 user 文件夹,然后输入命令“mkdir softwares”,创建一个 software 文件夹,再输入命令“cd softwares”,进入该文件夹,如图 2.78 所示。

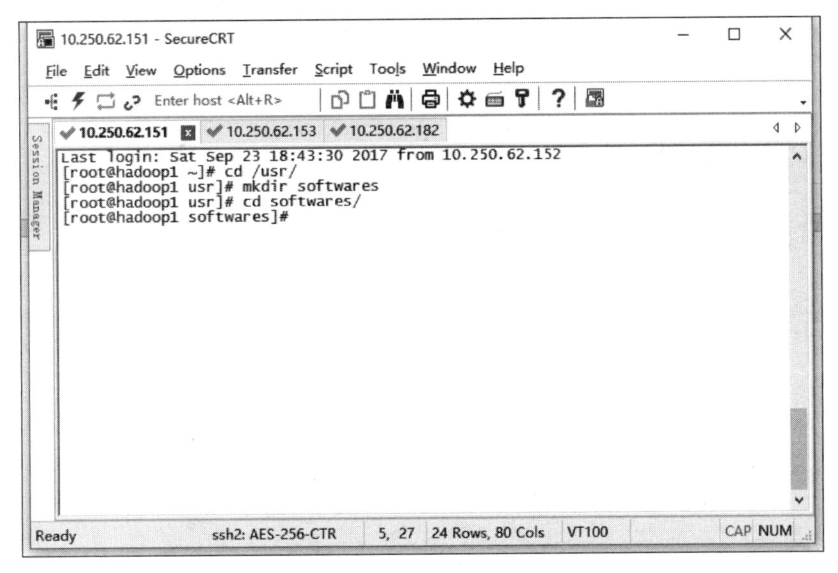

图 2.78 新建文件夹

接着使用 SecureCRT 软件的上传插件功能将下载好的 JDK 压缩包上传到之前进入的目录下。输入命令“rz”,出现如图 2.79 所示的对话框,选中下载的 JDK 压缩包,单击 Add 按钮,然后单击 OK 按钮,开始上传(使用主机的集群可以通过 U 盘复制或直接使用主机下载至相应的文件夹即可)。

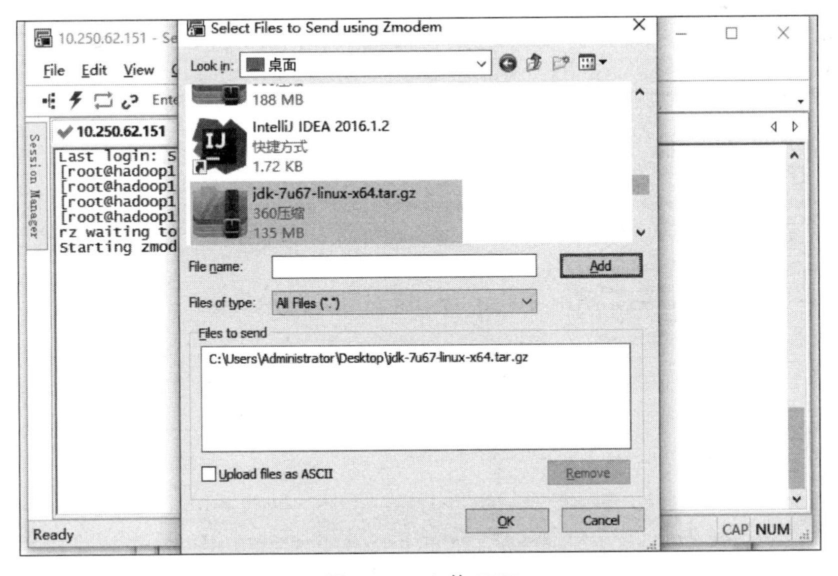

图 2.79 上传 JDK

上传成功后，可在会话连接窗口中输入"ls"命令查看当前文件夹下的文件，如图 2.80 所示。

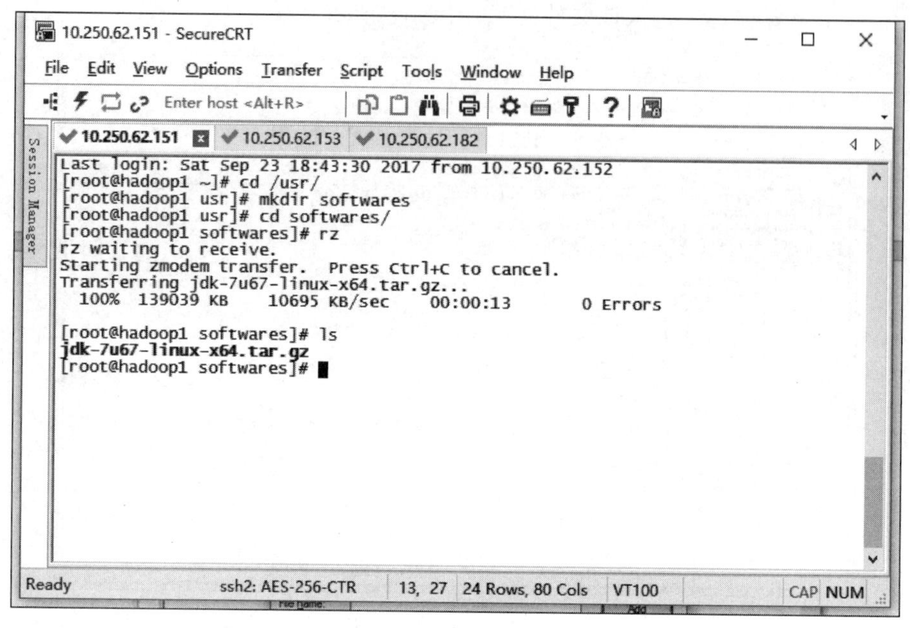

图 2.80 查看文件列表

JDK 上传完成后，如图 2.81 所示，输入解压命令"tar -zxf JDK 压缩包完整名称"，将 JDK 压缩包解压至当前的文件夹中。

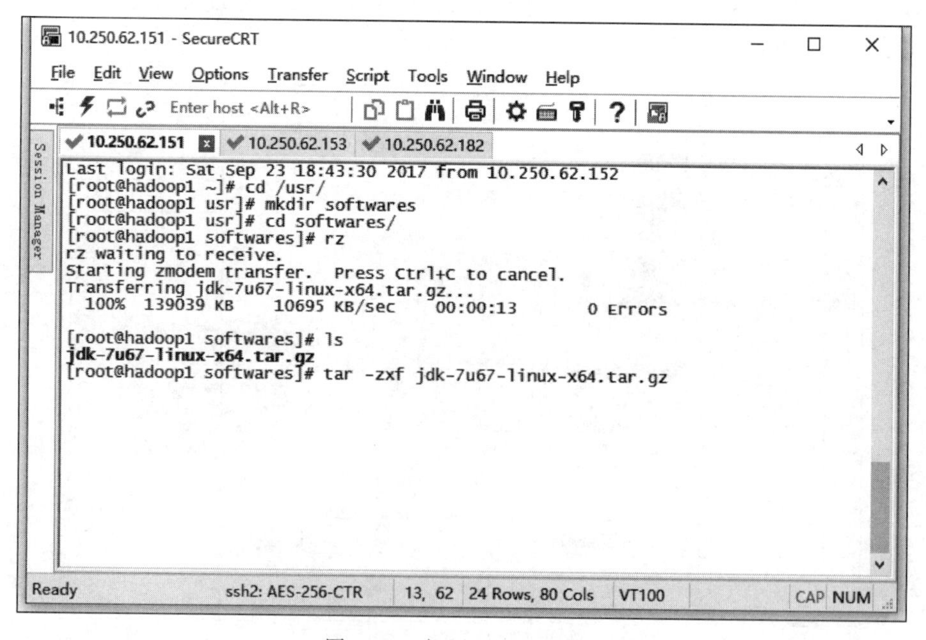

图 2.81 解压 JDK 压缩包

接下来，如图 2.82 所示，使用“cd”命令，进入 jdk 的文件夹目录，输入“pwd”获取到当前的路径，复制保存一份，以方便进行后续的 Java 环境配置。

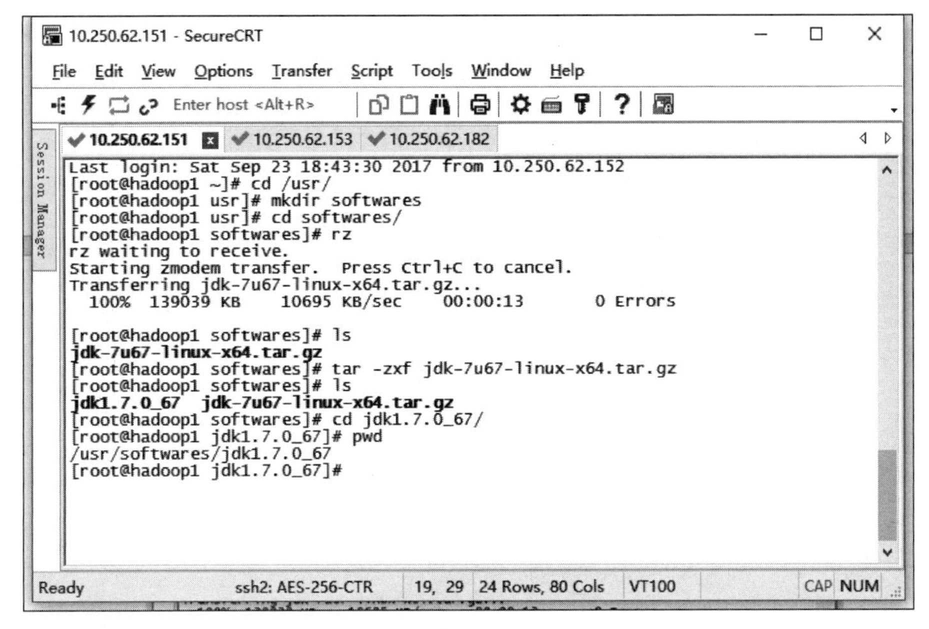

图 2.82 获取 JDK 的当前路径

然后，输入命令“vi /etc/profile”，进入配置文件，如图 2.83 所示。

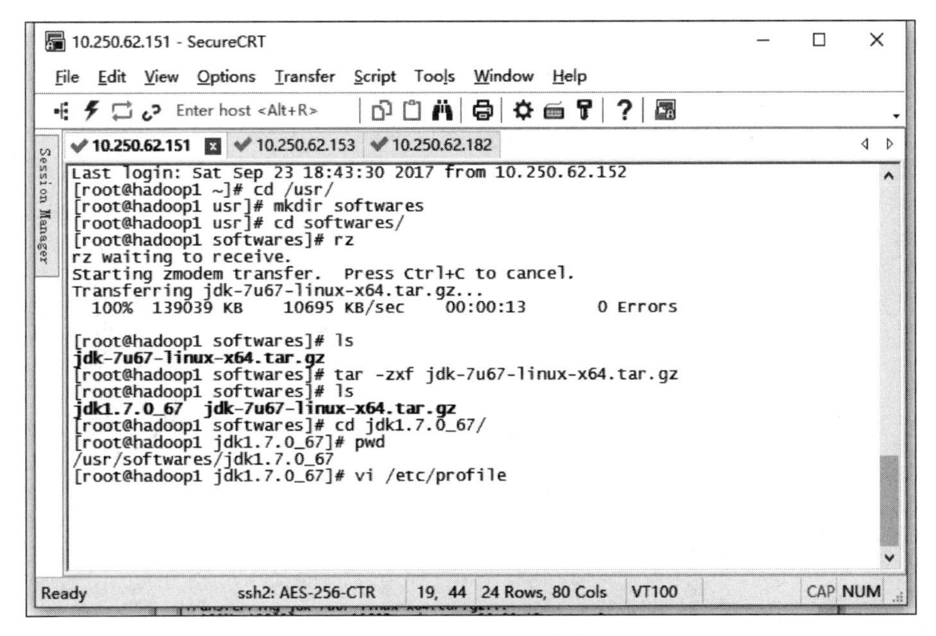

图 2.83 进入配置文件

在进入文件的最后一行输入“export JAVA_HOME=jdk 目录”，然后换行输入“export PATH=$PATH:$JAVA_HOME/bin”，如图 2.84 所示，最后输入“:wq”保存

修改并退出。

```
10.250.62.151 - SecureCRT
File  Edit  View  Options  Transfer  Script  Tools  Window  Help
# Current threshold for system reserved uid/gids is 200
# You could check uidgid reservation validity in
# /usr/share/doc/setup-*/uidgid file
if [ $UID -gt 199 ] && [ "`id -gn`" = "`id -un`" ]; then
    umask 002
else
    umask 022
fi

for i in /etc/profile.d/*.sh ; do
    if [ -r "$i" ]; then
        if [ "${-#*i}" != "$-" ]; then
            . "$i"
        else
            . "$i" >/dev/null
        fi
    fi
done

unset i
unset -f pathmunge
export JAVA_HOME=/usr/softwares/jdk1.7.0_67
export PATH=$PATH:$JAVA_HOME/bin
Ready   ssh2: AES-256-CTR   23, 32   24 Rows, 80 Cols   VT100   CAP NUM
```

图 2.84　修改配置文件

修改完配置文件后，输入命令“source /etc/profile”，重新加载配置文件，然后输入“echo $JAVA_HOME”，检查配置路径是否正确，如图 2.85 所示。

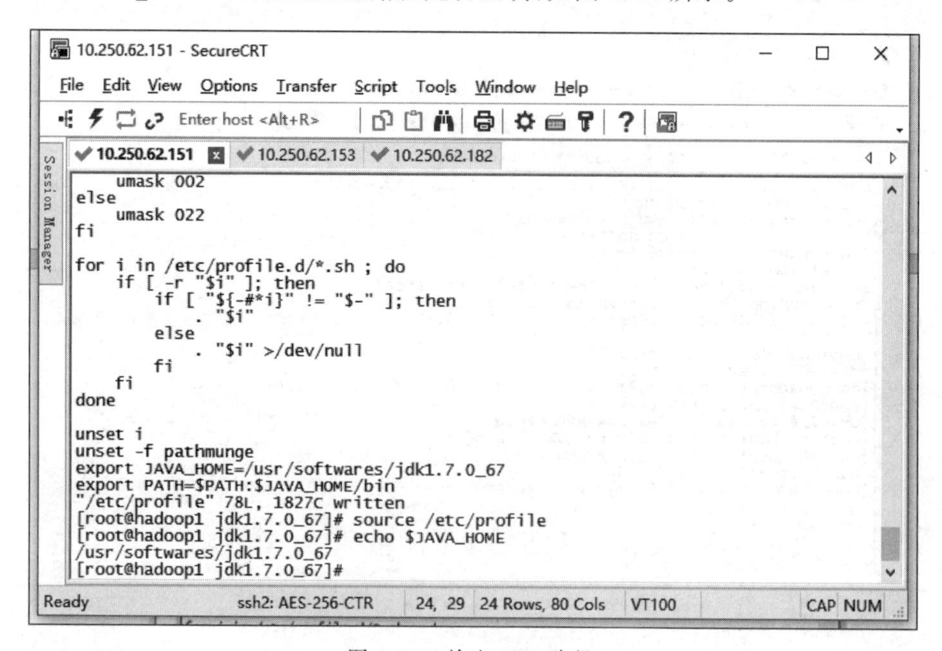

图 2.85　检查 JDK 路径

在/usr/目录下，输入“scp -r software/ hadoop2:/usr/”命令，将 software 文件夹复制给 hadoop2 主机，如图 2.86 所示。

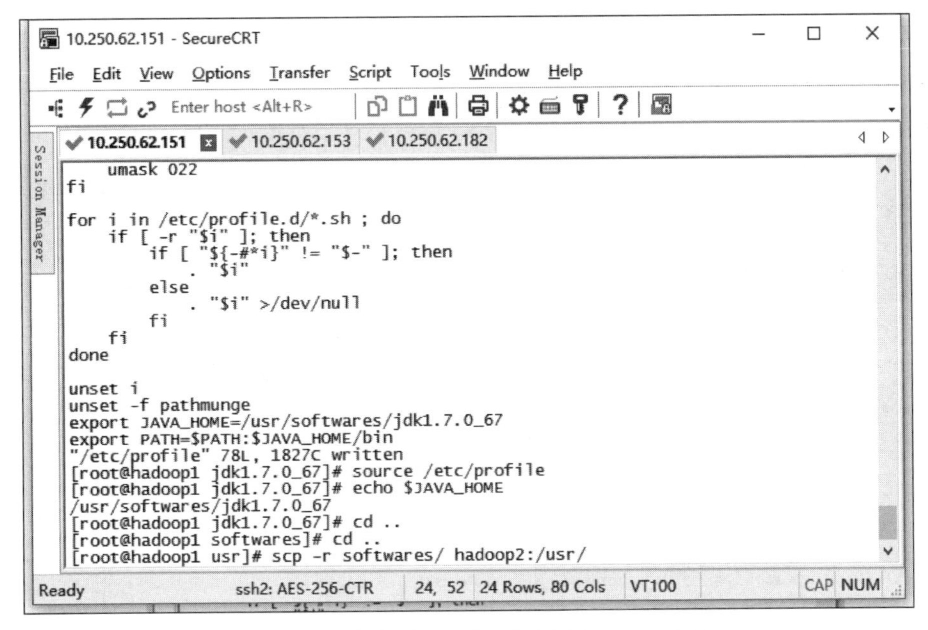

图 2.86 复制“software”文件夹到 hadoop2 主机

复制成功后，使用“ls”命令可以在 hadoop2 主机的 usr 目录下看到 softwares 文件夹，如图 2.87 所示。

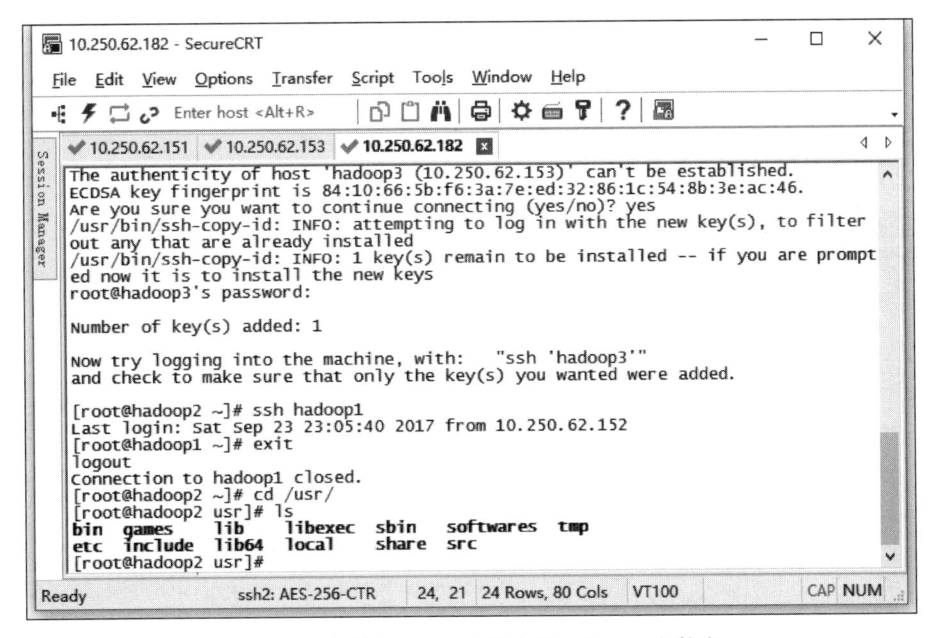

图 2.87 查看 hadoop2 主机中的 software 文件夹

接着修改 hadoop2 的配置文件，步骤与修改主机 hadoop1 相同。最后再将 software 文件夹复制给 hadoop3 主机，然后按照同样的方式修改 hadoop3 的配置文件。

完成上述所有操作后，三台主机的 JDK 环境就配置完成了。

2.4.4 解压 Hadoop

类似于 JDK 的上传，使用相同的方法将 hadoop 的压缩包上传到 softwares 文件夹中，如图 2.88 所示。

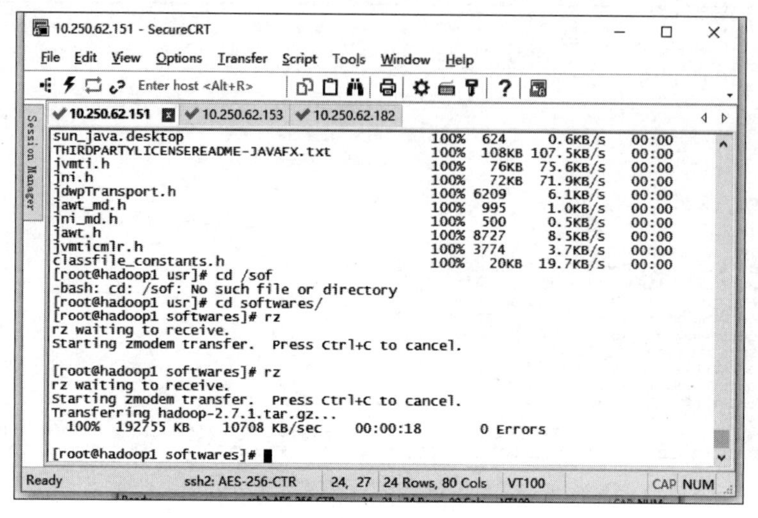

图 2.88 上传 hadoop 压缩包

同样，使用命令“tar -zxf Hadoop-2.7.1.tar.gz”，将压缩包解压至当前文件夹中，如图 2.89 所示。

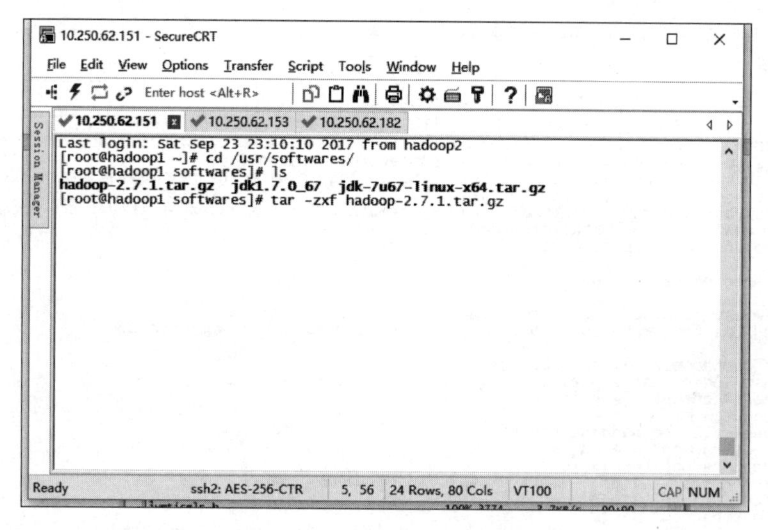

图 2.89 解压 hadoop 压缩包

2.4.5 配置 Hadoop

回到虚拟机或者主机上，进入 softwares 文件夹，找到 hadoop-2.7.1 文件夹，进入 etc 文件夹，再进入 hadoop 文件夹，可以看到里面需要进行修改的配置文件，如图 2.90 所示。

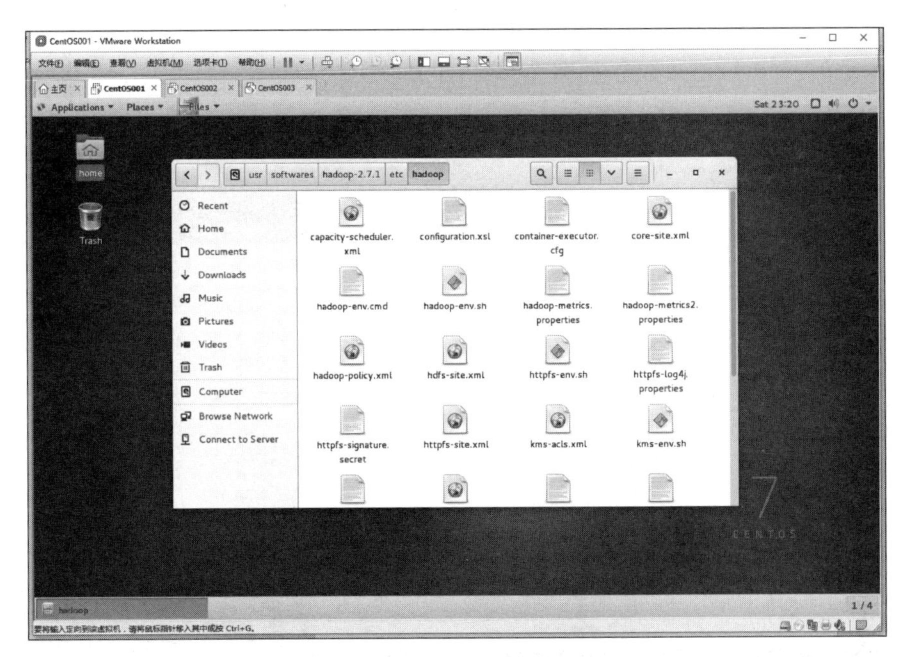

图 2.90 hadoop 配置文件

接下来，对 hadoop 文件夹中的一些配置文件进行修改。

1. 修改 hadoop-env. sh 配置文件

打开 hadoop-env. sh 文件，如图 2.91 所示。

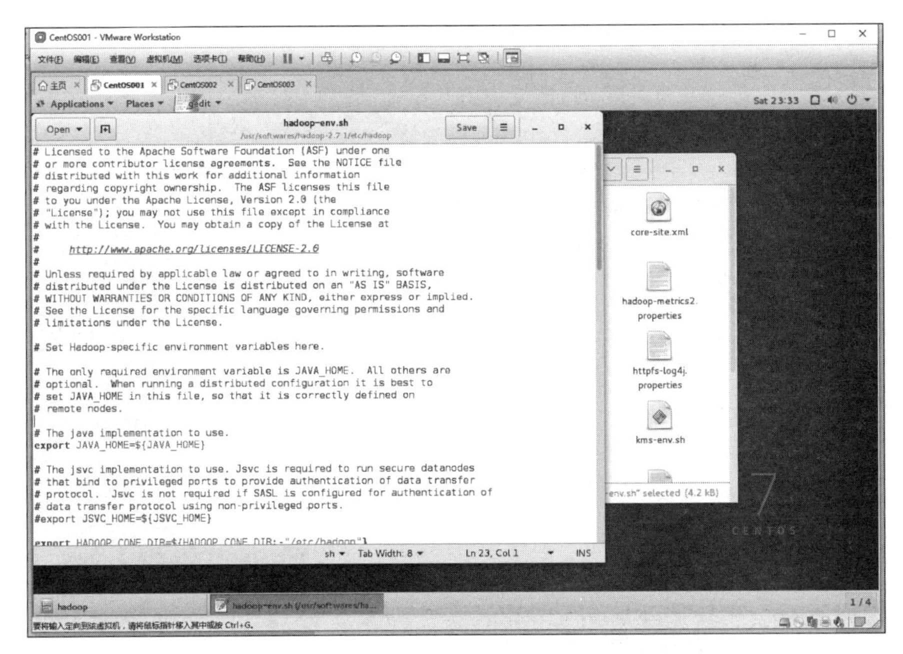

图 2.91 打开 hadoop-env. sh 文件

将图 2.91 中“export JAVA_HOME=${JAVA_HOME}”中的“${JAVA_HOME}”修改为自己的 java home 路径，如图 2.92 所示。

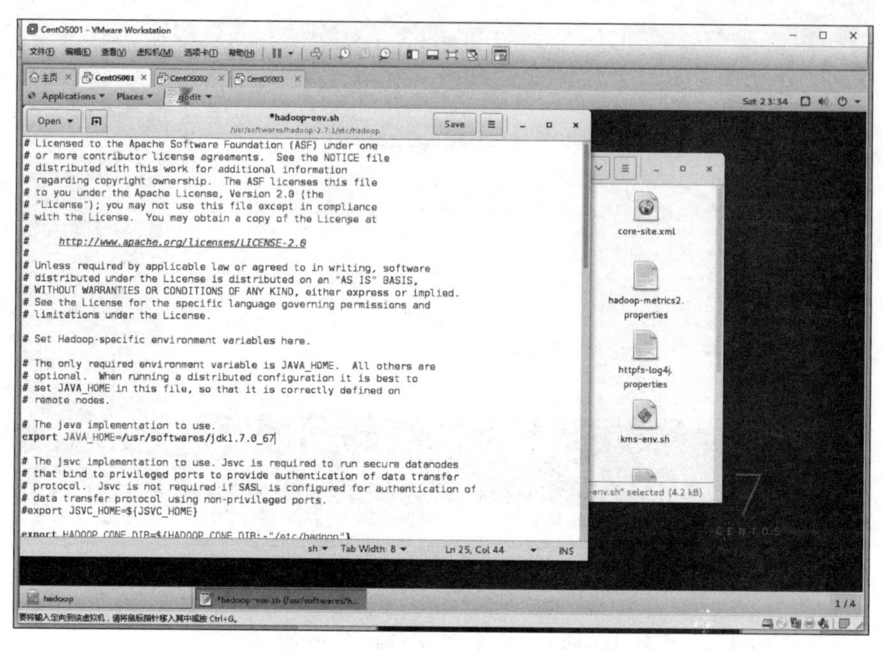

图 2.92 修改 hadoop-env.sh 文件

2. 修改 core-site.xml 配置文件

打开 core-site.xml 文件，如图 2.93 所示。

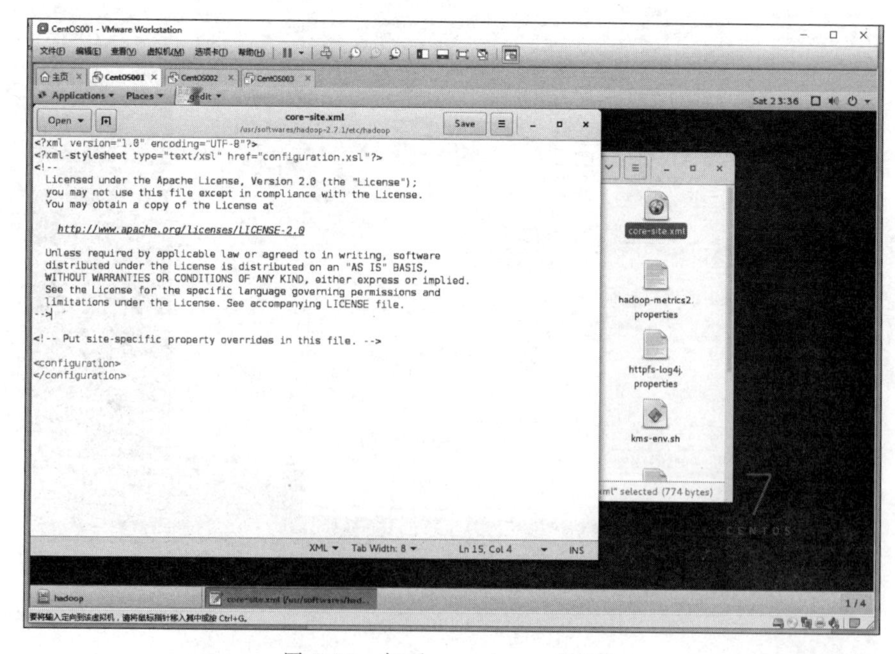

图 2.93 打开 core-site.xml 文件

将 core-site. xml 文件内容修改如下。

```
<configuration>
<property>
        <name>fs.defaultFS</name>
        <value>hdfs://10.250.62.151:8020</value>
    </property>
    <property>
        <name>hadoop.tmp.dir</name>
        <value>/usr/softwares/hadoop-2.7.1/data/tmp</value>
    </property>
    <property>
    <name>fs.trash.interval</name>
    <value>10080</value>
    </property>
</configuration>
```

修改后的 core-site. xml 文件如图 2.94 所示。

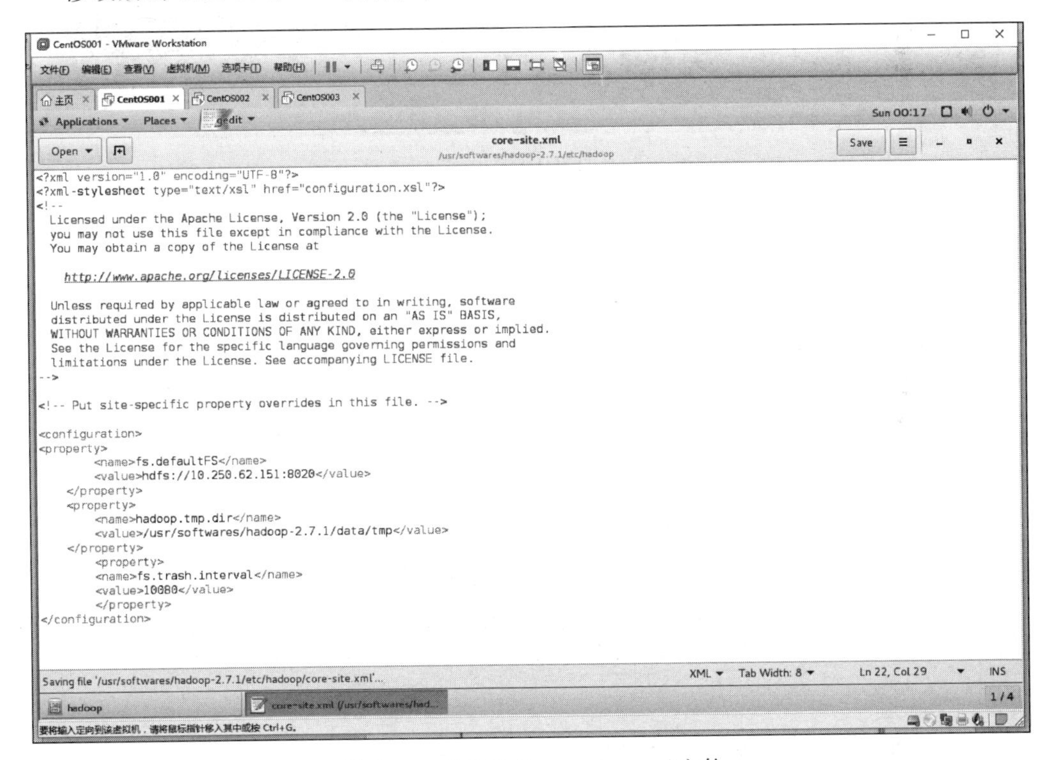

图 2.94 修改后的 core-site. xml 文件

3. 修改 hdfs-site. xml 配置文件

打开 hdfs-site. xml 文件，如图 2.95 所示。

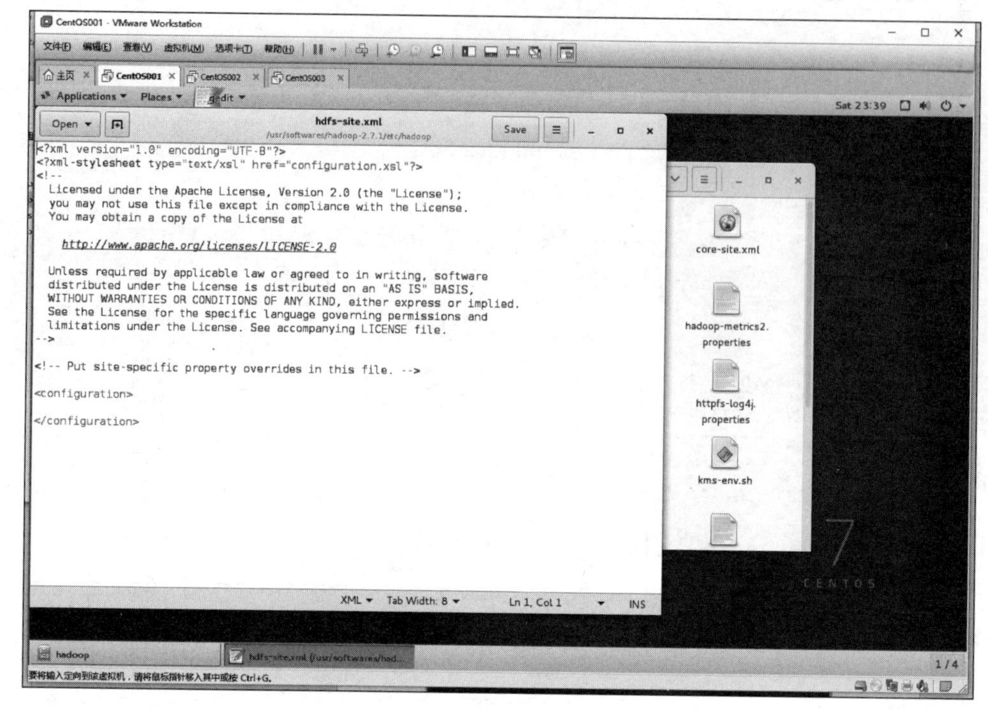

图 2.95　打开 hdfs-site.xml 文件

将 hdfs-site.xml 文件的内容修改如下。

```
<configuration>
<property>
        <name>dfs.replication</name>
        <value>3</value>
    </property>
<property>
        <name>dfs.permissions.enabled</name>
        <value>false</value>
    </property>
    <property>
        <name>dfs.namenode.http-address</name>
        <value>10.250.62.151:50070</value>
    </property>
    <property>
        <name>dfs.namenode.secondary.http-address</name>
        <value>10.250.62.153:50090</value>
    </property>
</configuration>
```

修改后的 hdfs-site.xml 文件如图 2.96 所示。

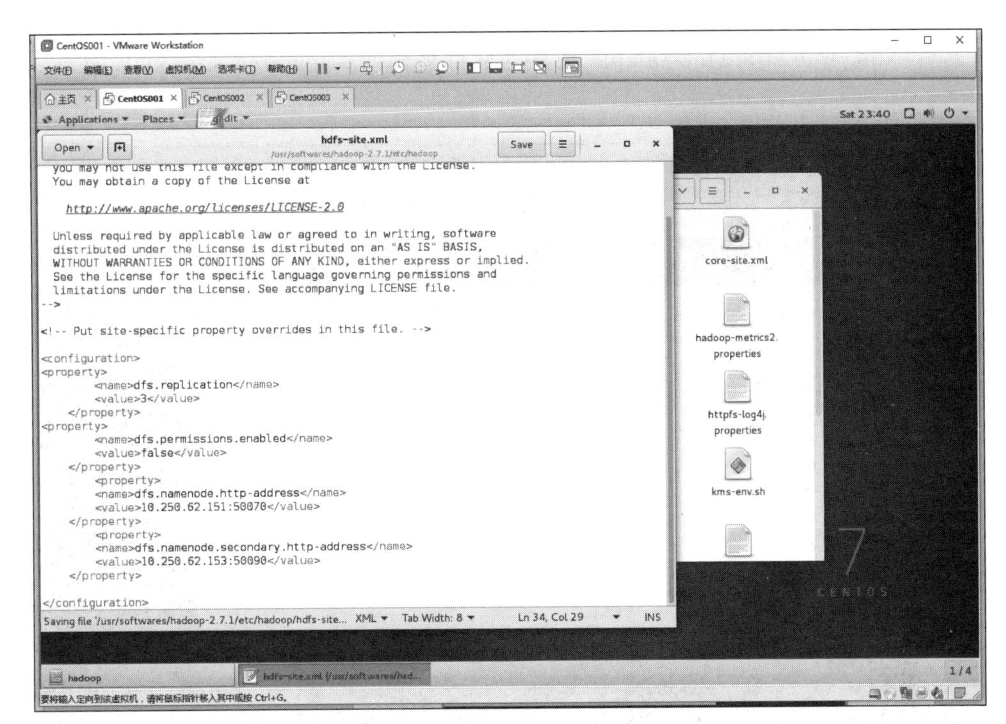

图 2.96 修改后的 hdfs-site. xml 文件

4. 修改 mapred-site. xml. temple 配置文件

首先找到 mapred-site. xml. temple 文件，如图 2.97 所示。

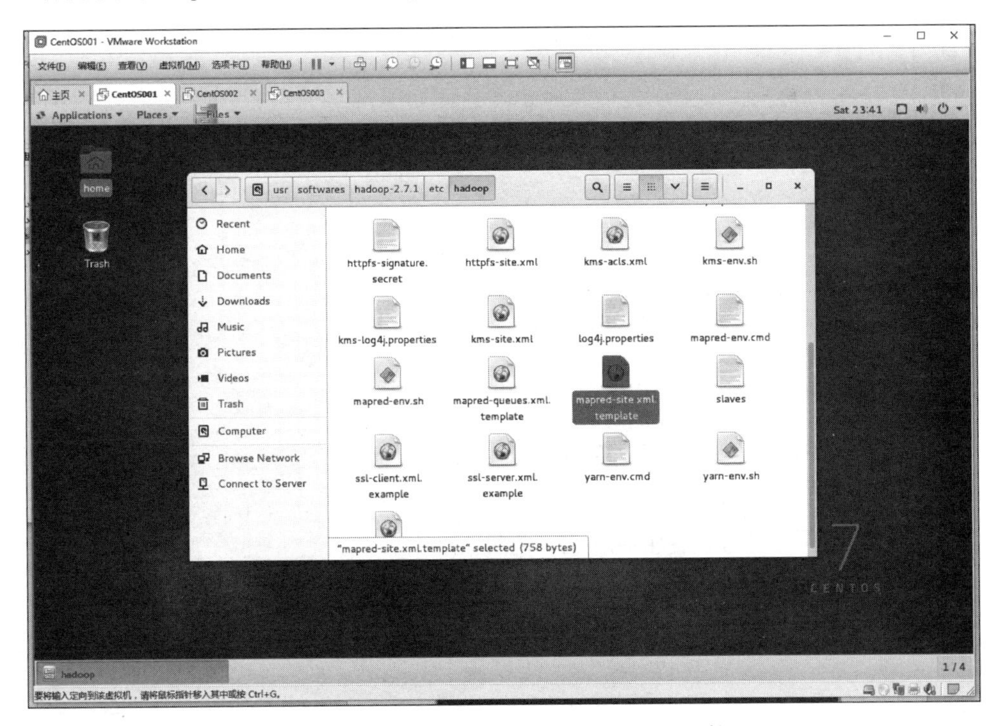

图 2.97 找到 mapred-site. xml. temple 文件

然后将 mapred-site. xml. temple 文件的文件名修改为 mapred-site. xml，如图 2.98 所示。

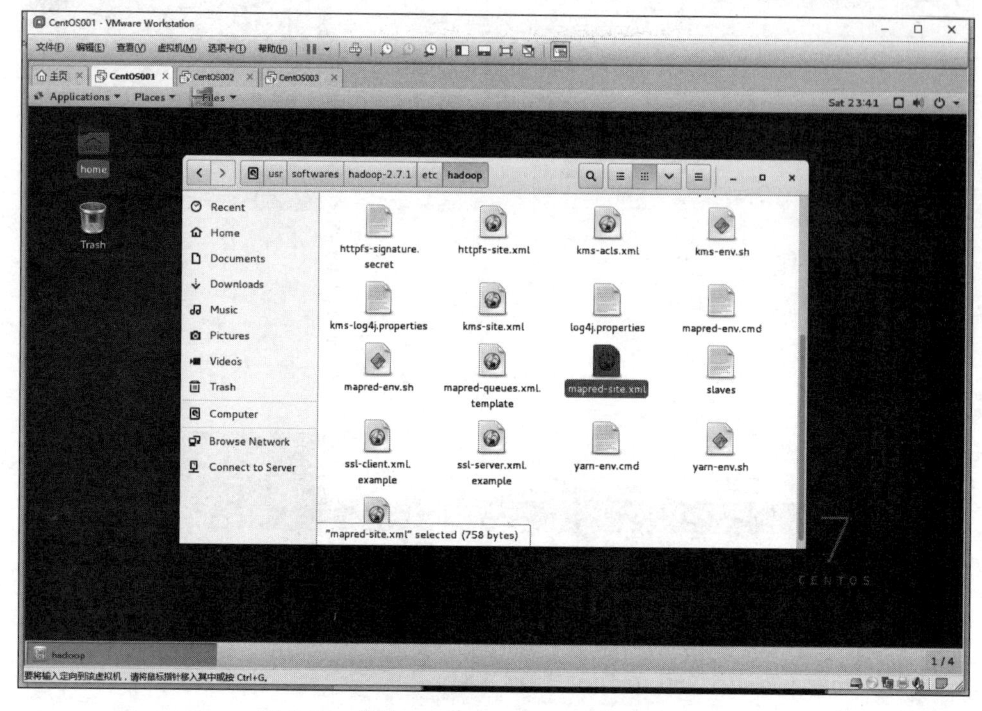

图 2.98　修改 mapred-site. xml. temple 文件名

打开 mapred-site. xml 文件，将其内容修改如下。

```
<configuration>
<property>
        <name>mapreduce.framework.name</name>
        <value>Yarn</value>
    </property>
    <property>
        <name>mapreduce.jobhistory.address</name>
        <value>10.250.62.151:10020</value>
    </property>
    <property>
        <name>mapreduce.jobhistory.webapp.address</name>
        <value>10.250.62.151:19888</value>
    </property>
    <property>
        <name>mapreduce.job.ubertask.enable</name>
        <value>true</value>
</property>
</configuration>
```

修改后的 mapred-site. xml 文件如图 2.99 所示。

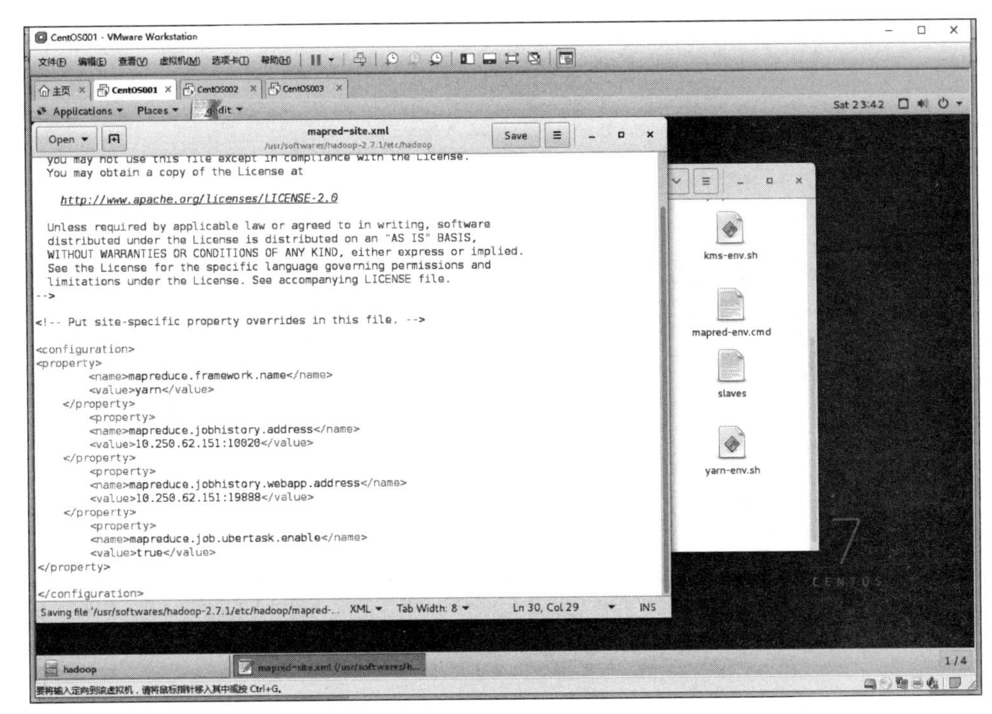

图 2.99　修改后的 mapred-site. xml 文件

5. 修改 Yarn-site. xml 配置文件

打开 Yarn-site. xml 文件，将其文件内容修改如下。

```
<configuration>
<!-- Site specific YARN configuration properties -->
<property>
        <name>Yarn.nodemanager.aux-services</name>
        <value>mapreduce_shuffle</value>
    </property>
    <property>
        <name>Yarn.resourcemanager.hostname</name>
        <value>10.250.62.182</value>
    </property>
    <property>
        <name>Yarn.web-proxy.address</name>
        <value>10.250.62.182:18088</value>
    </property>
    <property>
        <name>Yarn.log-aggregation-enable</name>
        <value>true</value>
    </property>
```

```
<property>
        <name>Yarn.log-aggregation.retain-seconds</name>
        <value>604800</value>
    </property>
    <property>
        <name>Yarn.nodemanager.resource.memory-mb</name>
        <value>8192</value>
    </property>
<property>
        <name>Yarn.nodemanager.resource.cpu-vcores</name>
        <value>8</value>
    </property>
</configuration>
```

修改后的 Yarn-site.xml 文件如图 2.100 所示。

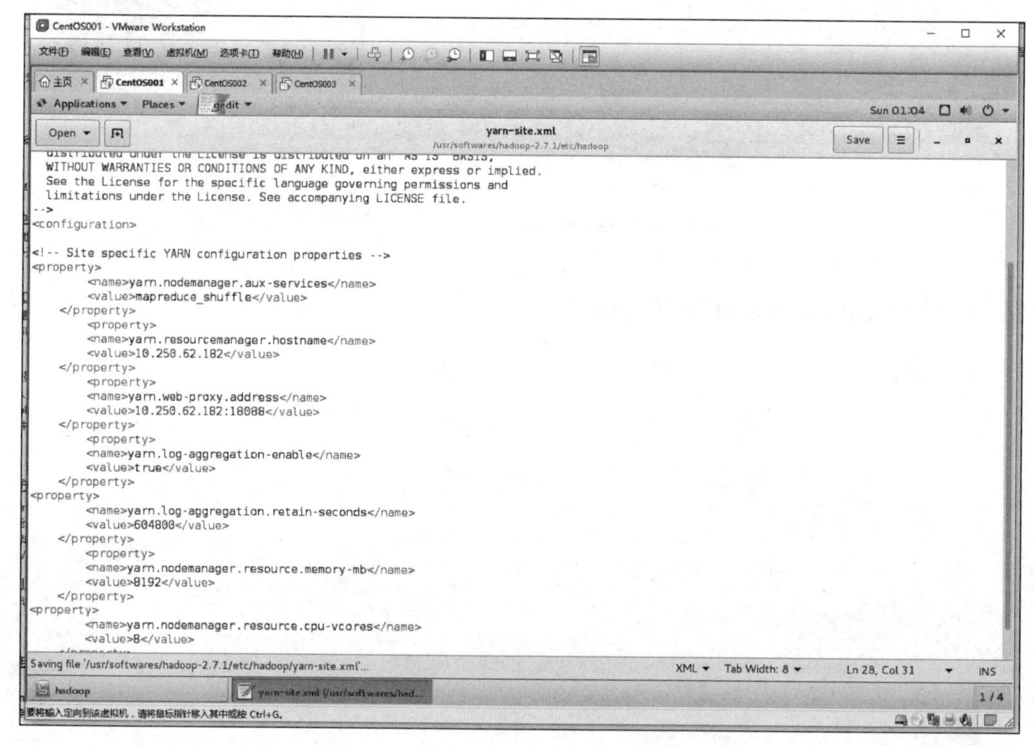

图 2.100 修改后的 Yarn-site.xml 文件

6. 修改 slaves 配置文件

打开 slaves 文件，将所有主机的 IP 地址输入到该文件中，修改后的 slaves 文件如图 2.101 所示。

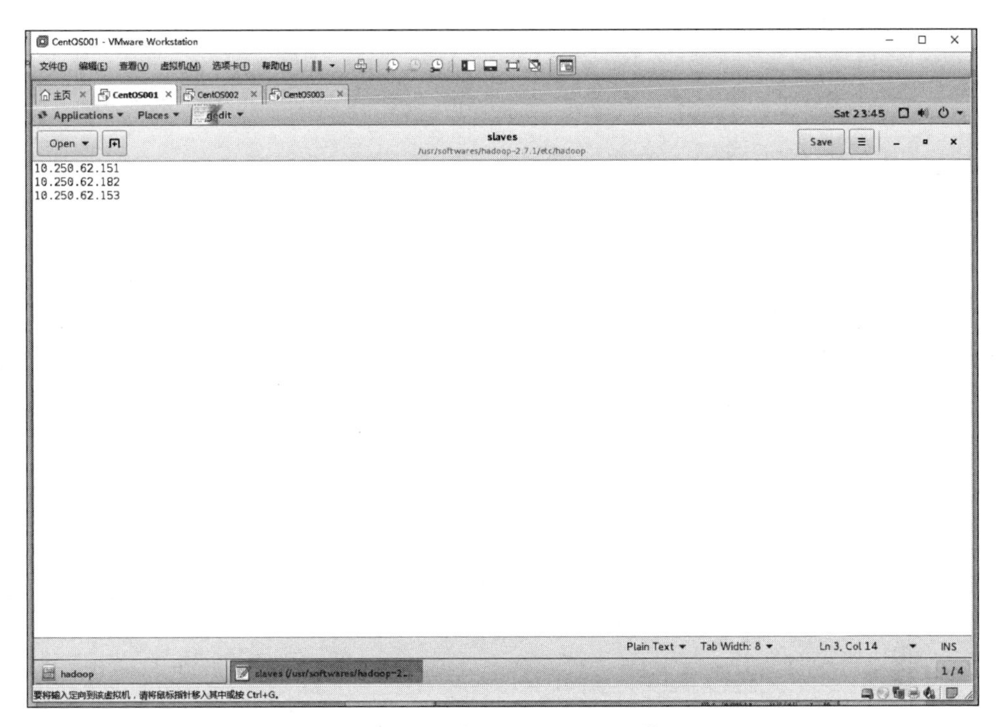

图 2.101 修改后的 slaves 文件

2.4.6 启动 Hadoop

第一步：初始化 Hadoop。

在配置好的 Hadoop 主机中的 hadoop 目录下运行命令"bin/hadoop namenode -format",完成对 Hadoop 的初始化,如图 2.102 所示。

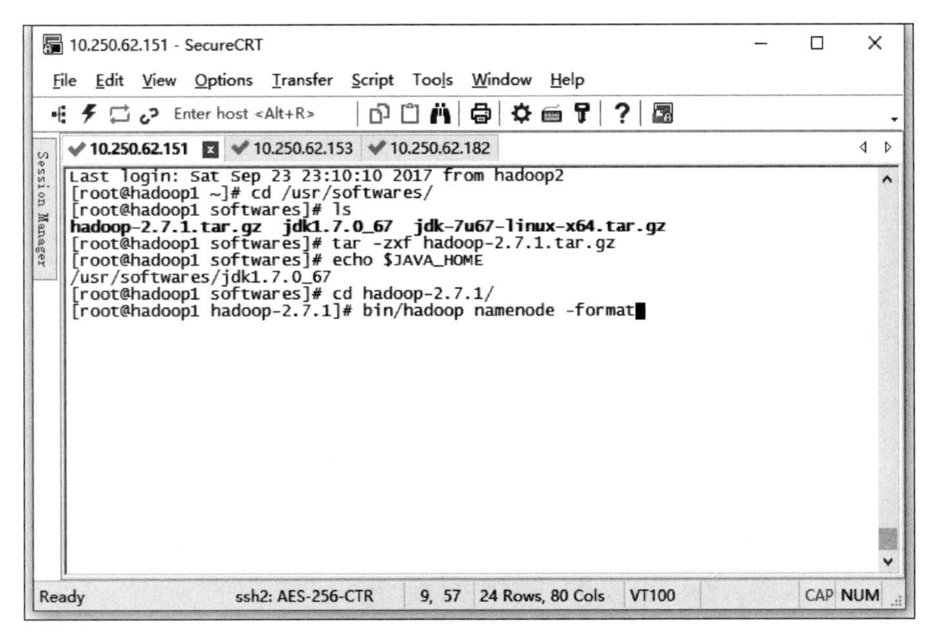

图 2.102 初始化 Hadoop

初始化成功后,会有如图 2.103 所示的提示。

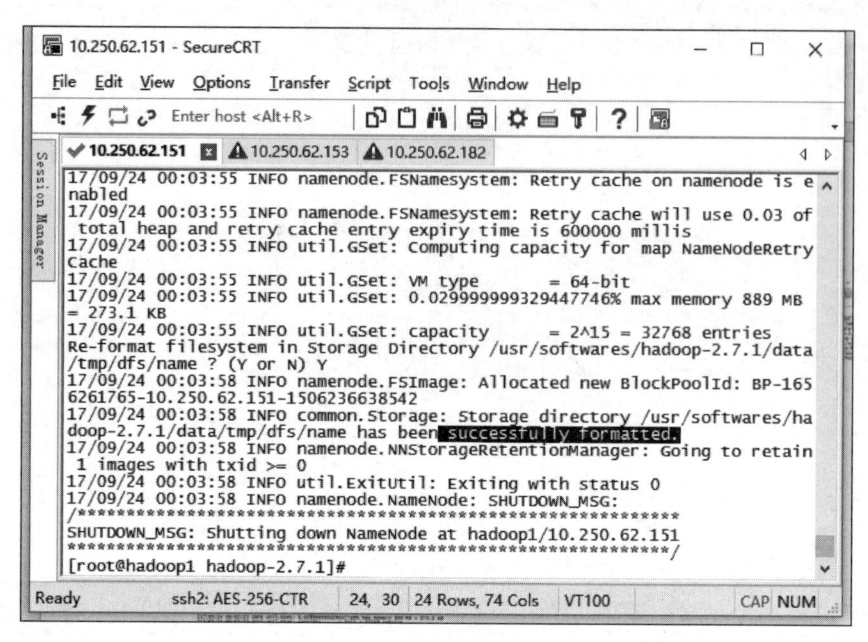

图 2.103　初始化成功

接下来,需要将完成初始化的 Hadoop 文件复制给其他主机。在会话连接窗口中输入命令“scp -r hadoop-2.7.1/ hadoop2:/usr/softwares/”,将 hadoop1 主机中的 hadoop 文件复制给主机 hadoop2,如图 2.104 所示,等待复制完成。

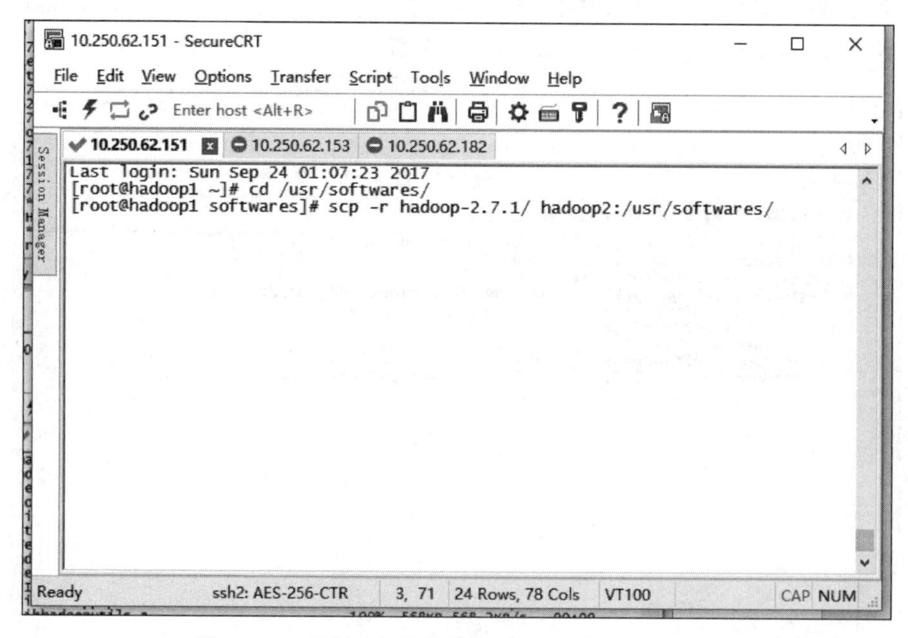

图 2.104　复制已初始化的 Hadoop 到主机 hadoop2

然后，在会话连接窗口中接着输入命令“scp -r hadoop-2.7.1/ hadoop3:/usr/softwares/”将 hadoop1 主机中的 Hadoop 文件复制给主机 hadoop3，如图 2.105 所示，然后等待复制完成。

```
10.250.62.151 - SecureCRT
mapred                                        100% 5953      5.8KB/s   00:00
hdfs.cmd                                      100% 7327      7.2KB/s   00:00
test-container-executor                       100%  123KB 123.2KB/s   00:00
container-executor                            100%  106KB 106.4KB/s   00:00
Pipes.hh                                      100% 6330      6.2KB/s   00:00
StringUtils.hh                                100% 2441      2.4KB/s   00:00
TemplateFactory.hh                            100% 3319      3.2KB/s   00:00
hdfs.h                                        100%   33KB  32.6KB/s   00:00
SerialUtils.hh                                100% 4514      4.4KB/s   00:00
LICENSE.txt                                   100%   15KB  15.1KB/s   00:00
libhadooppipes.a                              100% 1452KB    1.4MB/s   00:00
libhadooputils.a                              100%  568KB 568.2KB/s   00:00
libhdfs.a                                     100%  356KB 356.4KB/s   00:00
libhadoop.so                                  100%  700KB 699.8KB/s   00:00
libhdfs.so.0.0.0                              100%  224KB 223.8KB/s   00:00
libhadoop.so.1.0.0                            100%  700KB 699.8KB/s   00:00
libhadoop.a                                   100% 1182KB    1.2MB/s   00:00
libhdfs.so                                    100%  224KB 223.8KB/s   00:00
NOTICE.txt                                    100%  101      0.1KB/s   00:00
VERSION                                       100%  205      0.2KB/s   00:00
seen_txid                                     100%    2      0.0KB/s   00:00
fsimage_0000000000000000000.md5               100%   62      0.1KB/s   00:00
fsimage_0000000000000000000                   100%  351      0.3KB/s   00:00
[root@hadoop1 softwares]# scp -r hadoop-2.7.1/ hadoop3:/usr/softwares/
```

图 2.105 复制初始化后的 Hadoop 到主机 hadoop3

复制完成后，可以使用“ls”命令在其他两台主机上查看到相应增加的文件，如图 2.106 所示，在主机 hadoop2 上出现了增加的 Hadoop 文件。

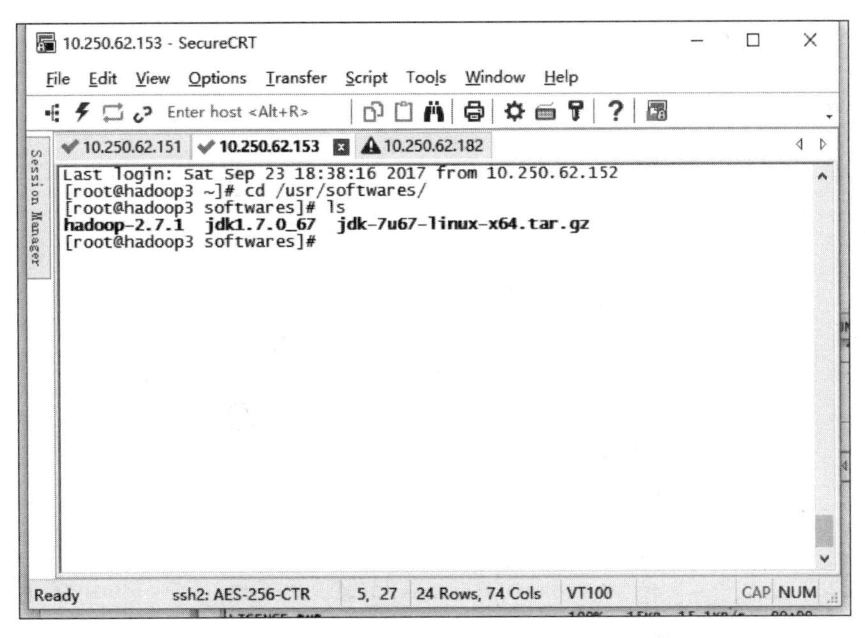

图 2.106 查看复制的初始化后的 Hadoop 文件

第二步：运行 Hadoop。

回到第一台主机 hadoop1，在 hadoop 主目录下输入命令“sbin/start-dfs. sh”运行 Hadoop，如图 2.107 所示。

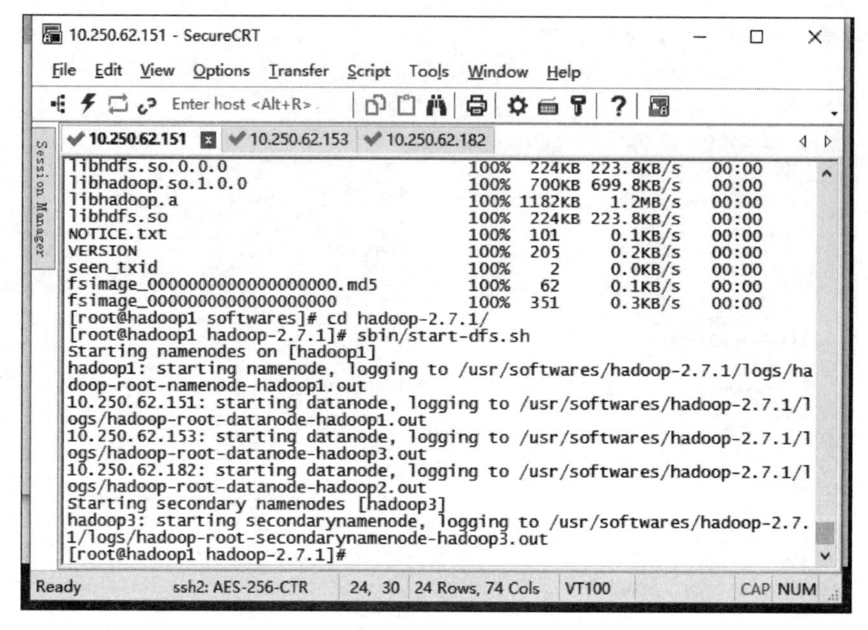

图 2.107　运行 Hadoop

运行完成后，可以使用“jps”命令查询正在运行的进程。如果 Hadoop 运行成功，主机 hadoop1 会增加一个 DataNode 以及一个 NameNode 进程，如图 2.108 所示。

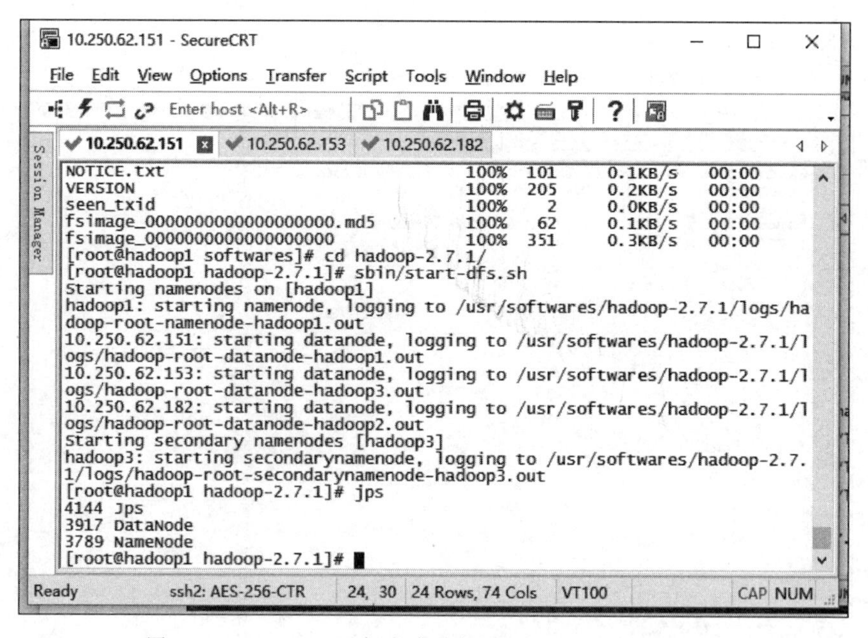

图 2.108　Hadoop 运行成功后主机(hadoop1)增加的进程

使用"jps"命令查看主机 hadoop2，可以看到主机 hadoop2 会增加一个 DataNode 进程，如图 2.109 所示。

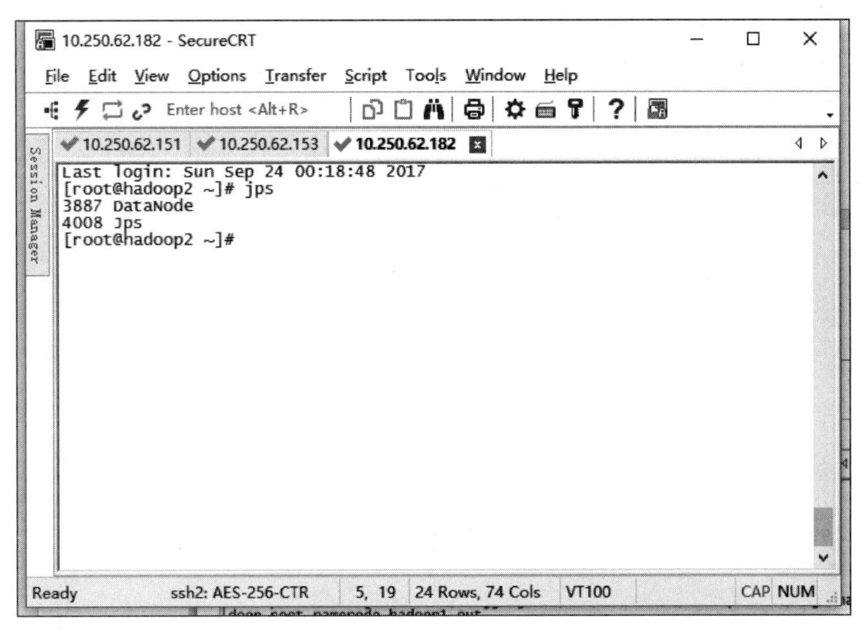

图 2.109　Hadoop 运行成功后主机(hadoop2)增加的进程

使用"jps"命令查看主机 hadoop3 中的进程，由于主机 hadoop3 设置了 SecondaryNameNode，所以会增加一个 SecondaryNameNode 进程，如图 2.110 所示。

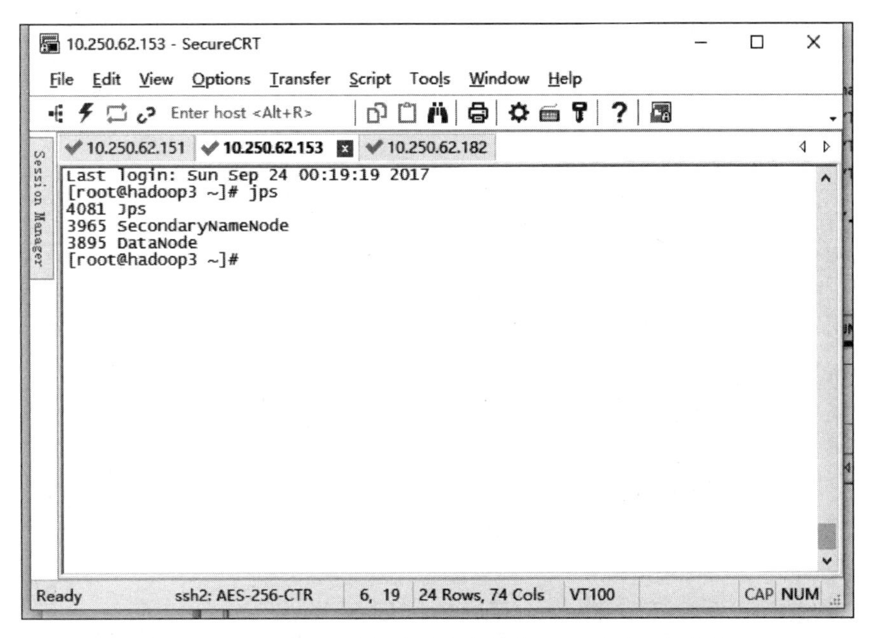

图 2.110　Hadoop 运行成功后主机(hadoop3)增加的进程

第三步：启动 YARN 框架。

根据配置文件的设置，必须在相应的主机上启动 YARN 框架，本书将在第二台主机 hadoop2 上启动 YARN 框架，如图 2.111 所示，在 hadoop2 主机上输入命令“sbin/star-Yarn. sh”来启动 YARN 框架。

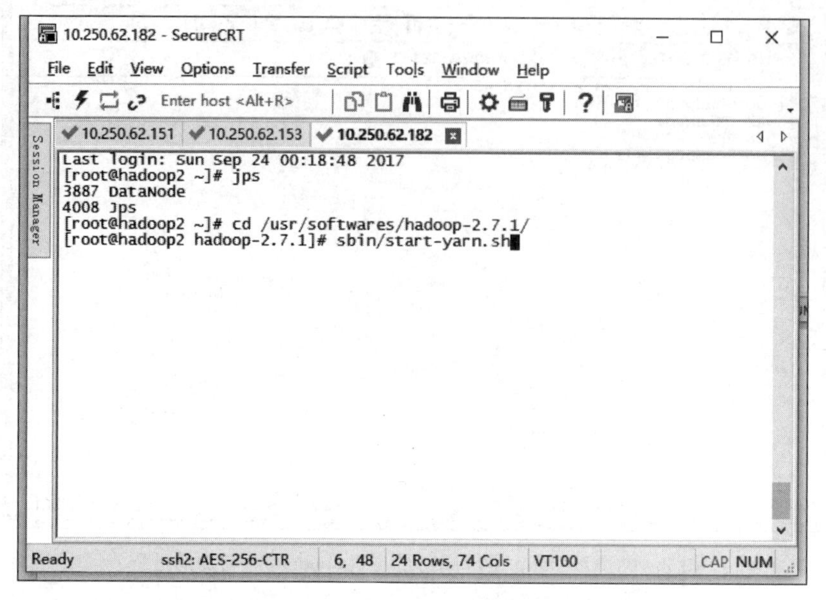

图 2.111 启动 YARN 框架

启动成功后，使用“jps”命令，能在这台主机上查看到增加的 ResourceManager 进程以及 NodeManager 进程，如图 2.112 所示。

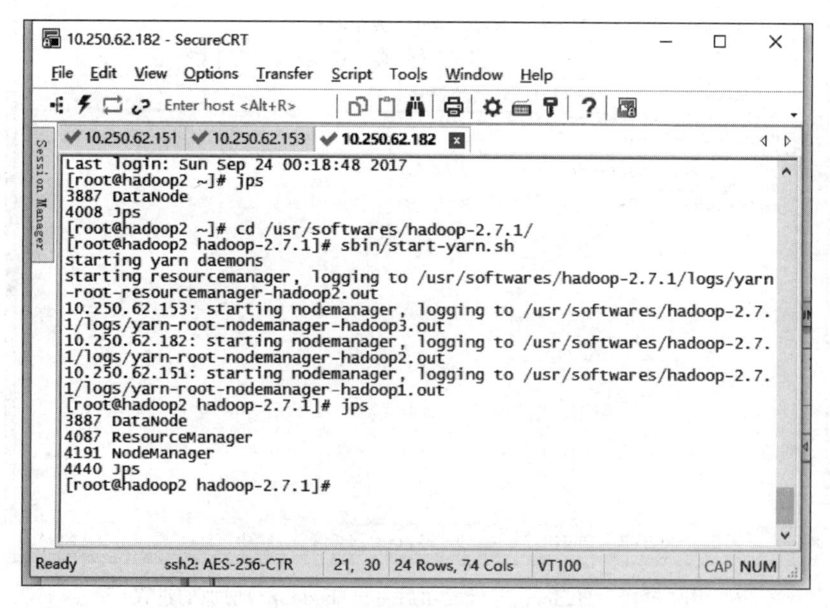

图 2.112 成功启动 YARN 后新增的进程(hadoop2)

在其他的主机 hadoop1 和 hadoop3 上会增加 NodeManager 进程，如图 2.113 和图 2.114 所示。

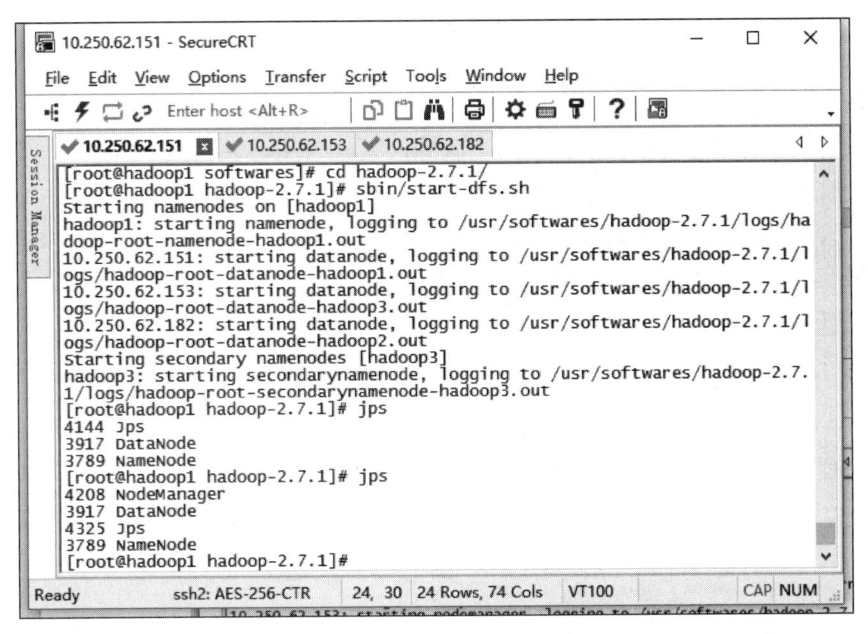

图 2.113　成功启动 YARN 后新增的进程(hadoop1)

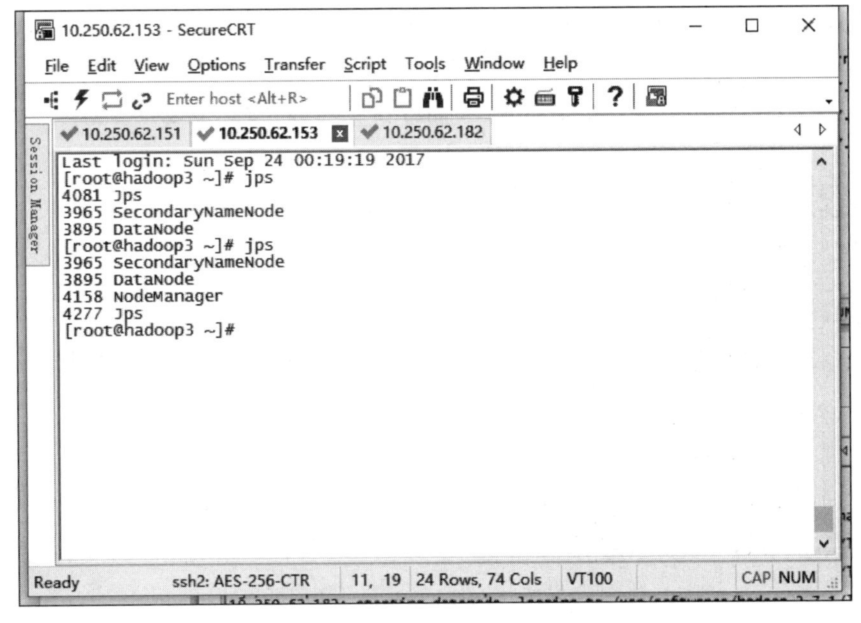

图 2.114　成功启动 YARN 后新增的进程(hadoop3)

第四步：启动 historyserver 服务。

回到主机 hadoop1，输入命令“sbin/mr-jobhistory-deamon.sh start historyserver”，启动 historyserver 服务，如图 2.115 所示。

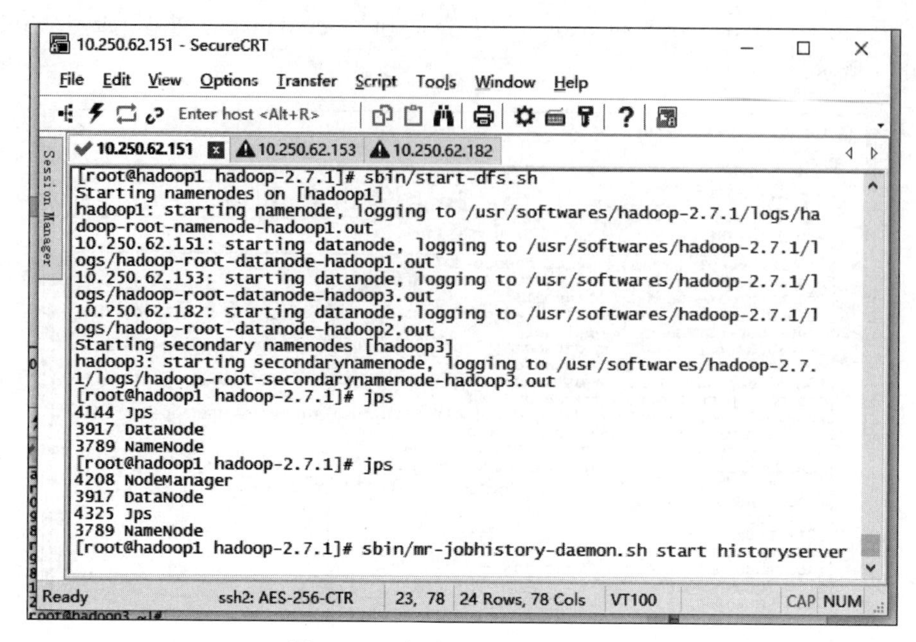

图 2.115 启动 historyserver 服务

成功启动后，该主机会增加运行一个 JobHistoryServer 进程，如图 2.116 所示。

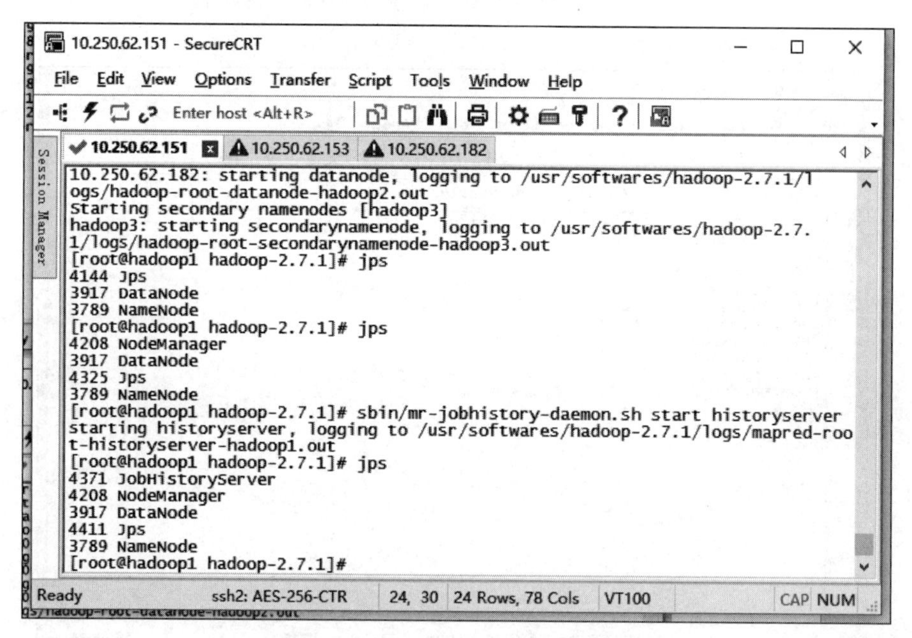

图 2.116 成功启动 historyserver 后新增的进程(hadoop1)

然后，进入启动了 YARN 框架的主机 hadoop2，根据配置文件，在该主机上输入命令“sbin/Yarn-deamon. sh start proxyserver”，启动 proxyserver 进程，如图 2.117 所示。

启动成功后，可以看到该主机会运行一个 WebAppProxServer 的进程，如图 2.118 所示。

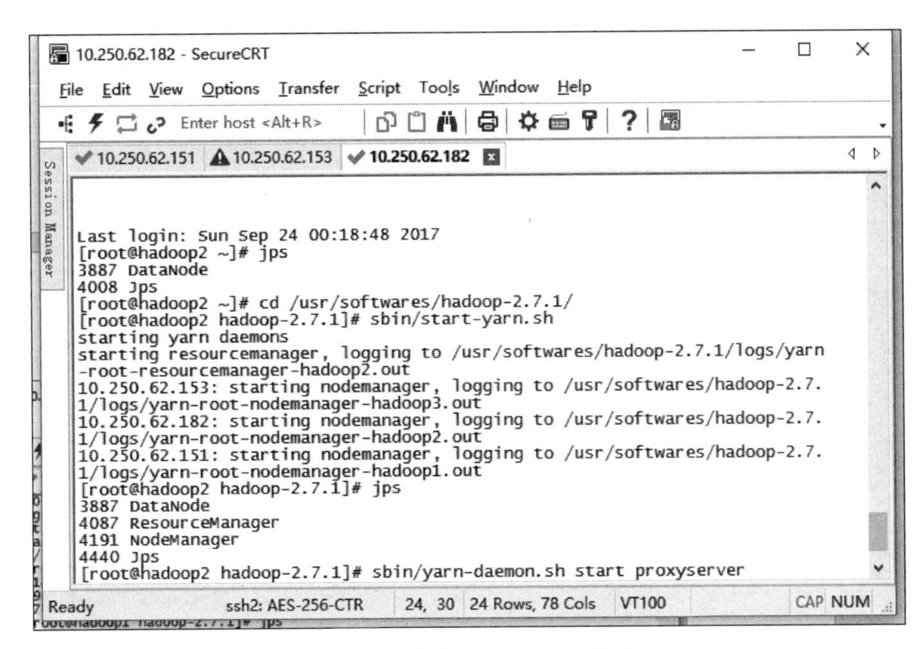

图 2.117 启动 proxyserver 进程

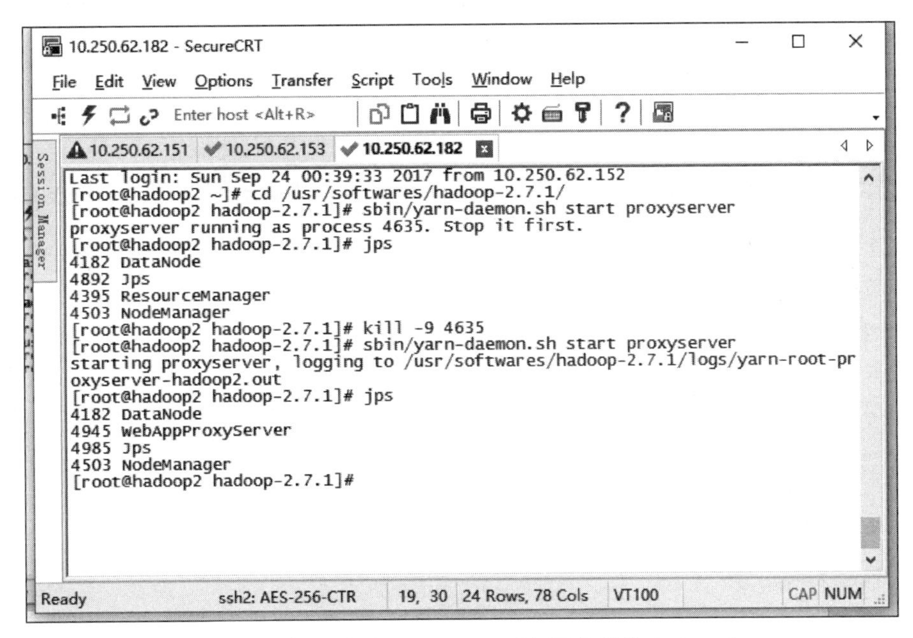

图 2.118 成功启动 proxyserver 后新增的进程(hadoop2)

至此，Hadoop 的启动就完成了。

在主机的浏览器窗口中输入“10.250.62.151:50070”可以查看到 hadoop 集群的节点信息。如图 2.119 所示，可以看到当前存活的节点数有三个。

单击 Live Node，可以查看到如图 2.120 所示的详细的节点信息。

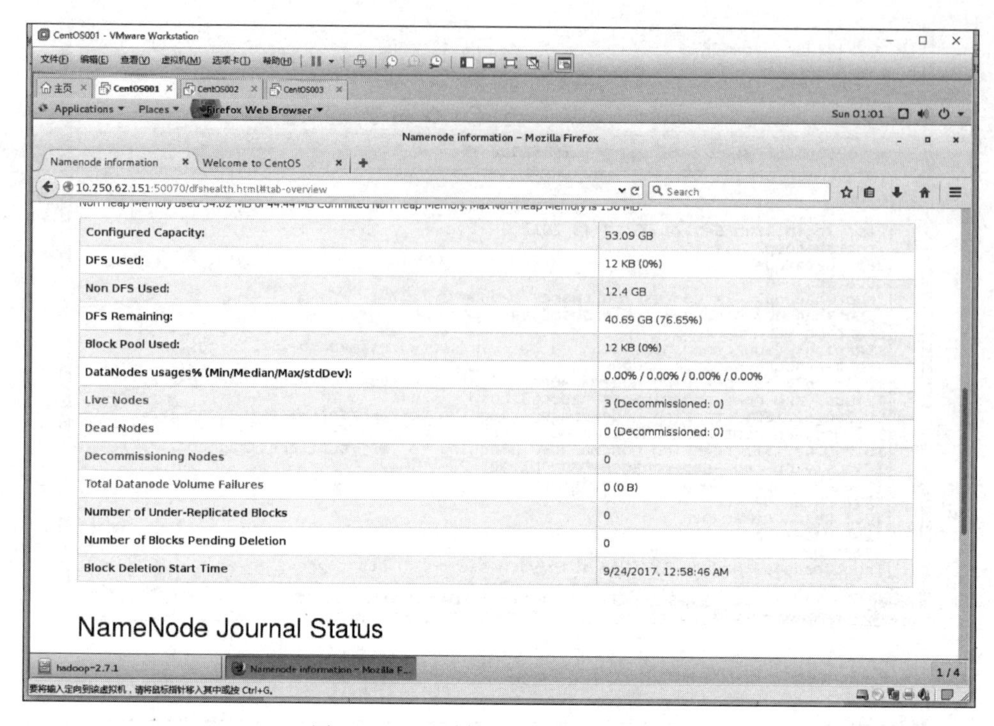

图 2.119　查看集群节点信息(方法 1)

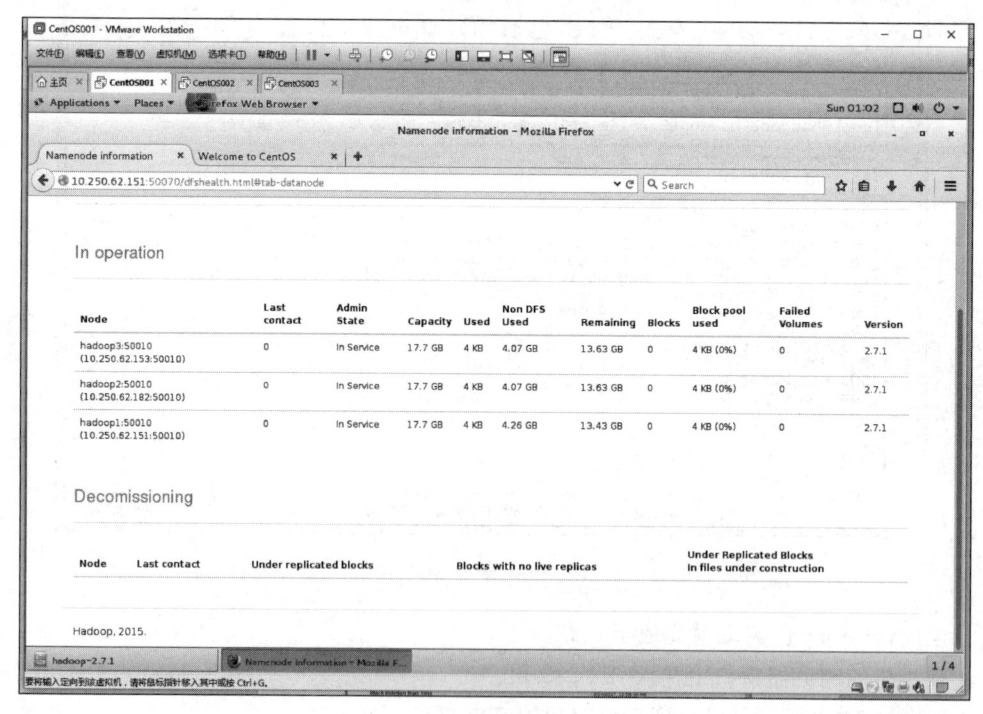

图 2.120　查看详细的节点信息

在主机的浏览器窗口中输入“10.250.62.182:8088”，同样可以查看 hadoop 集群的节点信息，如图 2.121 所示。

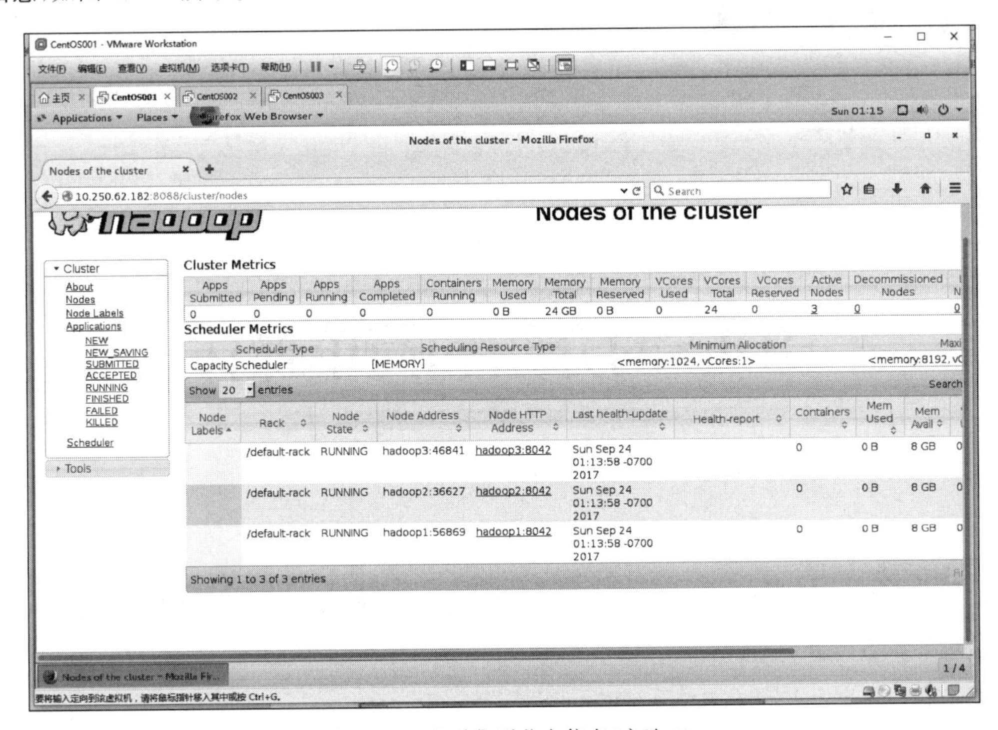

图 2.121　查看集群节点信息(方法 2)

第3章

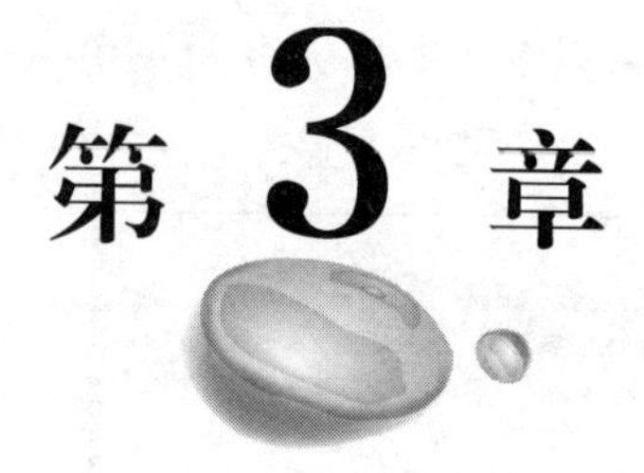

HDFS的介绍和简单操作

HDFS是Hadoop原生的文件系统，主要用于存储数据，本章将对HDFS的基础内容进行介绍。本章内容安排如下。

3.1 Hadoop分布式文件系统(HDFS)

介绍HDFS的概念。

3.2 HDFS的原理

介绍HDFS的工作原理。

3.3 HDFS写操作

介绍HDFS的写操作。

3.4 HDFS读操作

介绍HDFS的读操作。

3.5 HDFS删除操作

介绍HDFS的删除操作。

3.6 HDFS常用命令

介绍HDFS的常用命令。

3.7 实验

对HDFS的简单实验进行介绍。

通过本章的学习，读者将对HDFS的概念、工作原理有初步的了解，学习到HDFS一些常用的命令，通过简单的实验，加深读者对HDFS的掌握情况。

3.1　Hadoop 分布式文件系统(HDFS)

HDFS(Hadoop Distributed File System)是一个分布式文件系统,具有高容错性,适合部署在低成本的机器上,并提供了高吞吐量的数据访问,非常适合大规模数据集上的应用。

HDFS 具有以下三个特点。

(1) 高吞吐量性:HDFS 的每个块分布在不同的节点上,在用户访问时,HDFS 会通过计算最近使用和访问量最小的服务器,将其提供给用户。由于 Block 在不同的节点上都有备份,所以速度和效率是比较快的,另外,在数据节点上会对区块进行缓存,提高了整体性能。

(2) 高容错性:系统故障是不可避免的,如何做到故障之后的数据恢复和容错处理是至关重要的。HDFS 将数据进行多份复制并且分布到物理位置的不同服务器上,进行数据校验功能,后台的连续自检数据功能,使得高容错性得以实现。

(3) 可扩展性:支持新的节点向外扩展,增加集群的容量,并且不需要人为干预。

3.2　HDFS 的原理

从整体上看,HDFS 主要由三个组件构成:NameNode,SecondaryNameNode,DataNode。HDFS 是以 Master/Slave 模式运作的,其中,上述的 NameNode 和 SecondaryNameNode 运行在 Master 节点上,DataNode 运行在 Slave 节点上。

NameNode 和 DataNode 架构如图 3.1 所示。

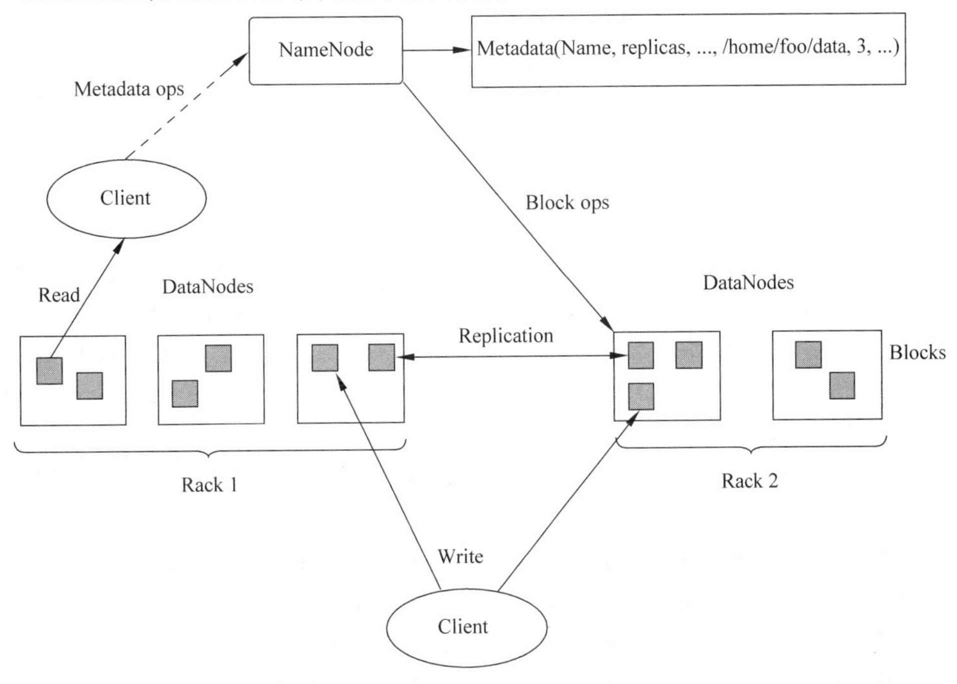

图 3.1　NameNode 和 DataNode 架构

1. NameNode

当一个客户端请求一个文件或者存储一个文件时，首先需要知道具体是到哪个 DataNode 上进行存取，获得这些信息后，客户端再直接和这个 DataNode 进行交互，而这些信息的维护者就是 NameNode。

如果丢失了管理节点，存储在数据节点上的区块就会失去作用，因为没有办识别区块内的文件。因此管理节点的高可用性和元数据的备份在任何 Hadoop 集群中都十分重要。

NameNode 启动后会进入一个称为安全模式的特殊状态。处于安全模式的 NameNode 是不会进行数据块的复制的。NameNode 从所有的 DataNode 接收心跳信号和块状态报告。块状态报告包括某个 DataNode 所有的数据块列表。每个数据块都有一个指定的最小副本数。当 NameNode 检测确认某个数据块的副本数目达到这个最小值时，那么该数据块就会被认为是副本安全的；在一定百分比（这个参数可配置）的数据块被 NameNode 检测确认是安全之后（加上一个额外的 30s 等待时间），NameNode 将退出安全模式状态。接下来它会确定还有哪些数据块的副本没有达到指定数目，并将这些数据块复制到其他 DataNode 上。

2. DataNode

DataNode 是 HDFS 中的 Worker 节点，它负责存储数据块。HDFS 中文件不会直接进行存储，而是会将一个大文件划分为多个大区块分布在集群中。每个区块大小为 128MB（也可以自定义每块的大小）。每个块会被复制 3 份，以便应对故障和数据的遗失情况。通过这种方式，文件等于有了多个备份，所以实现了高容错性，对数据的保护很有帮助。

3. SecondaryNameNode

SecondaryNameNode 是为了解决 NameNode 重启速度而存在的。需要注意的是，SecondaryNameNode 并不是 NameNode 的备份。所有 HDFS 文件的元信息都保存在 NameNode 的内存中。在 NameNode 启动时，它首先会加载 fsimage 文件（保存了上一个检查点的 HDFS 的元信息）到内存中，在系统运行期间，所有对 NameNode 的操作也都保存在了内存中，同时为了防止数据丢失，这些操作又会不断被持久化到本地 edits 文件（保存从上一个检查点开始发生的 HDFS 元信息的改变信息）中。显然，在 NameNode 重启的过程中，edits 文件需要和 fsimage 文件合并到一起，以便在下次使用时直接加载 fsimage 文件到内存。但是在这个过程中，合并又会影响到 Hadoop 重启的速度。所以出现了 SecondaryNameNode。

这种合并过程的步骤如下。

（1）合并之前告知 NameNode 把所有的操作写到新的 edites 文件并将其命名为 edits. new。

（2）SecondaryNameNode 从 NameNode 请求 fsimage 文件和 edits 文件。

（3）SecondaryNameNode 把 fsimage 文件和 edits 文件合并成新的 fsimage 文件。

（4）NameNode 从 SecondaryNameNode 获取合并好的新的 fsimage 文件并将旧的文件替换掉，并把 edits 文件用第一步创建的 edits. new 文件替换掉。

(5) 更新 fstime 文件中的检查点。

如图 3.2 所示是一个 HDFS 存储文件的例子。当存储 File 1 时,因为不足 128MB(这里对于块的划分用默认设置),所以直接被存储在单独区块里,因为需要备份,区块中的数据会被在节点 1,2,3 中进行复制。对于 File 2,因为大于 128MB,需要分成两个块,然后进行复制,分别备份到三个不同的节点上。

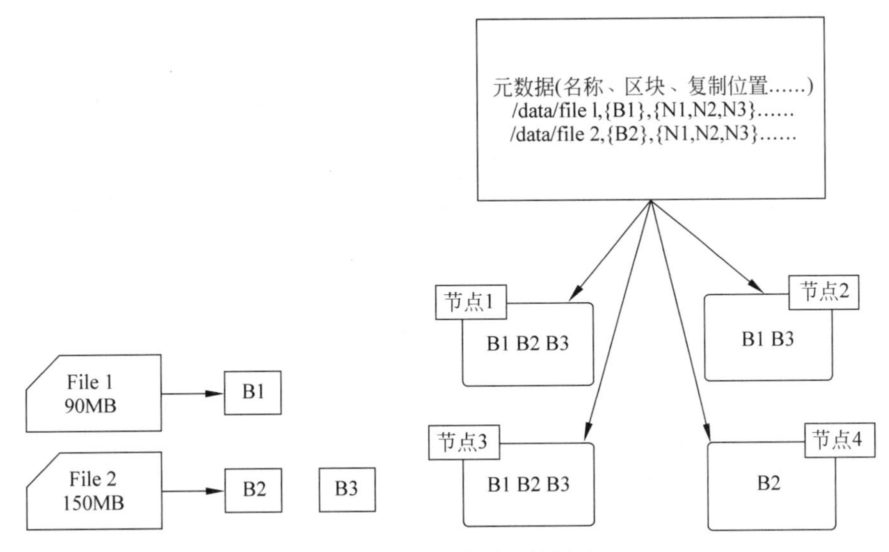

图 3.2　HDFS 存储文件例子

数据块是磁盘读写的基本单位,与普通文件系统类似,HDFS 默认数据块大小为 128MB,但是反观磁盘块的大小一般为 512B。相较而言,HDFS 块显得很大,这是因为增大块可以减少寻址时间与文件传输时间的比例,所以 HDFS 更适合于大数据的吞吐。但是这样的话少量数据的处理就会较慢。当然,磁盘块太大也不好,因为 MapReduce 通常以块为单位作为输入,块过大会导致整体任务数量过小,降低作业处理速度。

3.3　HDFS 写操作

客户端要向 HDFS 写数据,首先要跟 NameNode 通信以确认可以写文件并获得接收文件 Block 的 DataNode,然后客户端按顺序将文件的 Block 逐个传递给相应的 DataNode,并由接收到 Block 的 DataNode 负责向其他 DataNode 复制 Block 的副本。具体流程(如图 3.3 所示)描述如下。

(1) 客户端将文件写入本地磁盘的临时文件中。

(2) 当临时文件大小达到一个 Block 大小时,HDFS Client 通知 NameNode,申请写入文件。

(3) NameNode 在 HDFS 的文件系统中创建一个文件,并把该 Block ID 和要写入的 DataNode 的列表返回给客户端。

(4) 客户端收到这些信息后,将临时文件写入 DataNodes。

(5) 文件写完后(客户端关闭),NameNode 提交文件。

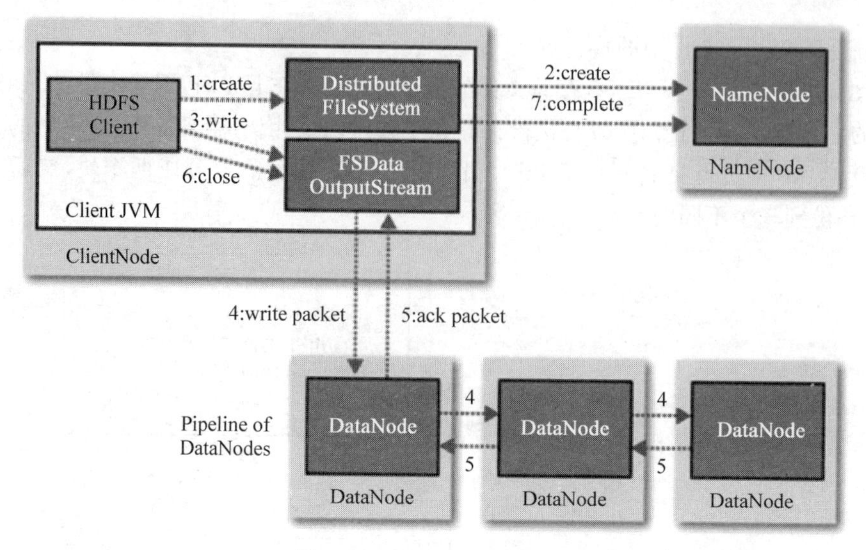

图 3.3 HDFS 写操作流程

在客户端写入 DataNode 时,通过 Pipeline(流水线)的方式进行复制,首先,客户端将文件内容写入第一个 DataNode(一般以 4kb 为单位进行传输),第一个 DataNode 接收后,将数据写入本地磁盘,同时也传输给第二个 DataNode,后面的 DataNode 接收完数据后,都会发送一个确认给前一个 DataNode,最终第一个 DataNode 返回确认给客户端。客户端接收到整个 Block 的确认后,会向 NameNode 发送一个最终的确认信息。每个 Block 都会有一个校验码,并存放到独立的文件中,以便读的时候来验证其完整性。如果写入某个 DataNode 失败,数据会继续写入其他的 DataNode。然后 NameNode 会找另外一个好的 DataNode 继续复制,以保证冗余性。

机架感知:HDFS 采用一种称为机架感知的策略来改进数据的可靠性、可用性和网络带宽的利用率。大型 HDFS 实例一般运行在跨越多个机架的计算机组成的集群上,不同机架上的两台机器之间的通信需要经过交换机。在大多数情况下,同一个机架内的两台机器间的带宽会比不同机架的两台机器间的带宽大。通过一个机架感知的过程,NameNode 可以确定每个 DataNode 所属的机架 ID。一个简单但没有优化的策略就是将副本存放在不同的机架上。这样可以有效防止当整个机架失效时数据的丢失,并且允许读数据的时候充分利用多个机架的带宽。这种策略设置可以将副本均匀分布在集群中,有利于当组件失效情况下的负载均衡。但是,因为这种策略的一个写操作需要传输数据块到多个机架,增加了写的代价。在大多数情况下,副本系数是 3,HDFS 的存放策略是将一个副本存放在本地机架的节点上,一个副本放在同一机架的另一个节点上,最后一个副本放在不同机架的节点上。这种策略减少了机架间的数据传输,这就提高了写操作的效率。机架的错误远远比节点的错误少,所以这个策略不会影响到数据的可靠性和可用性。与此同时,因为数据块只放在两个(不是三个)不同的机架上,所以此策略减少了读取数据时需要的网络传输总带宽。在这种策略下,副本并不是均匀分布在不同的机架上。三分之一的副本在一个节点上,三分之二的副本在一个机架上,其他副本均匀分布在剩下的机架中,这一策略在不损害数据可靠性和读取性能的情况下改进了写的性能。

3.4 HDFS 读操作

客户端将要读取的文件路径发送给 NameNode，NameNode 获取文件的元信息（主要是 Block 的存放位置信息）返回给客户端，客户端根据返回的信息找到相应 DataNode 逐个获取文件的 Block 并在客户端本地进行数据追加合并从而获得整个文件。具体过程（如图 3.4 所示）描述如下。

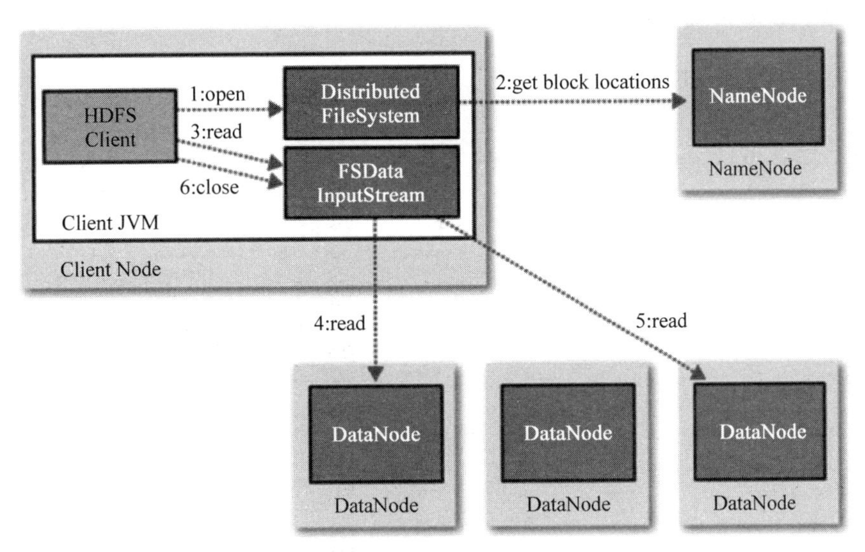

图 3.4 HDFS 读操作流程

（1）客户端向 NameNode 发起 RPC 调用，请求读取文件数据。

（2）NameNode 检查文件是否存在，如果存在则获取文件的元信息（Block ID 以及对应的 DataNode 列表）。

（3）客户端收到元信息后选取一个网络距离最近的 DataNode，依次请求读取每个数据块；客户端首先要校检文件是否损坏，如果损坏，客户端会选取另外的 DataNode 请求。

（4）DataNode 与客户端建立 Socket 连接，传输对应的数据块，客户端收到数据缓存到本地，之后写入文件。

（5）依次传输剩下的数据块，直到整个文件合并完成。

3.5 HDFS 删除操作

HDFS 删除数据流程相对简单，客户端向 NameNode 发起 RPC 调用，请求删除文件。NameNode 检查合法性。NameNode 查询文件相关元信息，向存储文件数据块的 DataNode 发出删除请求。DataNode 删除相关数据块。NameNode 返回结果给客户端。

需要注意的是，当用户或应用程序删除某个文件时，这个文件并没有立刻从 HDFS 中删除。实际上，HDFS 会将这个文件重命名后转移到/trash 目录。只要文件还在/trash 目录中，该文件就可以被迅速地恢复。文件在/trash 中保存的时间是可配置的，当超过这个时间时，NameNode 就会将该文件从名字空间中删除。删除文件会使得该文件相关的数据块被释放。从用户删除文件到 HDFS 空闲空间的增加之间会有一定时间的延迟。只要被删除的文件还在"/trash"目录中,用户就可以恢复这个文件。如果用户想恢复被删除的文件,可以浏览"/trash"目录找回该文件。"/trash"目录仅保存被删除文件的最后副本。

3.6 HDFS 常用命令

HDFS 一些基本的命令格式如下。

```
hadoop fs -cmd args
```

说明:cmd 为具体命令,args 为参数。

```
hadoop fs -ls /                         #查看"/"目录下的文件
hadoop fs -mkdir /user/hadoop           #新建文件夹
hadoop fs -put a.txt /user/hadoop/      #将"a.txt"上传到"/user/hadoop/"
hadoop fs -get /user/hadoop/a.txt /     #获取"a.txt"文件
hadoop fs -cat /user/hadoop/a.txt       #查看"/user/hadoop/a.txt"的内容
hadoop fs -rm /user/hadoop/a.txt        #删除"/user/hadoop/a.txt"
hadoop fs -tail /user/hadoop/a.txt      #查看"/user/hadoop/a.txt"最后 1000 行
```

3.7 实验

为了帮助读者更好地掌握 HDFS,本节将对 HDFS 的简单操作进行介绍。

如图 3.5 所示,在浏览器中输入主机的地址和端口号"50070",在出现的界面中选择 Browse the file system 菜单项,可以浏览 HDFS 的文件结构信息。HDFS 的文件结构信息如图 3.6 所示。

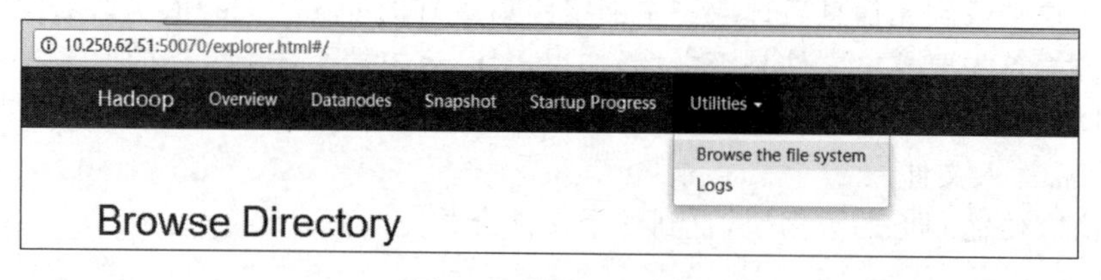

图 3.5 浏览 HDFS

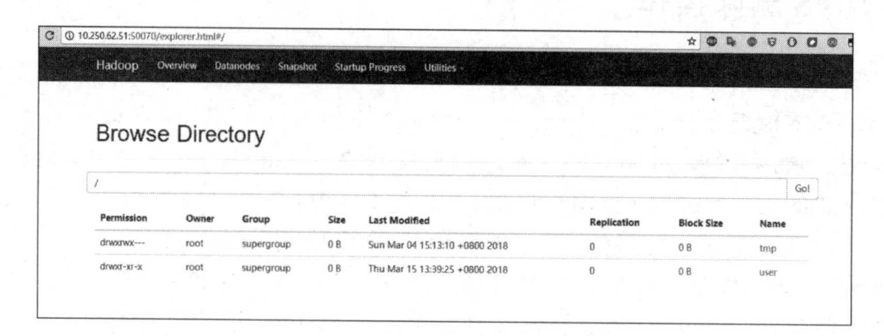

图 3.6 HDFS 中的文件结构信息

3.7.1 创建目录

1. 创建目录的基本命令

```
用法: ./hdfs  dfs -mkdir 目录名
举例: ./hdfs  dfs -mkdir  /user
```

2. 循环创建多级菜单

```
用法: ./hdfs  dfs - mkdir -p /目录名/二级目录名
举例: [root@hadoop01 bin]# ./hdfs dfs -mkdir -p /usr/data
```

3.7.2 上传文件命令

使用 HDFS 的上传文件命令，可以将单个文件或多个文件从本地文件系统复制到目标文件系统；也可以从标准输入读取输入并写入目标文件系统。

```
用法: hdfs dfs -put <localsrc>…<dst>
举例: [root@hadoop01 bin]# ./hdfs dfs -put /etc/profile /usr/data
```

输入上述命令后，在网页中可以看到文件已经成功上传，如图 3.7 所示。

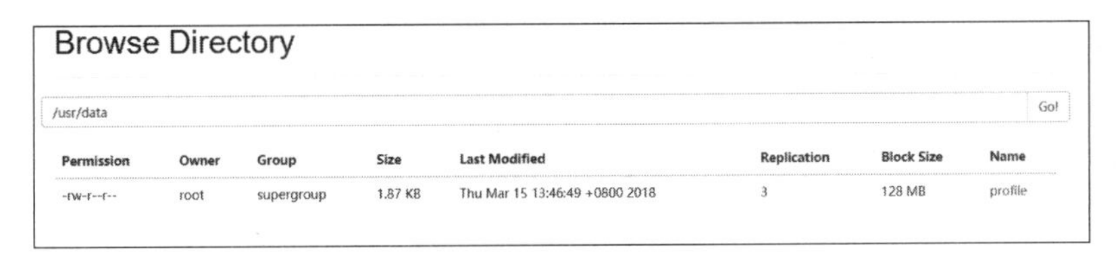

图 3.7 文件上传成功

单击相应的文件名可以查看文件信息，如图 3.8 所示。

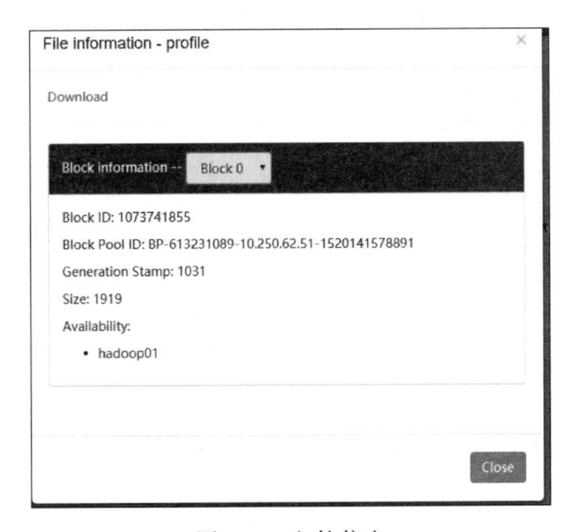

图 3.8 文件信息

3.7.3 罗列 HDFS 上的文件

```
用法: ./hdfs dfs -ls [-R] <args>
说明: -R 选项将通过目录结构递归地返回 stat.
举例: ./hdfs dfs -ls /usr/data
```

使用上述命令，将得到在目录/usr/data 下的所有文件名，如图 3.9 所示。

```
[root@hadoop01 bin]# ./hdfs dfs -ls /usr/data
18/03/14 22:49:20 WARN util.NativeCodeLoader: Unable to load native-hadoop library for
ere applicable
Found 1 items
-rw-r--r--   3 root supergroup       1919 2018-03-14 22:46 /usr/data/profile
[root@hadoop01 bin]#
```

图 3.9 罗列目录/usr/data 下的文件

而使用其他选项，如：

```
./hdfs dfs -ls -R /usr
```

将会得到以下结果：

```
[root@hadoop01 bin]# ./hdfs dfs -ls -R /usr
18/03/14 22:51:45 WARN util.NativeCodeLoader: Unable to load native-hadoop library for
your platform... using builtin-java classes where applicable
drwxr-xr-x   - root supergroup          0 2018-03-14 22:46 /usr/data
-rw-r--r--   3 root supergroup       1919 2018-03-14 22:46 /usr/data/profile
[root@hadoop01 bin]#
```

3.7.4 查看 HDFS 里某一个文件

```
用法: hdfs dfs -cat URI [URI …]
```

使用该命令，可以将源路径复制到标准输出。

```
举例: [root@hadoop01 bin]# ./hdfs dfs -cat /usr/data/profile
```

3.7.5 将 HDFS 中的文件复制到本地

```
用法: hdfs dfs -get [-ignorecrc] [-crc] <src> <localdst>
```

使用该命令可以将文件复制到本地文件系统。未通过 CRC 检查的文件可能会使用-ignorecrc 选项复制。文件和 CRC 可以使用-crc 选项复制。

```
举例: [root@hadoop01 bin]# ./hdfs dfs -get /usr/data/profile /usr/software/
```

使用上述命令后，在目录中罗列文件可以得到如图 3.10 所示的结果。

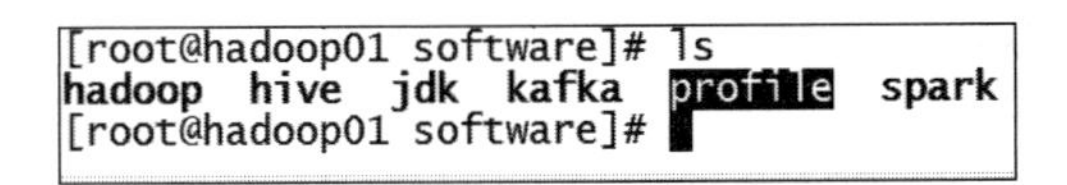

图 3.10　将文件 profile 复制到本地

3.7.6　递归删除 HDFS 下的文档

递归删除 HDFS 下的文档命令如下。

```
用法: ./hdfs dfs - rmr /user
举例:
[root@hadoop01 bin]# ./hdfs dfs - rmr /user
rmr:DEPRECATED:Please use 'rm - r' instead.
18/03/14 22:37:52 WARN util.NativeCodeLoader:Unable to load native - hadoop library for
your platform... using builtin - java classes where applicable
Deleted /user
```

示例的命令结果如图 3.11 所示。

Browse Directory

/　Go!

Permission	Owner	Group	Size	Last Modified	Replication	Block Size	Name
drwxrwx---	root	supergroup	0 B	Sun Mar 04 15:13:10 +0800 2018	0	0 B	tmp
drwxr-xr-x	root	supergroup	0 B	Thu Mar 15 13:42:33 +0800 2018	0	0 B	usr

图 3.11　递归删除目录/user 下的文档

第 4 章

YARN的原理和操作

YARN 是 Hadoop 上负责资源调度和管理的重要组件，本章将对 YARN 的原理和操作进行简单的介绍。本章内容安排如下。

4.1 YARN 简介

对 YARN 进行简单介绍。

4.2 YARN 的基本架构

介绍 YARN 的基本架构。

4.3 YARN 的工作流程

描述 YARN 的工作流程。

4.4 YARN 协议

详细分析 YARN 协议。

4.5 YARN 的优点

介绍了 YARN 的优点。

通过本章的学习，读者将对 YARN 的概念、基本架构以及工作流程有初步的了解。

4.1 YARN 简介

4.1.1 YARN 的概念及背景

从业界使用分布式系统的变化趋势和 Hadoop 框架的长远发展来看，MapReduce 的 JobTracker/TaskTracker 机制需要大规模的调整来修复它在可扩展性、内存消耗、线程模型、可靠性和性能上的缺陷。在过去的几年中，Hadoop 开发团队做了一些 bug 的修复，但是这些修复的成本越来越高，这表明对原框架做出改变的难度越来越大。为从根本上解决旧 MapReduce 框架的性能瓶颈，促进 Hadoop 框架的更长远发展，从 MapReduce 0.23.0 版本开始，Hadoop 的 MapReduce 框架完全重构，发生了根本的变化。新的 Hadoop MapReduce 框架命名为 MapReduce V2，也可以称作 YARN。

YARN 是从 MapReduce 0.23.0 版本开始新引入的资源管理系统，直接从 MR1（0.20.x、0.21.x、0.22.x）演化而来，其核心思想是将 MR1 中 JobTracker 的资源管理和作业调用两个功能分开，分别由 ResourceManager 和 ApplicationMaster 进程来实现。

（1）ResourceManager：负责整个集群的资源管理和调度。

（2）ApplicationMaster：负责应用程序相关事务，比如任务调度、任务监控和容错等。

4.1.2 YARN 的使用

与之前的 MapReduce 相比，YARN 采用了一种分层的集群框架，它解决了旧 MapReduce 一系列的缺陷，具有以下几种优势。

（1）提出了 HDFS Federation，它让多个 NameNode 分管不同的目录进而实现访问隔离和横向扩展。对于运行中 NameNode 的单点故障，通过 NameNode 热备方案（NameNode HA）实现。

（2）YARN 通过将资源管理和应用程序管理两部分剥离开，分别由 ResouceManager 和 ApplicationMaster 负责。其中，ResouceManager 专管资源管理和调度，而 ApplicationMaster 则负责与具体应用程序相关的任务切分、任务调度和容错等，每个应用程序对应一个 ApplicationMaster。

（3）YARN 具有向后兼容性，用户在 MRv1 上运行的作业，无须任何修改即可运行在 YARN 之上。

（4）对于资源的表示以内存为位（在目前版本的 YARN 中，没有考虑 CPU 的占用），比之前以剩余 slot 数目为位的方式更合理。

（5）支持多个框架，YARN 不再是一个单纯的计算框架，而是一个框架管理器，用户可以将各种各样的计算框架移植到 YARN 之上，由 YARN 进行统一管理和资源分配。目前，YARN 可以支持多种计算框架的运行，比如 MapReduce、Storm、Spark、Flink 等。

（6）框架升级更容易，在 YARN 中，各种计算框架不再是作为一个服务部署到集群的各个节点上（比如 MapReduce 框架，不再需要部署 JobTracler、TaskTracker 等服务），而是被封装成一个用户程序库（lib）存放在客户端，当需要对计算框架进行升级时，只需升级用户程序库即可，非常简单方便。

4.1.3 YARN 介绍

经典的 MapReduce 最严重的限制主要关系到可伸缩性、资源利用和对于 MapReduce 不同的工作负载的支持。在 MapReduce 框架中，作业执行受以下两种类型的进程控制。

(1) 一个称为 JobTracker 的主要进程，它起到的作用是协调在集群上运行的所有作业，分配要在 TaskTracker 上运行的 Map 和 Reduce 任务。

(2) 另一个就是称为 TaskTracker 的下级进程，它们运行分配的任务并定期向 JobTracker 报告进度。

YARN 被开发出来主要是因为这个进程控制的问题，YARN 被称为下一代 Hadoop 计算平台，主要包括 ResourceManager、ApplicationMaster、NodeManager。其中，ResourceManager 用来代替集群管理器，ApplicationMaster 代替一个专用且短暂的 JobTracker，NodeManager 代替 TaskTracker。Hadoop 1.0 到 Hadoop 2.0 的主要变化如图 4.1 所示。

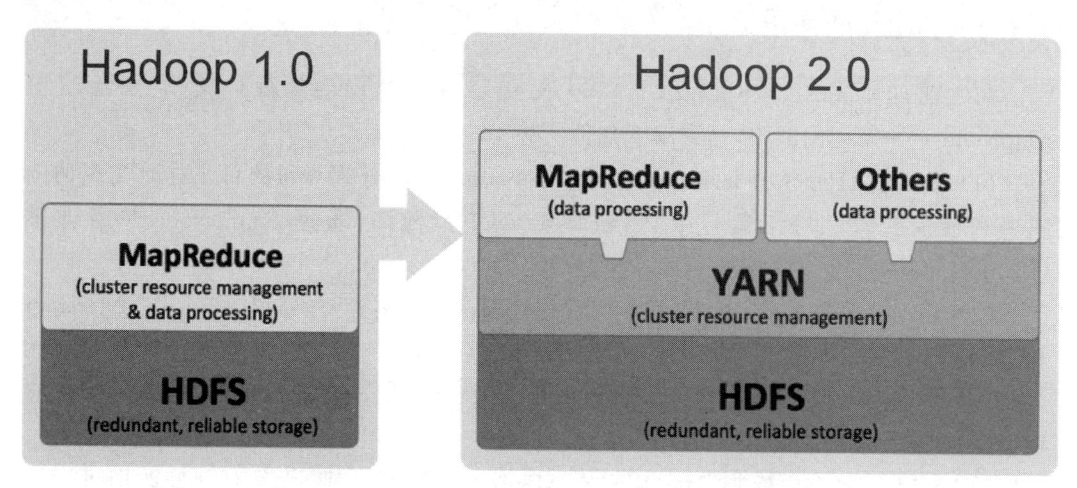

图 4.1 Hadoop 1.0 到 Hadoop 2.0 的主要变化

4.2 YARN 的基本架构

如图 4.2 所示，YARN 总体上仍然是 Master/Slave 结构。在整个资源管理框架中，ResourceManager 为 Master，NodeManager 为 Slave，并通过 HA 方案实现了 ResourceManager 的高可用。ResourceManager 负责对各个 NodeManager 上的资源进行统一管理和调度。当用户提交一个应用程序时，需要提供一个用以跟踪和管理这个程序的 ApplicationMaster，它负责向 ResourceManager 申请资源，并要求 NodeManger 启动可以占用一定资源的任务。由于不同的 ApplicationMaster 被分布到不同的节点上，因此它们之间不会相互影响。

从 YARN 的架构图来看，它主要由 ResourceManager、NodeManager、ApplicationMaster 和 Container 等几个组件构成。接下来将分别对这些组件进行简单的介绍。

1. ResourceManager(RM)

RM 是一个全局的资源管理器，负责整个系统的资源管理和分配，主要由调度器和应用程序管理器两个组件构成。

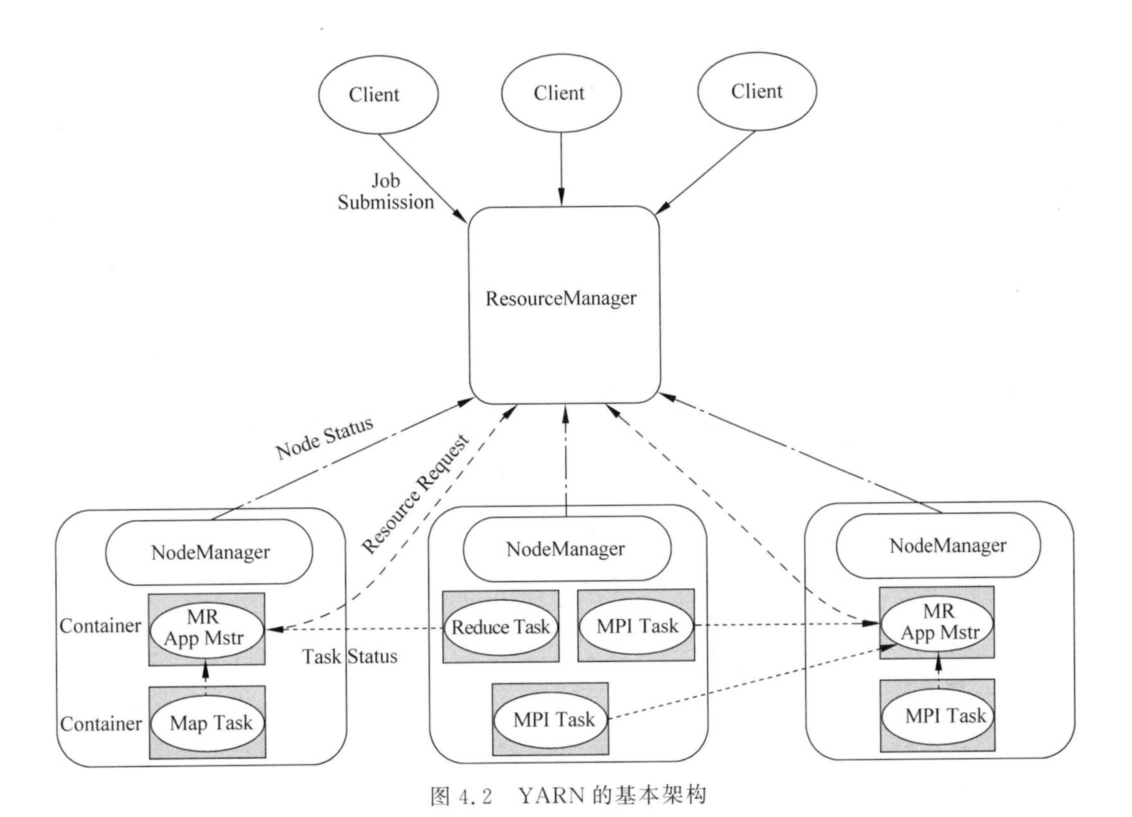

图 4.2 YARN 的基本架构

(1) 调度器：根据容量、队列等限制条件，将系统中的资源分配给各个正在运行的应用程序。调度器仅根据应用程序的资源需求进行资源分配，而资源分配单位用一个抽象概念"资源容器"(简称 Container)表示。Container 是一个动态资源分配单位，它将内存、CPU、磁盘、网络等资源封装在一起，从而限定每个任务使用的资源量。

(2) 应用程序管理器：负责管理整个系统中所有的应用程序，包括应用程序提交、与调度器协商资源以启动 ApplicationMaster、监控 ApplicationMaster 运行状态并在失败时重新启动它等。

YARN 分层结构的本质是 ResourceManager。这个实体控制整个集群并管理应用程序向基础计算资源的分配。ResourceManager 将各个资源部分(计算、内存、带宽等)精心安排给基础 NodeManager(YARN 的每节点代理)。ResourceManager 还与 ApplicationMaster 一起分配资源，与 NodeManager 一起启动和监视它们的基础应用程序。在此上下文中，ApplicationMaster 承担了以前的 TaskTracker 的一些角色，ResourceManager 承担了 JobTracker 的角色。

总的来说，RM 具有以下作用。

(1) 处理客户端请求。

(2) 启动或监控 ApplicationMaster。

(3) 监控 NodeManager。

(4) 资源的分配与调度。

2. ApplicationMaster(AM)

ApplicationMaster 管理在 YARN 内运行的每个应用程序实例。用户提交的每个应用程序均包含一个 ApplicationMaster,主要功能包括:与 ResourceManager 调度器协商以获取资源,将得到的任务进一步分配给内部的任务,与 NodeManager 通信以启动/停止任务,监控所有任务运行状态并在任务运行失败时重新为任务申请资源以重启任务等。

ApplicationMaster 负责协调来自 ResourceManager 的资源,并通过 NodeManager 监视容器的执行和资源使用(CPU、内存等的资源分配)。请注意,尽管目前的资源更加传统(CPU 核心、内存),但未来会产生基于手头任务的新资源类型(比如图形处理单元或专用处理设备)。从 YARN 的角度讲,ApplicationMaster 是用户代码,因此存在潜在的安全问题。YARN 假设 ApplicationMaster 存在错误或者甚至是恶意的,因此将它们当作无特权的代码对待。

总的来说,AM 具有以下作用。

(1) 负责数据的切分。

(2) 为应用程序申请资源并分配给内部的任务。

(3) 任务的监控与容错。

3. NodeManager(NM)

NodeManager 管理 YARN 集群中的每个节点。它是每个节点上的资源和任务管理器,它不仅定时向 ResourceManager 汇报本节点上的资源使用情况和各个 Container 的运行状态,还接收并处理来自 ApplicationMaster 的 Container 关于启动/停止等的各种请求。NodeManager 提供针对集群中每个节点的服务,包括监督对一个容器的终生管理以及监视资源和跟踪节点健康。MRv1 通过插槽管理 Map 和 Reduce 任务的执行,而 NodeManager 管理抽象容器,这些容器代表着可供一个特定应用程序使用的针对每个节点的资源。

总的来说,NM 具有以下作用。

(1) 管理单个节点上的资源。

(2) 处理来自 ResourceManager 的命令。

(3) 处理来自 ApplicationMaster 的命令。

4. Container

Container 是 YARN 中的资源抽象,它封装了某个节点上的多维度资源,如内存、CPU、磁盘、网络等。当 AM 向 RM 申请资源时,RM 为 AM 返回的资源便是用 Container 表示的。YARN 会为每个任务分配一个 Container,且该任务只能使用该 Container 中描述的资源。

总的来说,Container 具有以下作用:对任务运行环境进行抽象,封装 CPU、内存等多维度的资源以及环境变量、启动命令等任务运行相关的信息。

要使用一个 YARN 集群，首先需要一个包含应用程序的客户的请求。ResourceManager 协商一个容器的必要资源，启动一个 ApplicationMaster 来表示已提交的应用程序。通过使用一个资源请求协议，ApplicationMaster 协商每个节点上供应用程序使用的资源容器。执行应用程序时，ApplicationMaster 监视容器直到完成。当应用程序完成时，ApplicationMaster 从 ResourceManager 注销其容器，执行周期就完成了。

通过上面的讲解，应该明确的一点是，旧的 Hadoop 架构受到了 JobTracker 的高度约束，JobTracker 负责整个集群的资源管理和作业调度。新的 YARN 架构打破了这种模型，允许一个新 ResourceManager 管理跨应用程序的资源使用，ApplicationMaster 负责管理作业的执行。这一更改消除了一处瓶颈，还改善了将 Hadoop 集群扩展到比以前大得多的配置的能力。此外，不同于传统的 MapReduce，YARN 允许使用 MPI(Message Passing Interface)等标准通信模式，同时可以执行各种不同的编程模型，包括图形处理、迭代式处理、机器学习和一般集群计算。

4.3 YARN 的工作流程

YARN 的工作流程如图 4.3 所示。

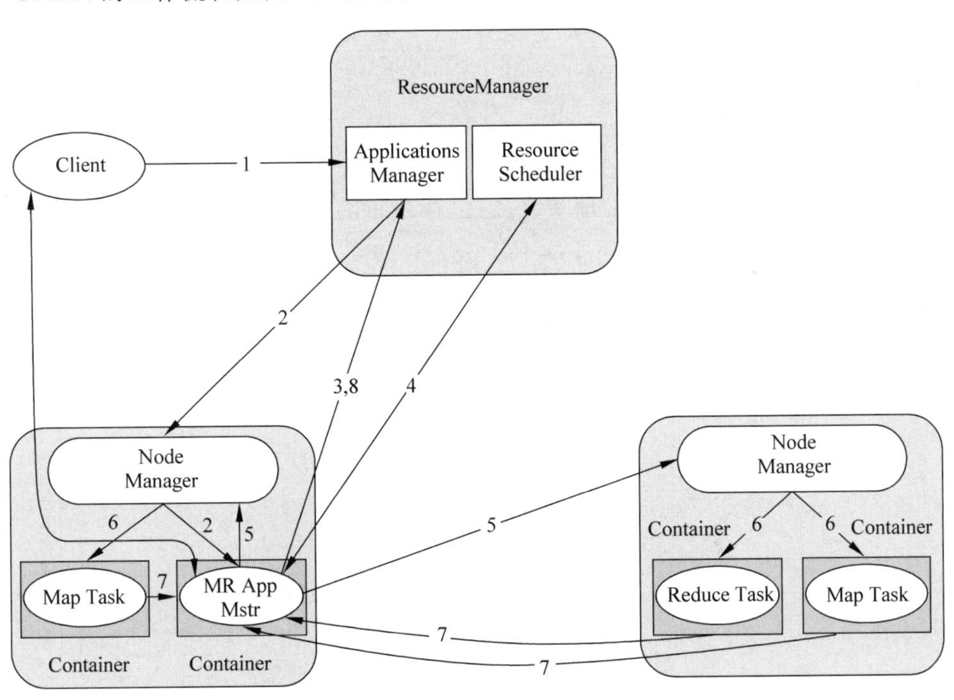

图 4.3 YARN 的工作流程

YARN 的工作流程说明如下。

(1) 用户向 YARN 中提交应用程序，其中包括用户程序、ApplicationMaster 程序、ApplicationMaster 启动命令等。

(2) ResourceManager 为应用程序分配第一个 Container，并与对应的 NodeManager 通信，要求它在这个 Container 中启动应用程序的 ApplicationMaster。

(3) ApplicationMaster 首先向 ResourceManager 注册，这样用户可以直接通过 ResourceManager 查看应用程序的运行状态，然后 ApplicationMaster 为各个任务申请资源，并监控它们的运行状态，直到运行结束，即重复步骤(4)～(7)。

(4) ApplicationMaster 采用轮询的方式通过 RPC 协议向 ResourceManager 申请和领取资源。

(5) 一旦 ApplicationMaster 成功申请到资源，便开始与对应的 NodeManager 通信，要求它启动任务。

(6) NodeManager 为任务设置好运行环境(包括环境变量、JAR 包、二进制程序等)后，将任务启动命令写到一个脚本中，并通过运行该脚本启动任务。

(7) 各个任务通过某个 RPC 协议向 ApplicationMaster 汇报自己的状态和进度，使 ApplicationMaster 能够随时掌握各个任务的运行状态，从而可以在任务失败时重新启动任务。在应用程序运行过程中，用户可随时通过 RPC 向 ApplicationMaster 查询应用程序的当前运行状态。

(8) 应用程序运行完成后，ApplicationMaster 通过 RPC 协议向 ResourceManager 注销并关闭自己。

4.4 YARN 协议

YARN 是一个分布式资源管理系统，它包含分布的多个组件，可以通过这些组件之间设计的交互协议来说明，如图 4.4 所示。

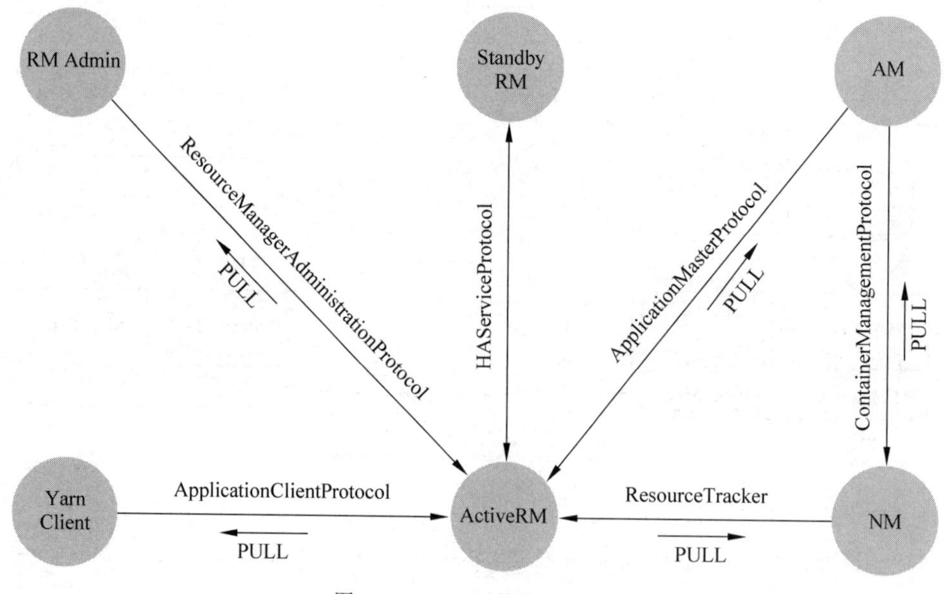

图 4.4 YARN 的交互协议

下面来详细看看各个协议实现的功能，如表 4.1～表 4.6 所示。

表 4.1　ApplicationClientProtocol（Client → RM）

协议方法	功能描述
getNewApplication	获取一个新的 ApplicationId，例如，返回的 ApplicationId 为“application_1418024756741”
submitApplication	提交一个 Application 到 RM
forceKillApplication	终止一个已经提交的 Application
getApplicationReport	获取一个 Application 的状态报告信息 ApplicationReport，包括用户、队列、名称、AM 所在节点、AM 的 RPC 端口、跟踪 URL、AM 状态、诊断信息（如果出错的话）、启动时间、提交 Application 的 Client（如果启用安全策略）
getClusterMetrics	获取 YARN 集群信息，如节点数量
getApplications	获取 Application 状态报告信息，和 getApplicationReport 类似，只不过增加了过滤器功能
getClusterNodes	获取集群内所有节点的状态报告信息
getQueueInfo	获取队列信息
getQueueUserAcls	获取当前用户的队列 ACL 信息
getDelegationToken	获取访问令牌信息，用于 Container 与 RM 端服务交互
renewDelegationToken	更新已存在的访问令牌信息
cancelDelegationToken	取消访问令牌
moveApplicationAcrossQueues	将 Application 移动到另一个队列中
getApplicationAttemptReport	获取 Application Attempt 状态报告信息，和 getApplicationAttemptReport 类似，只不过增加了过滤器功能
getContainerReport	根据 ContainerId 获取 Container 状态报告信息 ContainerReport，例如，Container 名称为“container_e17_1410901177871_0001_01_000005”，各个段的含义：container_e<epoch>_<clusterTimestamp>_<appId>_<attemptId>_<containerId>
getContainers	根据 ApplicationAttemptId 获取一个 Application Attempt 所使用的 Container 的状态报告信息，例如，Container 名称为“container_1410901177871_0001_01_000005”
submitReservation	预订资源，以备在特殊情况下能够从集群获取到资源来运行程序，例如预留出资源供 AM 启动
updateReservation	更新预订资源
deleteReservation	删除预订
getNodeToLabels	获取节点对应的 Label 集合
getClusterNodeLabels	获取集群中所有节点的 Label

表 4.2 ResourceTracker(NM → RM)

协议方法	功能描述
registerNodeManager	NM 向 RM 注册
nodeHeartbeat	NM 向 RM 发送心跳状态报告

表 4.3 ApplicationMasterProtocol(AM → RM)

协议方法	功能描述
registerApplicationMaster	AM 向 RM 注册
finishApplicationMaster	AM 通知 RM 已经完成(成功/失败)
allocate	AM 向 RM 申请资源

表 4.4 ContainerManagementProtocol(AM → NM)

协议方法	功能描述
startContainers	AM 向 NM 请求启动 Container
stopContainers	AM 向 NM 请求停止 Container
getContainerStatuses	AM 向 NM 请求查询当前 Container 的状态

表 4.5 ResourceManagerAdministrationProtocol(RM Admin → RM)

协议方法	功能描述
getGroupsForUser	获取用户所在用户组,该协议继承自 GetUserMappingsProtocol
refreshQueues	刷新队列配置
refreshNodes	刷新节点配置
refreshSuperUserGroupsConfiguration	刷新超级用户组配置
refreshUserToGroupsMappings	刷新用户→用户组映射信息
refreshAdminAcls	刷新 Admin 的 ACL 信息
refreshServiceAcls	刷新服务级别信息(SLA)
updateNodeResource	更新在 RM 端维护的 RMNode 资源信息
addToClusterNodeLabels	向集群中节点添加 Label
removeFromClusterNodeLabels	移除集群中节点 Label
replaceLabelsOnNode	替换集群中节点 Label

表 4.6 HAServiceProtocol(Active RM HA Framework Standby RM)

协议方法	功能描述
monitorHealth	HA Framework 监控服务的健康状态
transitionToActive	使 RM 转移到 Active 状态
transitionToStandby	使 RM 转移到 Standby 状态
getServiceStatus	获取服务状态信息

4.5 YARN 的优点

YARN 主要具有以下一些优点。

1. 可扩展性

MapReduce 最多可支持 4000 个节点的集群，因为 JobTracker 负责的职责太多而成为瓶颈，YARN 可以支持 10 000 个节点，并行 100 000 个 task。

2. 可用性

MapReduce 的 JobTracker 的状态变化非常迅速(想象下每个 Task 过几秒都会向它报告状态)，这使得 JotTracker 很难实现 HA(高可用性)。通常 HA 都是通过备份当前系统的状态然后当系统失败，备用系统用备份的状态来继续工作。YARN 的 ResourceManager 职责很简单，很容易实现 HA。

3. 可利用性

MapReduce 中，每个 TaskTracker 都会配置好固定个数的 Slots。这些 Slots 会被配置成 Map Slots 和 Reduce Slots。Map Slot 只能用来运行 Map Task，Reduce Slot 只能运行 Reduce Task，这样资源利用率很低。

YARN 中没有 Slot 的概念，NodeManager 管理一个资源池，按需启动 Container。

第 5 章

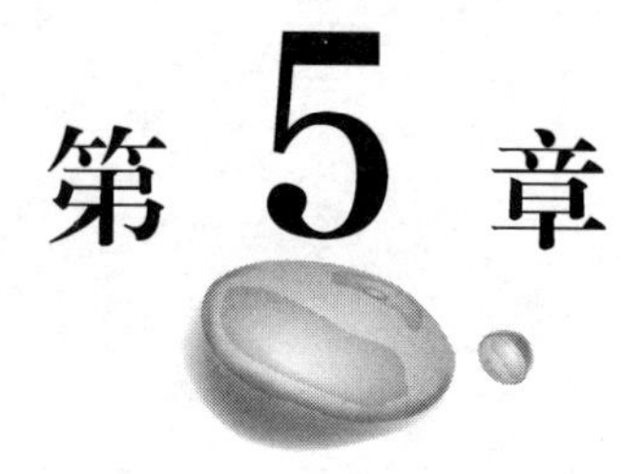

MapReduce的介绍和简单使用

MapReduce 是 Hadoop 上原生的分布式计算框架，本章主要对 MapReduce 计算框架的原理和开发环境的搭建进行介绍。本章内容安排如下。

5.1　MapReduce 简介

对 MapReduce 进行简单的介绍。

5.2　Map 过程

介绍 MapReduce 的 Map 过程。

5.3　Reduce 过程

介绍 MapReduce 的 Reduce 过程。

5.4　开发环境的搭建

介绍如何搭建使用 MapReduce 需要的环境。

5.5　实验

描述一些简单的 MapReduce 实验。

通过本章的学习，读者将对 MapReduce 有初步的了解，对 Map 和 Reduce 过程的原理有更清晰的认识，同时通过对 MapReduce 环境的搭建和简单的程序示例，能够加深读者对 MapReduce 工作原理的认识。

5.1　MapReduce 简介

MapReduce (MR)是现今一个非常流行的分布式计算框架，它被设计用于并行计算海量数据，通常是存储在 HDFS 上 TB 级和 PB 级别的数据。其前身是 Google 公司的 MapReduce。MapReduce 框架将复杂的大规模并行计算高度抽象为两个函数：Map 函数和 Reduce 函数。Map(映射)和 Reduce(归约)以及其主要思想都是从函数式编程语言中借鉴过来的。Map 负责把作业分解为多个任务,Reduce 负责把分解后的多个任务处理的结果汇总起来。

当向 MapReduce 框架提交一个计算作业(Job)时,它会首先把计算作业拆分成若干个 Map 任务(Task),然后以完全并行的方式处理,分配到不同的节点上去执行,每一个 Map 任务处理输入数据中的一部分,当 Map 任务完成后,它会生成一些中间文件,这些中间文件将会作为 Reduce 任务的输入数据。简单地说,MapReduce 就是"任务的分解与结果的汇总"这样的一个过程。

在 Hadoop 中,用于执行 MapReduce 任务的对象有两个:JobTracker 和 TaskTracker。JobTracker 是用于调度工作的,一个 Hadoop 集群中只有一个 JobTracker,位于 Master 上。TaskTracker 用于执行工作,位于各个 Slave 上。

需要特别注意的是,MapReduce 处理的数据集必须可以分解成许多小数据集,而且每个小的数据集都可以完全独立地并行处理。

5.2 Map 过程

在第 4 章中已经介绍过,HDFS 存储数据是按块存储,每个块的大小默认为 128MB,而一个块为一个分片,一个 Map 任务处理一个分片,当然,也可以根据需要自主设置块的大小。Map 输出的结果会暂时放在一个环形内存缓冲区中(缓冲区默认大小为 100MB),当该缓冲区接近溢出时(默认为缓冲区大小的 80%),会在本地文件系统中创建一个新文件,将该缓冲区中的数据写入这个文件;在写入磁盘之前,首先根据 Reduce 任务的数目将数据划分为相同数目的分区,一个分区的中间数据对应一个 Reduce 任务。这样做是为了避免数据分配不均匀的情况。

当 Map 任务输出最后一个记录时,可能会有很多的溢出文件,这时需要将这些文件进行合并。合并的过程中会不断地进行排序和合并操作(即 combia 操作),这样做的目的有以下两个。

(1) 尽量减少每次写入磁盘的数据量。

(2) 尽量减少下一复制阶段网络传输的数据量。

最后合并完成后,会形成一个已分区且已排序的文件。为了减少网络传输的数据量,这里可以将数据进行压缩。

5.3 Reduce 过程

Reduce 会接收到不同 Map 任务传来的数据,并且每个 Map 传来的数据都是有序的。如果 Reduce 端接收的数据量相当小,则直接存储在内存中,如果数据量超过了该缓冲区大小的一定比例,则对数据合并后溢写到磁盘中。

随着溢写文件的增多,后台线程会将它们合并成一个更大的有序的文件,这样做是为了给后面的合并节省时间。其实,不管在 Map 端还是 Reduce 端,MapReduce 都在反复地执行排序、合并操作;合并的过程中会产生许多的中间文件(写入磁盘),但 MapReduce 会让写入磁盘的数据尽可能的少,并且最后一次合并的结果并没有写入磁盘,而是直接输入到 Reduce 函数。

所以,一个完整的 MapReduce 过程如图 5.1 所示。

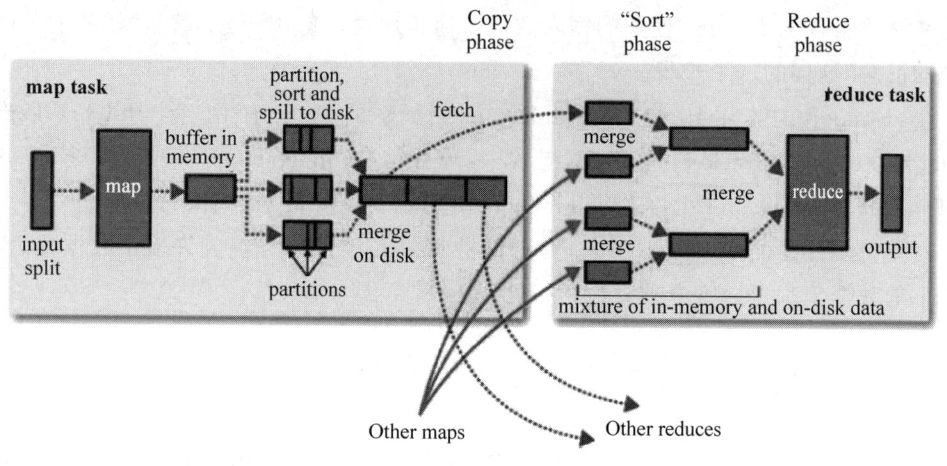

图 5.1 MapReduce 过程

该过程的流程说明如下。

1. Map 过程

(1) 输入文件,InputFormat 产生键值对,并传送到 Mapper 类的 Map 函数中。

(2) Map 输出键值对到一个没有排序的缓冲内存中。

(3) 当缓冲内存达到给定值或者 Map 完成时,就会对缓冲区内的键值对进行排序,然后溢写到磁盘上。

(4) 如果有多个溢出文件,那么将这些文件整合到一个文件中,并且这些文件是经过排序的。

(5) 在这些过程中,排序后的键值对等待 Reducer 获取。

2. Reduce 过程

(1) Reducer 获取 Mapper 的记录,作为输入。

(2) 相同的 Key 被传入同一个 Reducer 中。

(3) 当一个 Mapper 完成后,Reducer 就开始获取 Mapper 结果,所有溢出文件被排序后放到一个内存缓冲区。

(4) 当内存缓冲区满后,就会产生溢出文件,存入本地磁盘。

(5) Reducer 中所有数据传输完成后,所有溢出文件被整合和排序。

(6) Reducer 将结果输出到 HDFS。

5.4　开发环境的搭建

在 Windows 环境下使用 MapReduce 进行实验前，需要搭建用于本地开发的 MapReduce 环境。本书使用的 IDE 为 Eclipse，因此在搭建 MapReduce 开发环境前需要安装 Eclipse 以及 Hadoop 插件。

本书在这里就不再对 Eclipse 的安装进行阐述了，读者可根据需要自行进行安装，接下来主要介绍 Hadoop 插件的安装。

(1) 下载 Hadoop 插件，将下载的插件存放到 Eclipse 的插件目录中，如图 5.2 所示。

名称	修改日期	类型	大小
hadoop-eclipse-plugin-2.7.0.jar	2017/10/13 18:00	Executable Jar File	32,867 KB

图 5.2　保存插件到 Eclipse 的插件目录

(2) 删除 Eclipse 中 configuration 目录下的 update 文件夹，如图 5.3 所示，让 Eclipse 重新读取插件。

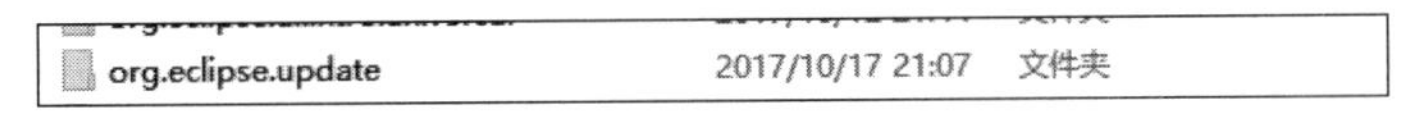

org.eclipse.update	2017/10/17 21:07	文件夹

图 5.3　删除 update 文件夹

(3) 解压一份 Hadoop 插件文件到本地的磁盘，如图 5.4 所示。

hadoop-2.7.1	2017/10/5 14:46	文件夹

图 5.4　解压 Hadoop 文件到本地

(4) 使用在 Windows 下编译 Hadoop 中的 bin 文件替换原本的 bin 文件，如图 5.5 所示。

名称	修改日期	类型	大小
hadoop.dll	2015/9/15 17:12	应用程序扩展	84 KB
hadoop.exp	2015/9/15 17:12	EXP 文件	17 KB
hadoop.lib	2015/9/15 17:12	360压缩	29 KB
hadoop.pdb	2015/9/15 17:12	PDB 文件	531 KB
libwinutils.lib	2015/9/15 17:12	360压缩	1,289 KB
winutils.exe	2015/9/15 17:12	应用程序	108 KB
winutils.pdb	2015/9/15 17:12	PDB 文件	963 KB

图 5.5　替换 bin 文件

(5) 打开 Eclipse，在菜单栏中选择 Window→Preferences，如图 5.6 所示。

(6) 设置 Hadoop 文件的目录并添加环境变量，如图 5.7 所示。

(7) 设置 Hadoop 连接配置。在 Eclipse 菜单栏中选择 Window→Show View→Other→MapReduce Tools，如图 5.8 所示。

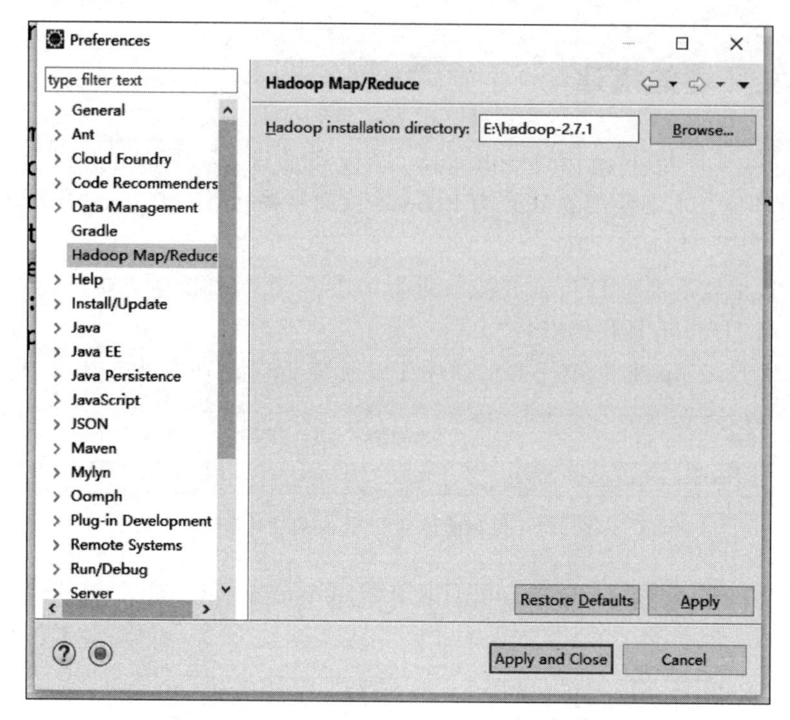

图 5.6　打开 Eclipse 的 Preferences 对话框

图 5.7　设置路径及环境变量

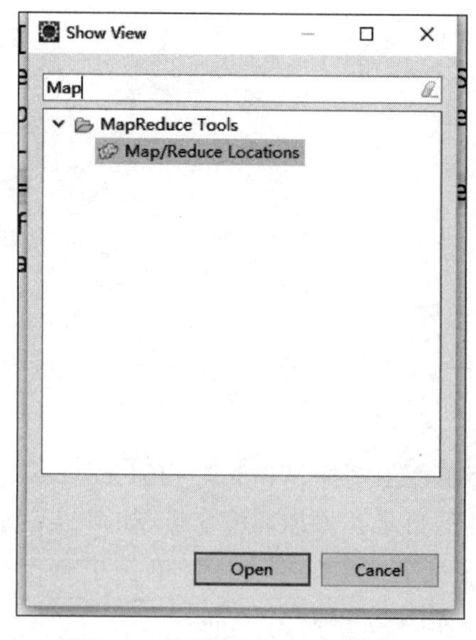

图 5.8　设置 Hadoop 连接配置

(8) 在如图 5.9 所示的界面中单击右上角的“添加”按钮。然后按照如图 5.10 所示配置连接参数,单击“完成”按钮即可。

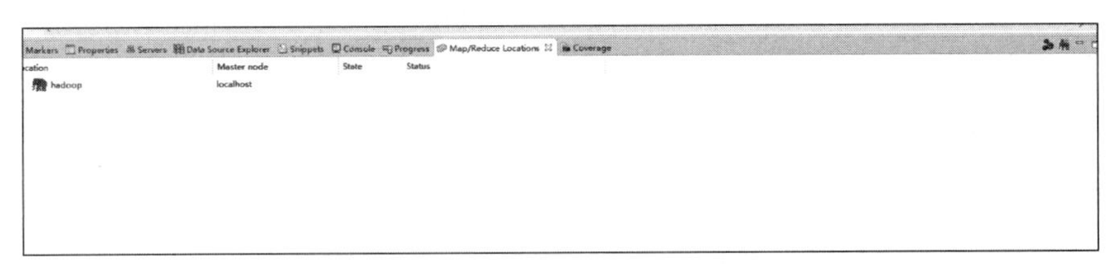

图 5.9 MapReduce Tool 窗口

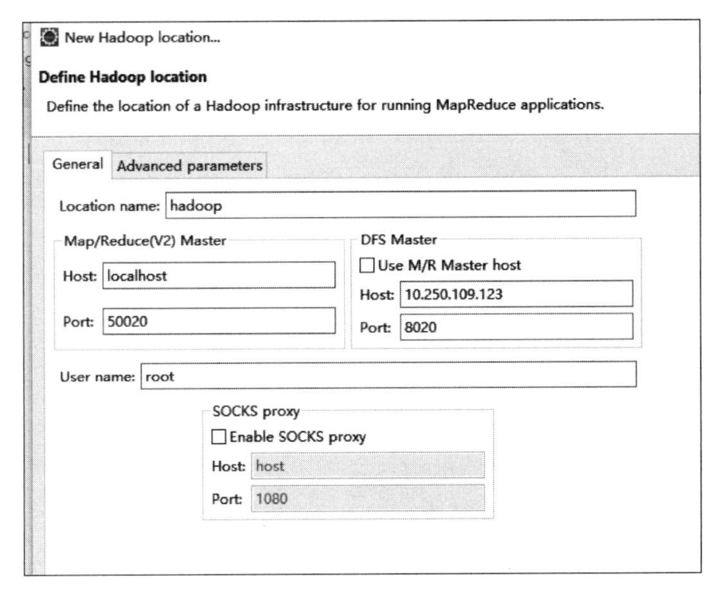

图 5.10 设置连接数据

(9) 配置成功后,就可以在 Eclipse 的窗口中看到如图 5.11 所示的 Hadoop 连接窗口。

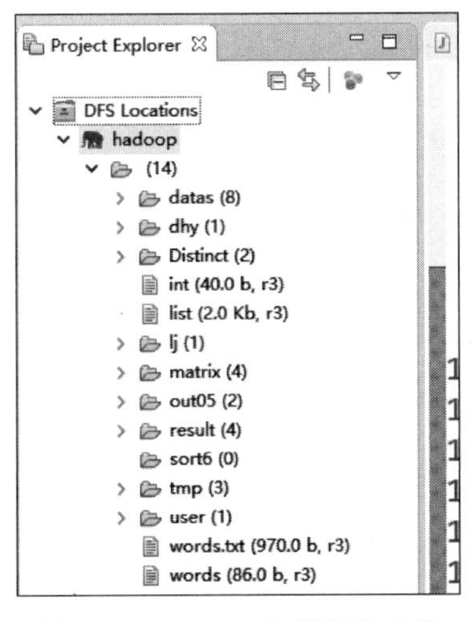

图 5.11 Hadoop 连接配置成功

5.5 实验

本节将使用几个简单的实验来加深读者对 MapReduce 工作原理的理解。

5.5.1 单词计数

本节将从项目的创建开始,向读者展示单词计数实验的整个操作过程,在后面的实验中,将只给出源码,其余操作请读者参考本节内容。

(1) 新建一个 Map/Reduce 项目,如图 5.12 所示。

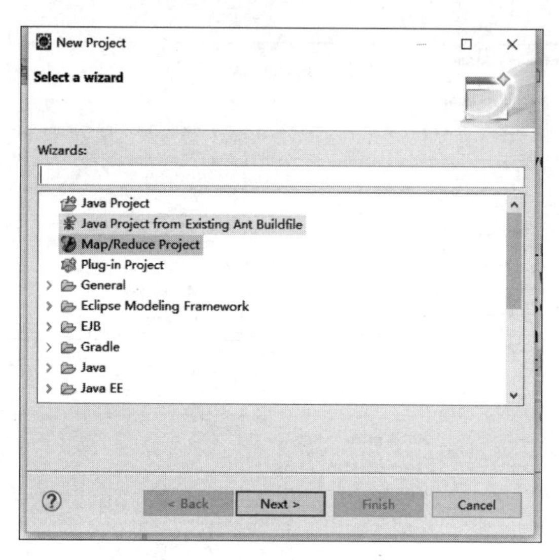

图 5.12 新建 Map/Reduce 项目

(2) 将项目命名为“WordCounter”,如图 5.13 所示。

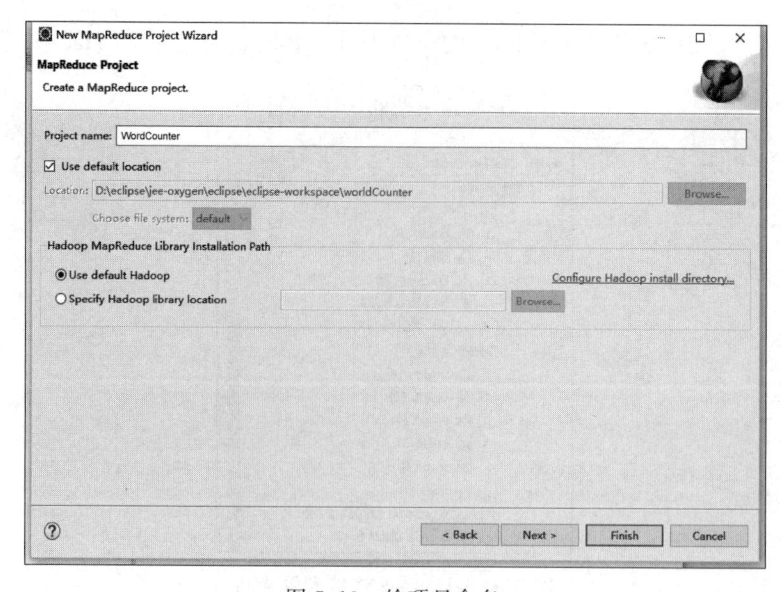

图 5.13 给项目命名

(3) 配置项目内容,如图 5.14 所示,单击 Finish 按钮,项目创建完成。

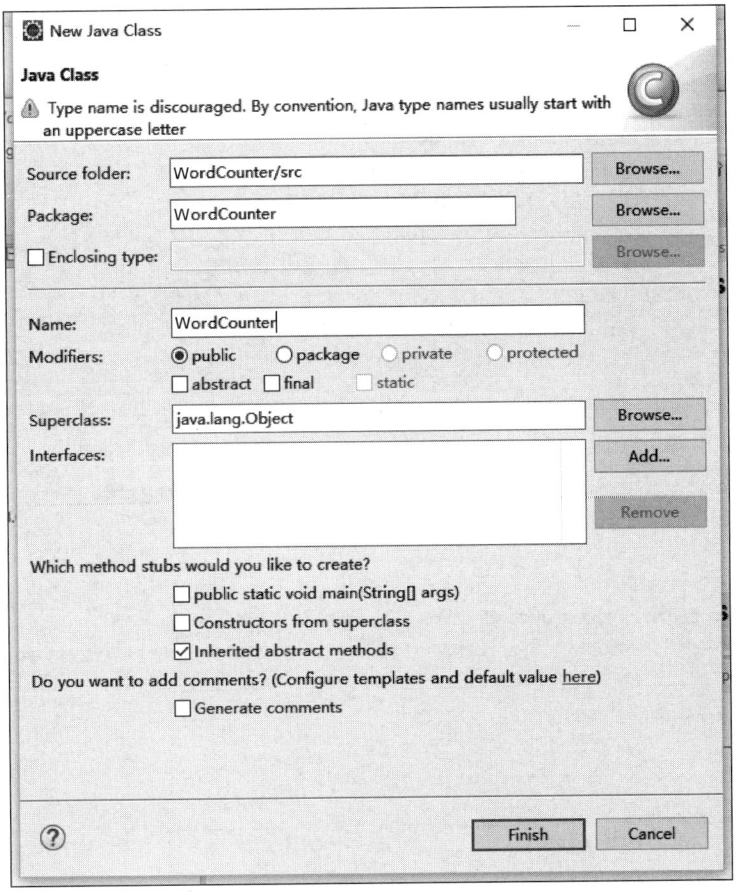

图 5.14 配置项目内容

(4) 在项目中新建一个类,输入以下代码。

```
package word;
import java.io.IOException;
import org.apache.hadoop.conf.Configuration;
import org.apache.hadoop.fs.Path;
import org.apache.hadoop.io.IntWritable;
import org.apache.hadoop.io.LongWritable;
import org.apache.hadoop.io.Text;
import org.apache.hadoop.mapreduce.Job;
import org.apache.hadoop.mapreduce.Mapper;
import org.apache.hadoop.mapreduce.Reducer;
import org.apache.hadoop.mapreduce.lib.input.FileInputFormat;
import org.apache.hadoop.mapreduce.lib.output.FileOutputFormat;
public class WordCountApp {
    public static class MyMapper extends Mapper<LongWritable, Text, Text, IntWritable> {
        private Text word = new Text();
```

```
        private IntWritable one = new IntWritable(1);
        @Override
        protected void map(LongWritable key, Text value, Mapper<LongWritable, Text, Text,
IntWritable>.Context context)
                throws IOException, InterruptedException {
            //得到输入的每一行数据
            String line = value.toString();
            //分割数据,通过空格来分割
            String[] words = line.split("_");
            //循环遍历并输出
            for(String w :words) {
                word.set(w);
                context.write(word, one);
            }
        }
    }
    public static class MyReducer extends Reducer<Text, IntWritable, Text, IntWritable> {
        private IntWritable sum = new IntWritable();

        @Override
        protected void reduce(Text key, Iterable<IntWritable> values,
                Reducer<Text, IntWritable, Text, IntWritable>.Context content)
                throws IOException, InterruptedException {
            Integer count = 0;
            for(IntWritable value :values) {
                count += value.get();
            }
            sum.set(count);
            content.write(key, sum);
        }
    }

    public static void main(String[] args) throws Exception {

        if(args.length < 2) {
            args = new String[]{
                    "hdfs://10.250.109.123:8020/words",
                    "hdfs://10.250.109.123:8020/out05"
            };
        }
        //创建配置对象
        Configuration conf = new Configuration();
        //创建 job 对象
        Job job = Job.getInstance(conf, "wordcount");
        //设置运行 job 的主类
        job.setJarByClass(WordCountApp.class);
        //设置 mapper 类
        job.setMapperClass(MyMapper.class);
        //设置 reducer 类
```

```
        job.setReducerClass(MyReducer.class);
        // 设置 mapper 输出的 key value
        job.setMapOutputKeyClass(Text.class);
        job.setOutputValueClass(IntWritable.class);
        // 设置 reducer 输出的 key value 类型
        job.setOutputKeyClass(Text.class);
        job.setOutputValueClass(IntWritable.class);
        // 设置输入的路径
        FileInputFormat.setInputPaths(job, new Path(args[0]));
        FileOutputFormat.setOutputPath(job, new Path(args[1]));
        // 提交 job
        boolean b = job.waitForCompletion(true);
        if(!b) {
            System.err.println("This task has failed!!!");
        }
    }
}
```

(5) 通过文件或者直接输入的方式将数据文件上传到 Hadoop,如图 5.15 所示,右键上传数据文件。本书使用的实验数据如图 5.16 所示。

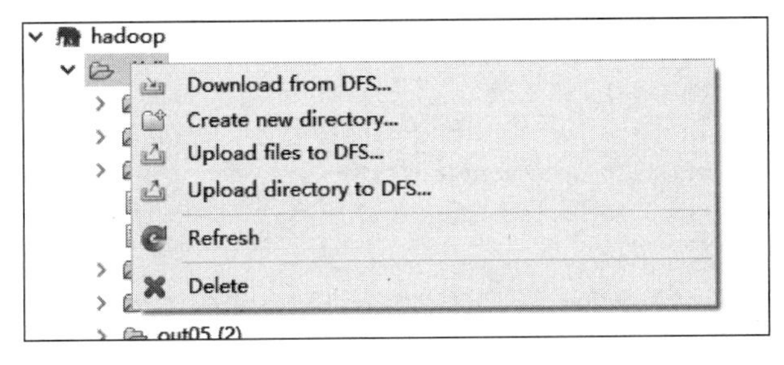

图 5.15 上传数据

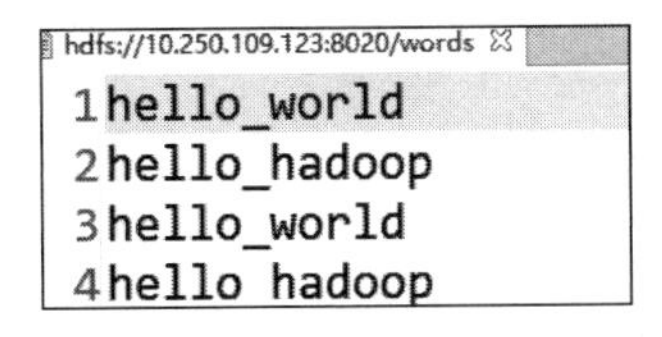

图 5.16 实验数据

(6) 运行程序,如图 5.17 所示,右击"类",选择 Run As→1 Java Application 命令。

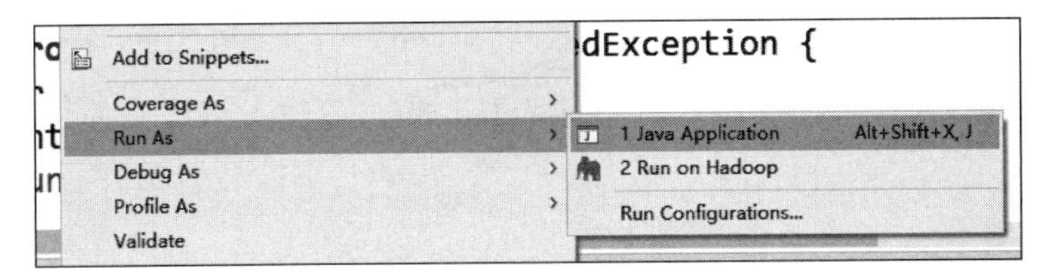

图 5.17 运行程序

(7) 运行完成后,打开如图 5.18 所示的文件,查看运行结果。

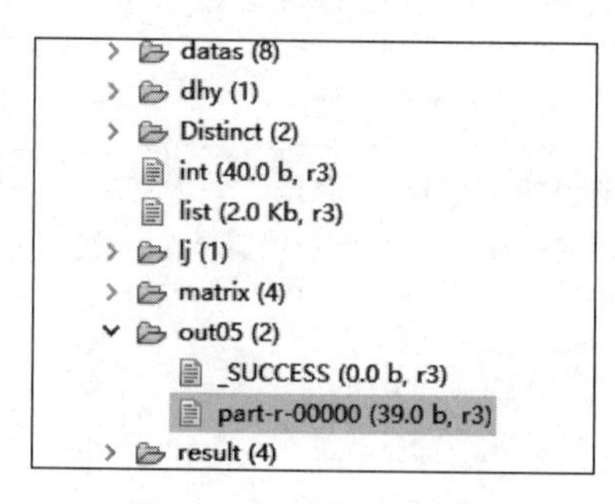

图 5.18　查看运行结果

5.5.2　二次排序实验

(1) 新建一个项目。

(2) 在项目中,新建一个类,这里命名为“IntPair”,类的实现代码如下。

```
package expBigData.MapReduce.SecondarySort;

import java.io.DataInput;
import java.io.DataOutput;
import java.io.IOException;

import org.apache.hadoop.io.IntWritable;
import org.apache.hadoop.io.WritableComparable;

public class IntPair implements WritableComparable<IntPair> {
    private IntWritable first;
    private IntWritable second;

    public void set(IntWritable first, IntWritable second) {
        this.first = first;
        this.second = second;
    }

    //注意: 需要添加无参的构造方法,否则反射时会报错
    public IntPair() {
        set(new IntWritable(), new IntWritable());
    }

    public IntPair(int first, int second) {
        set(new IntWritable(first), new IntWritable(second));
    }

    public IntPair(IntWritable first, IntWritable second) {
        set(first, second);
    }
```

```
    //其他成员函数
    public IntWritable getFirst() {
        return first;
    }

    public void setFirst(IntWritable first) {
        this.first = first;
    }

    public IntWritable getSecond() {
        return second;
    }

    public void setSecond(IntWritable second) {
        this.second = second;
    }

    public void write(DataOutput out) throws IOException {
        first.write(out);
        second.write(out);
    }

    public void readFields(DataInput in) throws IOException {
        first.readFields(in);
        second.readFields(in);
    }

    public int hashCode() {
        return first.hashCode() * 163 + second.hashCode();
    }

    public boolean equals(Object o) {
        if(o instanceof IntPair) {
            IntPair tp = (IntPair) o;
            return first.equals(tp.first) && second.equals(tp.second);
        }
        return false;
    }

    public String toString() {
        return first + "\\t" + second;
    }

    public int compareTo(IntPair tp) {
        int cmp = first.compareTo(tp.first);
        if(cmp != 0) {
            return cmp;
        }
        return second.compareTo(tp.second);
    }
}
```

（3）再新建一个 Java 文件，命名为“SecondarySort”，在该文件中编写主程序，主程序代码如下。

```
package expBigData.MapReduce.SecondarySort;

import java.io.IOException;

import org.apache.hadoop.conf.Configuration;
import org.apache.hadoop.fs.Path;
import org.apache.hadoop.io.LongWritable;
import org.apache.hadoop.io.NullWritable;
import org.apache.hadoop.io.Text;
import org.apache.hadoop.io.WritableComparable;
import org.apache.hadoop.io.WritableComparator;
import org.apache.hadoop.mapreduce.Job;
import org.apache.hadoop.mapreduce.Mapper;
import org.apache.hadoop.mapreduce.Partitioner;
import org.apache.hadoop.mapreduce.Reducer;
import org.apache.hadoop.mapreduce.lib.input.FileInputFormat;
import org.apache.hadoop.mapreduce.lib.output.FileOutputFormat;

public class SecondarySort {
    static class TheMapper extends Mapper<LongWritable, Text, IntPair, NullWritable> {
        @Override
        protected void map (LongWritable key, Text value, Context context) throws
IOException, InterruptedException {
            String[] fields = value.toString().split("\\t");
            int field1 = Integer.parseInt(fields[0]);
            int field2 = Integer.parseInt(fields[1]);
            context.write(new IntPair(field1, field2), NullWritable.get());
        }
    }
    static class TheReduce extends Reducer<IntPair, NullWritable, IntPair, NullWritable> {
        // private static final Text SEPARATOR = new Text("-----------------------");
        @Override
        protected void reduce (IntPair key, Iterable<NullWritable> values, Context
context)
                throws IOException, InterruptedException {
            context.write(key, NullWritable.get());
        }
    }

    public static class FirstPartitioner extends Partitioner<IntPair, NullWritable> {
        public int getPartition(IntPair key, NullWritable value, int numPartitions) {
            return Math.abs(key.getFirst().get()) % numPartitions;
```

```
        }
    }

    //如果不添加这个类,默认第一列和第二列是升序排序的
    //这个类的作用是使第一列升序排序,第二列降序排序
    public static class KeyComparator extends WritableComparator {
        // 必须加上无参构造器,否则报错
        protected KeyComparator() {
            super(IntPair.class, true);
        }

        public int compare(WritableComparable a, WritableComparable b) {
            IntPair ip1 = (IntPair) a;
            IntPair ip2 = (IntPair) b;
            // 第一列按升序排列
            int cmp = ip1.getFirst().compareTo(ip2.getFirst());
            if(cmp != 0) {
                return cmp;
            }
            // 在第一列相等的情况下,第二列按降序排序
            return - ip1.getSecond().compareTo(ip2.getSecond());
        }
    }

    //入口程序
    public static void main(String[] args) throws Exception {
        if(args.length < 2) {
            args = new String[] { "hdfs://10.250.109.123:8020/dhy/in/secondsort.txt",
                    "hdfs://10.250.109.123:8020/dhy/out/secondarysort_out00" };
        }

        Configuration conf = new Configuration();
        Job job = Job.getInstance(conf);
        job.setJarByClass(SecondarySort.class);
        // 设置 mapper 的相关属性
        job.setMapperClass(TheMapper.class);
        // 当 mapper 中的输出 key 和 value 类型和 reducer 中的相同时,以下两句省略
        job.setMapOutputKeyClass(IntPair.class);
        job.setMapOutputValueClass(NullWritable.class);
        FileInputFormat.setInputPaths(job, new Path(args[0]));
        // 设置分区相关属性
        job.setPartitionerClass(FirstPartitioner.class);
        // 在 mapper 中对 key 进行排序
        job.setSortComparatorClass(KeyComparator.class);
        // job.setSortGroupComparatorClass(GroupComparator.class);
        // 设置 reducer 的相关属性
        job.setReducerClass(TheReduce.class);
```

```
        job.setOutputKeyClass(IntPair.class);
        job.setOutputValueClass(NullWritable.class);
        FileOutputFormat.setOutputPath(job, new Path(args[1]));
        // 设置 reducer 数量
        int reduceNum = 1;
        if(args.length >= 3 && args[2] != null) {
            reduceNum = Integer.parseInt(args[2]);
        }
        job.setNumReduceTasks(reduceNum);
        job.waitForCompletion(true);
    }
}
```

5.5.3 计数器实验

(1) 新建一个项目。

(2) 在项目中编写主程序,代码如下。

```
package cn.cqu.wzl;

import java.io.IOException;

import org.apache.hadoop.conf.Configuration;
import org.apache.hadoop.fs.Path;
import org.apache.hadoop.io.LongWritable;
import org.apache.hadoop.io.Text;
import org.apache.hadoop.mapreduce.Job;
import org.apache.hadoop.mapreduce.Mapper;
import org.apache.hadoop.mapreduce.lib.input.FileInputFormat;
import org.apache.hadoop.mapreduce.lib.output.FileOutputFormat;

public class Counters {
    public static class MyCounterMap extends Mapper<LongWritable,Text,Text,Text>{
        public static org.apache.hadoop.mapreduce.Counter ct = null;
        @Override
        protected void map(LongWritable key, Text value, Mapper<LongWritable, Text, Text,
Text>.Context context)
                throws IOException, InterruptedException {
            String arr_value[] = value.toString().split("\t");
            if(arr_value.length > 3) {
                ct = context.getCounter("ERRorCounter", "toolong");
                System.out.println("toolong");
                ct.increment(1);
            }else if(arr_value.length < 3) {
                ct = context.getCounter("ERRorCounter", "tooshort");
                System.out.println("tooshort");
```

```
                ct.increment(1);

            }

        }

    }
    public static void main(String[ ] args) throws IOException, ClassNotFoundException,
InterruptedException {
        if(args.length<2) {
            args = new String[ ] {
                    "hdfs://10.250.109.123:8020/datas/counters",
                    "hdfs://10.250.109.123:8020/result/counters"
            };
        }

        Configuration conf = new Configuration();
        Job job = new Job(conf,"Counter");
        job.setMapperClass(MyCounterMap.class);
        FileInputFormat.addInputPath(job, new Path(args[0]));
        FileOutputFormat.setOutputPath(job, new Path(args[1]));
        System.exit(job.waitForCompletion(true)?0:1);
    }
}
```

第 6 章

Hive

Hive 是 MapReduce 的组件，是构建在 Hadoop 上的数据仓库框架。本章主要介绍 Hive 的基础知识。学习 Hive 需要了解一些 MySQL 知识，虽然 MySQL 是一种以关系型组织、存储和管理数据的仓库，但是基于 Hadoop 的大数据应用中也经常需要 MySQL 的支持。本章内容安排如下。

6.1　Hive 简介

对 Hive 的概念、工作原理，以及 Hive 与传统数据的区别进行介绍。

6.2　HiveQL 基础

对 HiveQL 的基本概念进行介绍。

6.3　Hive 的安装与配置

介绍 Hive 的安装配置过程。

6.4　实验

对 Hive 的简单实验进行介绍。

通过本章的学习，读者将对 Hive 的概念和基本特点有初步的了解，通过实验环境的搭建和简单的实验操作，能够加深读者对 Hive 的掌握。

有关 Hive 的更多内容，可访问网站 http://hive.apache.org/，或者扫描上方二维码，获取更多 Hive 信息。

6.1　Hive 简介

Apache Hive 是一个基于 Apache Hadoop 构建的数据仓库工具，可以将结构化的数据文件映射为一张数据库表，并提供简单的 SQL 查询功能，用于对数据进行汇总、查询和分析。Hive 最初是由于 Facebook 为了管理和分析每天产生的海量社会网络数据而产生和发展起来的技术，目前也有其他公司在对 Apache Hive 进行开发和使用，例如 Netflix 等。

Hive 提供了一个类似 SQL 的界面来查询存储在与 Hadoop 集成的各种数据库和文件系统中的数据。传统 SQL 查询必须基于 MapReduce Java API 实现，以便通过分布式数据执行 SQL 应用程序和查询。而 Hive 提供了必要的 SQL 功能来集成类似的 SQL 查询(即 HiveQL)，并插入到底层，而无须基于低级的 Java API 来实现查询，学习成本低，可以通过类似于 SQL 语句快速实现简单的功能，十分适合数据仓库的统计分析。

需要提醒的是，Hive 构建于静态批处理的 Hadoop 之上，而正如前面章节中所提到的，Hadoop 有着较高的延迟，并且有着较大的开销，所以 Hive 并不能做到低延迟地实时查询，不适合有速度需求的应用，而是适合大数据集合的批处理作业。Hive 在执行时，会首先将用户输入的 HiveQL 语句解释为 MapReduce 作业提交到 Hadoop 集群上，由 Hadoop 监控并执行，并将结果返回给用户。

6.1.1 Hive 基础

Hive 有许多的组件，这些组件是 Hive 构成的基础。

1. Metastore

存储每个表的元数据，包括属性和存储位置。它还包含分区的元数据，帮助 Driver 跟踪那些分布在集群中数据集的处理进度。数据以传统的 RDBMS(Relational Database Management System，关系数据库管理系统)格式存储。元数据有助于 Driver 跟踪数据，因此，备份服务器会定期备份数据，以便在丢失时可以检索和恢复。

2. Driver

根据接收到的 HiveQL 语句对整体进行控制。它通过与各个组件创建会话来执行操作，并监视操作的生命周期和进度。Driver 还会在操作结束后收集数据和结果。Driver 主要包括 Compiler、Optimize、Executor 三部分。

3. Compiler

编译 HiveQL 查询语句，将查询语句转换为执行命令。该命令包含 Hadoop 中 MapReduce 需要具体执行的任务和步骤。还将检查是否有兼容性或者编译上的错误。

4. Optimizer

对执行命令进行优化，以获得更好的性能。可以分割任务，诸如在减少操作之前对数据进行转换，以提供更好的性能和可扩展性。

5. Executor

编译和优化之后，Executor 将执行任务。Executor 与 Hadoop 的 JobTracker 进行交

互,以安排要运行的任务。它同时也负责管理任务,确保操作按顺序正确执行。

6. CLI UI 和 Thrift Server

命令行界面(CLI)为用户提供便捷的用户界面,可以通过提交指令和监视进程来与Hive进行交互。Thrift Server是Facebook开发的软件框架,用于开发可扩展且跨语言的服务。

Hive的基础架构如图6.1所示。

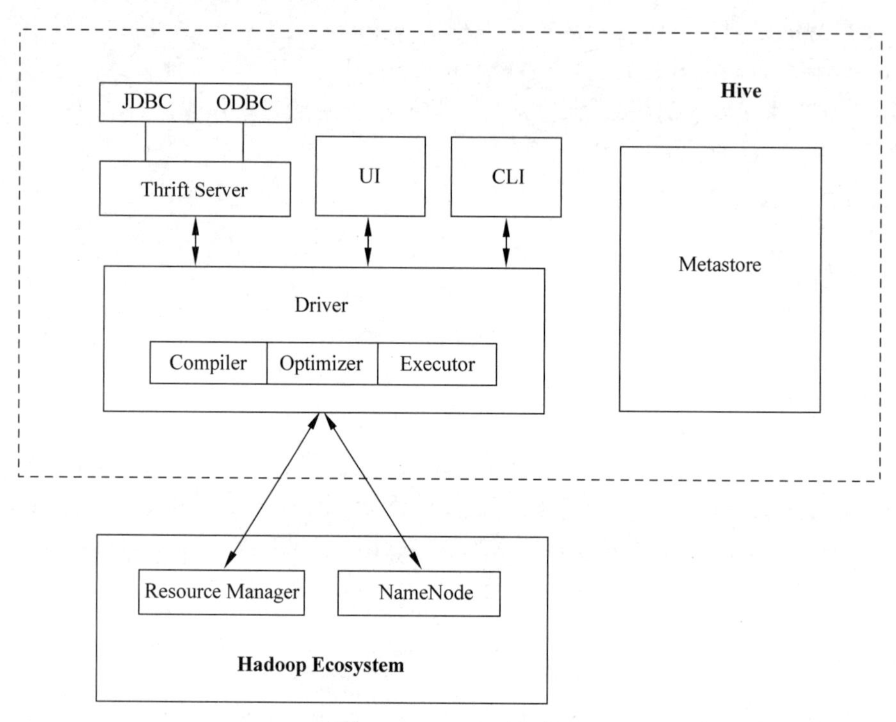

图6.1 Hive基础架构

可以看出,Hive包含用户访问接口(CLI、Thrift Server)、元数据存储(Metastore)以及驱动组件(包括编译、优化、执行驱动)。

6.1.2 Hive的工作原理

在6.1.1节中,介绍了Hive的一些重要组件,接下来将对Hive的工作原理进行介绍,使读者对这些组件的工作情况有一个基本的了解。

Hive工作的流程大致如下。

(1) 用户提交查询等任务给Driver。

(2) 编译器获得该用户的任务Plan。

(3) 编译器Compiler根据用户任务去Metastore中获取需要的Hive的元数据信息。

(4) 编译器Compiler得到元数据信息后,对任务进行编译,先将HiveQL转换为抽象语法树,然后将抽象语法树转换成查询块,再将查询块转换为逻辑的查询计划,重写逻辑查询计划,将逻辑计划转换为物理的计划(MapReduce),最后选择最佳的策略。

(5) 将最终的计划提交给 Driver。

(6) Driver 将计划 Plan 转交给 Executor 去执行,获取元数据信息,然后再将任务提交给 Hadoop 执行,任务会直接读取 HDFS 中的文件进行相应的操作。

(7) 当任务完成后,Driver 获取执行结果,然后交给 UI 呈现。

其中,Hive 编译的基本过程如图 6.2 所示。

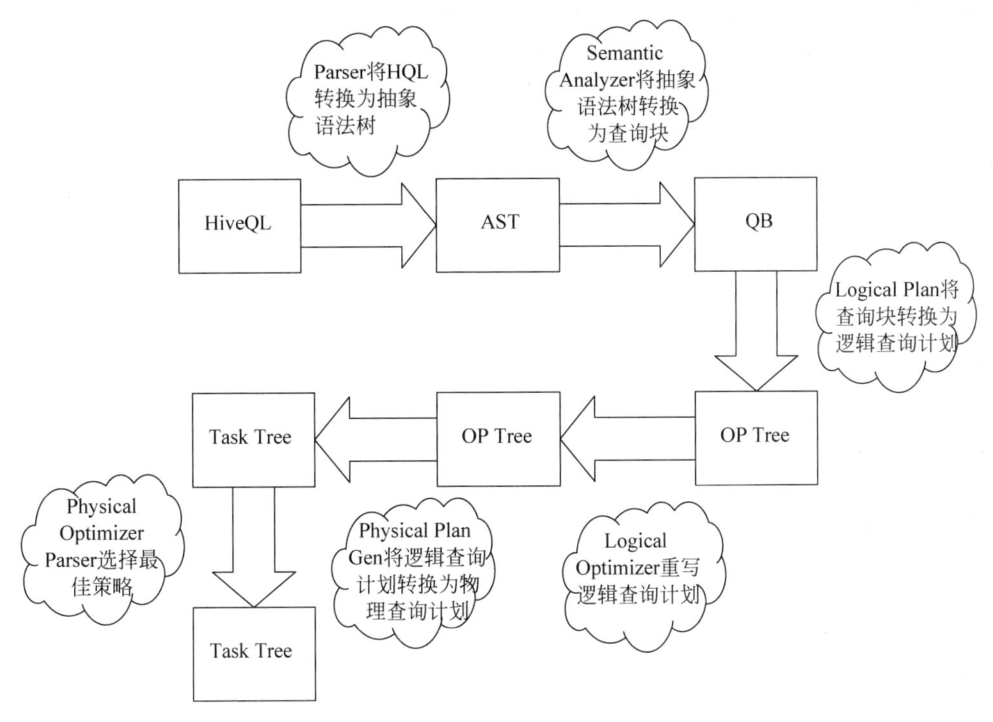

图 6.2 Hive 编译过程

Hive 的编译过程就是编译器首先将 HiveQL 转换为抽象语法树,然后将其转换为查询块,再将查询块转换为逻辑查询计划,再转换为物理查询计划,最终选择最佳决策的过程。

优化器的主要功能如下。

(1) 将多 Multiple join 合并为一个 Muti-way join。

(2) 对 join、group-by 和自定义的 MapReduce 操作重新进行划分。

(3) 消减不必要的列。

(4) 在表的扫描操作中,推行使用断言。

(5) 对于已分区的表,消减不必要的分区。

(6) 在抽样查询中,消减不必要的桶。

(7) 优化器还增加了局部聚合操作,用于处理大分组聚合。此外,增加了再分区操作,用于处理不对称的分组聚合。

6.1.3 Hive与传统数据库

由于 Hive 采用了类 SQL 的查询语言 HQL，因此很容易将 Hive 理解为数据库。其实从结构上来看，Hive 和数据库除了拥有类似的查询语言，再无类似之处。本节将从多个方面来阐述 Hive 和数据库的差异。数据库可以用在 Online 的应用中，但是 Hive 是为数据仓库而设计的，清楚理解这一点，有助于从应用角度理解 Hive 的特性。

HQL 与 SQL 的对比情况如表 6.1 所示。

表 6.1 HQL 与 SQL 的对比

查询语言	HQL	SQL
数据存储位置	HDFS	Raw Device 或者 Local FS
数据格式	用户定义	系统决定
数据更新	不支持	支持
索引	无	有
执行	MapReduce	Executor
执行延迟	高	低
可扩展性	高	低
数据规模	大	小

接下来，将分别对上述对比情况进行说明。

1. 查询语言

由于 SQL 被广泛应用在数据仓库中，因此，专门针对 Hive 的特性设计了类 SQL 的查询语言 HQL。熟悉 SQL 开发的开发者可以很方便地使用 Hive 进行开发。

2. 数据存储位置

Hive 构建在 Hadoop 之上，所有 Hive 的数据都是存储在 HDFS 中的。而数据库则可以将数据保存在块设备或本地文件系统中。

3. 数据格式

Hive 中没有定义专门的数据格式，数据格式可以由用户指定。用户定义数据格式需要指定三个属性：列分隔符（通常为空格、\t、\x001）、行分隔符（\n）以及读取文件数据的方法（Hive 中默认有 TextFile、SequenceFile、RCFile 三个文件格式）。由于在加载数据的过程中，不需要进行从用户数据格式到 Hive 定义的数据格式的转换，因此，Hive 在加载的过程中不会对数据本身进行任何修改，而只是将数据内容复制或者移动到相应的 HDFS 目录中。而在数据库中，不同的数据库有不同的存储引擎，定义了不同的数据格式。所有数据都会按照一定的组织存储，因此，数据库加载数据的过程会比较耗时。

4. 数据更新

由于 Hive 是针对数据仓库应用设计的，而数据仓库的内容是读多写少的，因此，Hive 中不支持对数据的改写和添加，所有的数据都是在加载的时候就确定好的。而数据库中的数据通常是需要经常进行修改的，因此可以使用 INSERT INTO　VALUES 语句添加数据，使用 UPDATE SET 修改数据。

5. 索引

Hive 在加载数据的过程中不会对数据进行任何处理，甚至不会对数据进行扫描，因此也没有对数据中的某些 Key 建立索引。Hive 要访问数据中满足条件的特定值时，需要暴力扫描整个数据，因此访问延迟较高。由于 MapReduce 的引入，Hive 可以并行访问数据，因此即使没有索引，对于大数据量的访问，Hive 仍然可以体现出优势。在数据库中，通常会针对一个或者几个列建立索引，因此对于少量特定条件的数据的访问，数据库可以有很高的效率、较低的延迟。由于数据的访问延迟较高，决定了 Hive 不适合在线数据查询。

6. 执行

Hive 中大多数查询的执行是通过 Hadoop 提供的 MapReduce 来实现的(类似 select * from tbl 的查询不需要 MapReduce)。而数据库通常有自己的执行引擎。

7. 执行延迟

Hive 在查询数据的时候，由于没有索引，需要扫描整个表，因此延迟较高。另外一个导致 Hive 执行延迟高的因素是 MapReduce 框架。由于 MapReduce 本身具有较高的延迟，因此在利用 MapReduce 执行 Hive 查询时，也会有较高的延迟。相对地，数据库的执行延迟较低。当然，这是有条件的，即数据规模较小，当数据规模大到超过数据库的处理能力的时候，Hive 的并行计算更能体现出优势。

8. 可扩展性

由于 Hive 是建立在 Hadoop 之上的，因此 Hive 的可扩展性和 Hadoop 的可扩展性是一致的。而数据库由于 ACID 语义的严格限制，扩展性非常有限。目前最先进的并行数据库 Oracle 在理论上的扩展能力也只有 100 台左右。

9. 数据规模

由于 Hive 建立在集群上并可以利用 MapReduce 进行并行计算，因此可以支持很大规模的数据；而数据库可以支持的数据规模较小。

6.2 HiveQL 基础

HiveQL 是一种类似 SQL 的语言，它与大部分的 SQL 语法兼容，但是并不完全支持 SQL 标准，如 HiveQL 不支持更新操作，也不支持索引和事务，这是由其底层依赖 Hadoop 云平台这一特性决定的。但 HiveQL 的有些特点也是 SQL 所无法企及的，例如，多表查询、支持“create table as select”和集成 MapReduce 脚本等。为了便于读者进一步理解 HiveQL，本节将对 Hive 的数据类型和常用的 HiveQL 操作进行介绍。

1. Hive 的数据类型

Hive 支持多种数据类型，主要包括数值类型(INT、FLOAT、DOUBLE)、布尔型和字符串。支持的复杂类型有三种：ARRAY、MAP 和 STRUCT。

关于 Hive 支持的数据类型描述如表 6.2 所示。

表 6.2 Hive 支持的数据类型

类　型	描　述	示　例
TINYINT	1 字节整数，－128～127	10
SMALLINT	2 字节整数，－32 768～32 767	1024
INT	4 字节整数，－2 147 483 648～2 147 483 647	102400
BIGINT	8 字节整数，－9 223 372 036 854 775 808～9 223 372 036 854 775 807	1024000
BOOLEAN	布尔值，TRUE 或者 FALSE	TRUE
FLOAT	4 字节单精度小数	3.14
DOUBLE	8 字节双精度小数	3.1415926
ARRAY	数组	
MAP	键值对	
STRUCT	结构体	

2. Hive 的基本数据模型

(1) 表(Table)：Hive 中的表和 MySQL 的表很相似，每个表在 HDFS 中都有对应的目录来存储数据，这个目录可以由用户自定义，默认位置是/user/hive/warehouse。

(2) 外部表(External Table)：外部表和表很相似，但是可以让用户在新建表的同时，指定一个指向实际数据的路径。创建外部表时，仅记录数据所在的路径，不对数据的位置做任何改变。在删除表的时候，内部表的元数据和数据会被一起删除，而外部表只删除元数据，不删除数据。

(3) 分区(Partition)：分区是表的部分列的集合，可以为频繁使用的数据建立分区，这样查找分区中的数据时就不需要扫描全表，这对于提高查找效率很有帮助。

(4) 桶(Bucket)：可以把表或分区组织成桶，对指定列计算哈希值，目的是便于并行处理，每个桶都对应一个文件。

3. Hive 的基本命令

1）Hive Client 命令

-e：命令行 SQL 语句。

-f：SQL 文件。

-h，--help：帮助。

--hiveconf：指定配置文件。

-i：初始化文件。

-S，--silent：静态模式(不将错误输出)。

-v,--verbose：详细模式。

2）交互模式命令

```
hive> show tables;                                 #查看所有表名
hive> show tables  'ad*'                           #查看以'ad'开头的表名
hive> set 命令                                     #设置变量与查看变量
hive> set -v                                       #查看所有的变量
hive> set hive.stats.atomic                        #查看 hive.stats.atomic 变量
hive> set hive.stats.atomic=false                  #设置 hive.stats.atomic 变量
hive> dfs  -ls                                     #查看 Hadoop 所有文件路径
hive> dfs  -ls /user/hive/warehouse/               #查看 Hive 所有文件
hive> dfs  -ls /user/hive/warehouse/ptest          #查看 ptest 文件
hive> source file <filepath>                       #在 client 里执行一个 Hive 脚本文件
hive> quit                                         #退出交互式 Shell
hive> exit                                         #退出交互式 Shell
hive> reset                                        #重置配置为默认值
hive> !ls                                          #从 Hive Shell 执行一个 Shell 命令
```

3）表相关命令

（1）创建表

```
hive> create table tb_person(id int, name string);
```

（2）创建表并创建分区字段 ds

```
hive> create table tb_stu(id int, name string) partitioned by(ds string);
```

（3）查看分区

```
hive> show  partitions tb_stu;
```

（4）显示所有表

```
hive> show tables;
```

(5) 按正则表达式显示表

```
hive> show tables 'tb_ * ';
```

(6) 表添加一列

```
hive> alter table tb_person add columns (new_col int);
```

(7) 添加一列并增加列字段注释

```
hive> alter table tb_stu add columns (new_col2 int comment 'a comment');
```

(8) 更改表名

```
hive> alter table tb_stu rename to tb_stu;
```

(9) 删除表

Hive 只能删分区,不能删记录或列。

```
hive> drop table tb_stu;
```

4) 外部表相关命令

创建外部表:

```
create external table tb_record(col1 string, col2 string) row format delimited fields
terminated by '\t' location '/user/hadoop/input';
```

5) 分区相关命令

(1) 创建分区

```
create table log(ts bigint,line string) partitioned by(name string);
```

(2) 插入分区

```
insert overwrite table log partition(name = 'xiapi') select id from userinfo where name = 'xiapi';
```

(3) 查看分区

```
show  partitions log;
```

(4) 删除分区

```
alter table ptest drop partition (name = 'xiapi')
```

6.3　Hive 的安装与配置

在进行 Hive 的安装和配置前需要准备以下环境。

（1）操作系统：CentOS 7.0 64 位。

（2）Hive 组件：Hive 1.2.1。

（3）JDK 环境：JDK 1.7。

本节中的操作同样是在 SecureCRT 客户端中进行的。本节实验的相关操作视频可扫描上方二维码获取。

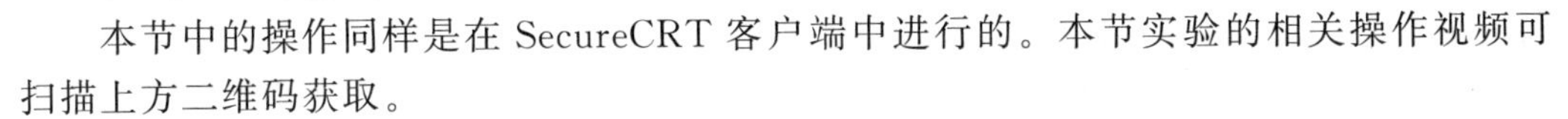

6.3.1　搭建 Hive

1. 下载 Hive

进入 Hive 的官方网站 http://hive.apache.org/，如图 6.3 所示。

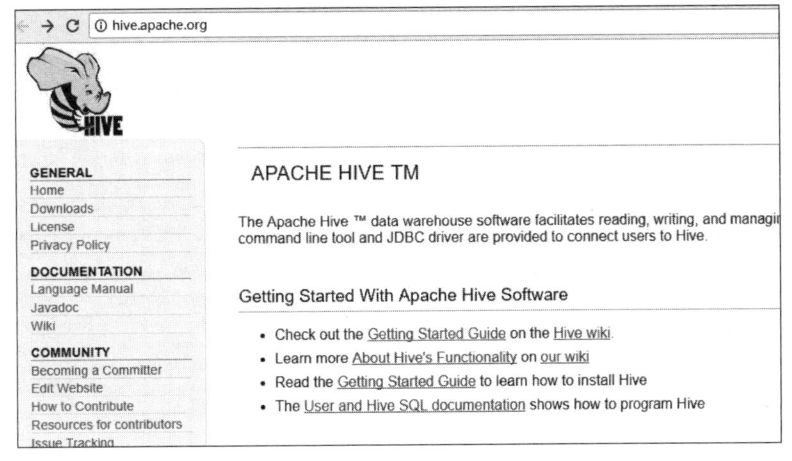

图 6.3　Hive 官网

在网站首页左边的导航菜单中找到 Downloads，单击进入如图 6.4 所示的下载界面。

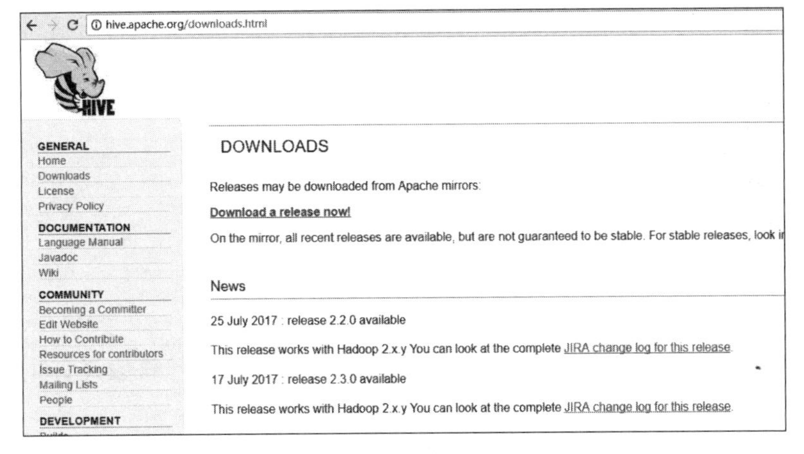

图 6.4　下载界面

单击下载界面中的 Download a release now!,进入到如图 6.5 所示的下载链接选择界面,选择下载地址。

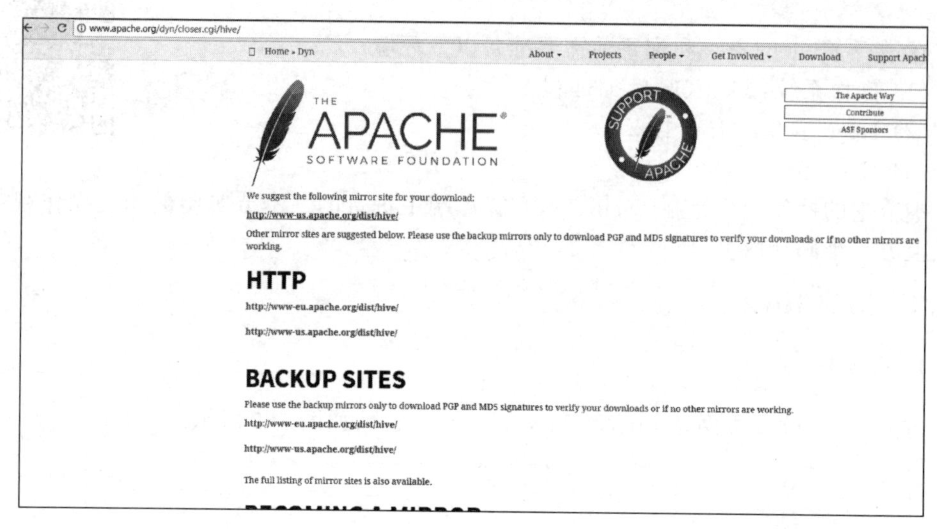

图 6.5　选择下载链接

单击下载链接后出现如图 6.6 所示的界面,这里选择版本"stable-2/"进行下载。

www-us.apache.org/dist/hive/

Index of /dist/hive

Name	Last modified	Size	Description
Parent Directory		-	
hive-1.2.2/	2017-06-20 11:15	-	
hive-2.1.1/	2017-06-20 11:15	-	
hive-2.2.0/	2017-07-25 17:31	-	
hive-2.3.0/	2017-07-19 00:36	-	
hive-parent-auth-hook/	2017-06-20 11:15	-	
hive-storage-2.2.1/	2017-06-20 11:15	-	
hive-storage-2.3.0/	2017-06-20 11:15	-	
hive-storage-2.3.1/	2017-06-20 11:15	-	
hive-storage-2.4.0/	2017-07-18 02:50	-	
ldap-fix/	2017-06-20 11:15	-	
stable-2/	2017-06-20 11:15	-	
KEYS	2017-07-28 15:01	69K	

图 6.6　选择下载版本

版本"stable-2"中包含的内容如图 6.7 所示,这里选择下载编译好的 Hive 文件"apache-hive-2.1.1-bin.tar/gz"。

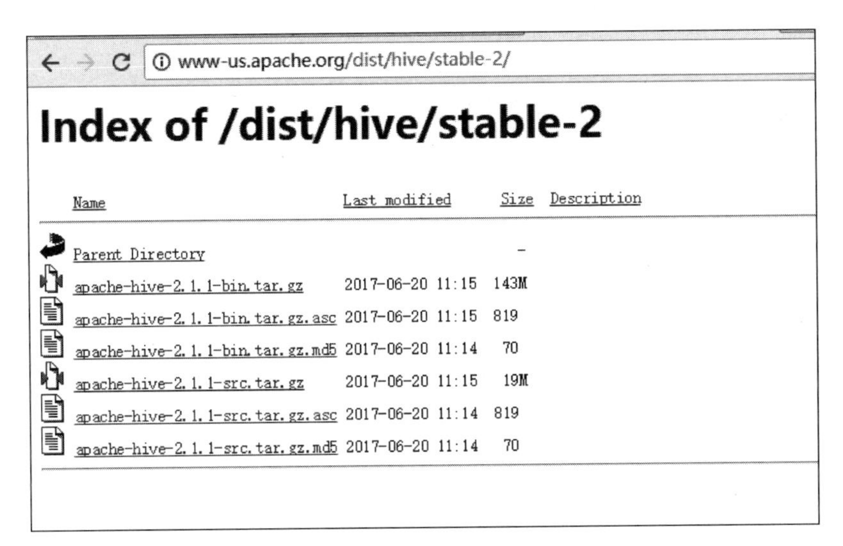

图 6.7 “stable-2”版本包含的内容

2. 安装 Hive

首先,在命令窗口中输入命令,将下载好的 Hive 文件复制到主机 hadoop01 的 softwares 目录下,如图 6.8 所示。

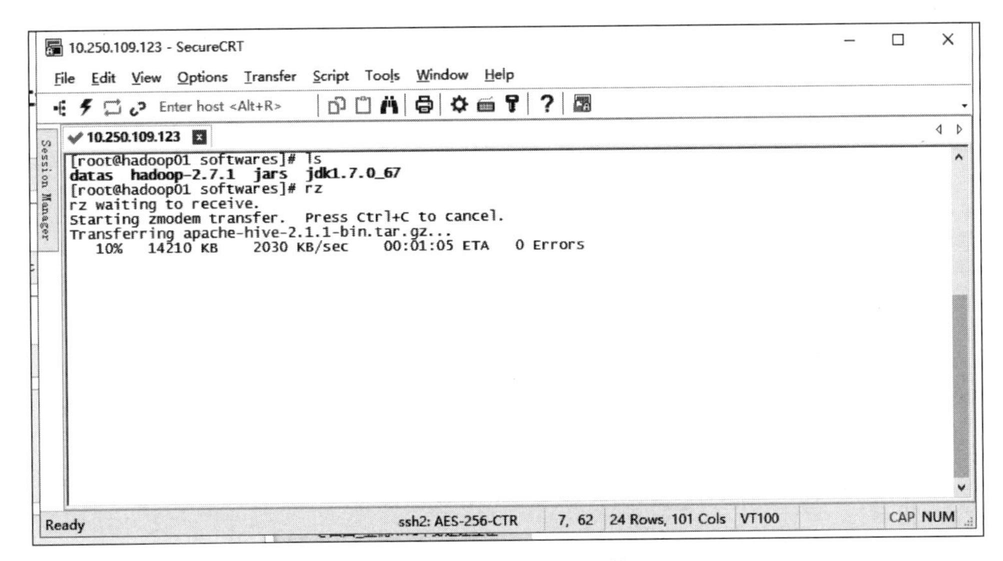

图 6.8 上传 Hive 文件

然后使用如图 6.9 所示的解压命令,对 Hive 文件进行解压,等待解压完成。

```
[root@hadoop01 softwares]# tar -zxvf apache-hive-2.1.1-bin
```

图 6.9 解压 Hive 文件

文件解压完成的结果如图 6.10 所示。

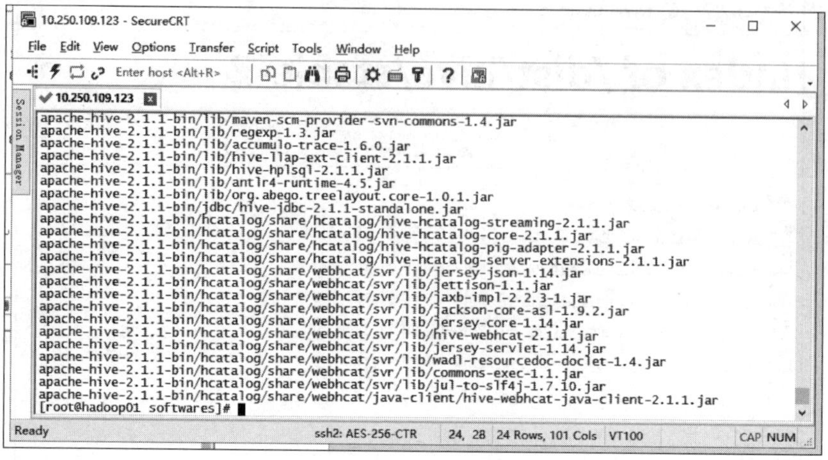

图 6.10 解压完成

在命令行中输入"vi /etc/profile"命令进入编辑模式,对 profile 文件中的内容进行修改,修改后的文件内容如图 6.11 所示,增加的文件内容如下。

```
# Hive
export HIVE_HOME = /home/centos/soft/hive
export HIVE_CONF_DIR = $ HIVE_HOME/conf
export CLASSPATH = $ CLASSPATH: $ HIVE_HOME/lib
export PATH = $ PATH: $ HIVE_HOMW/bin
```

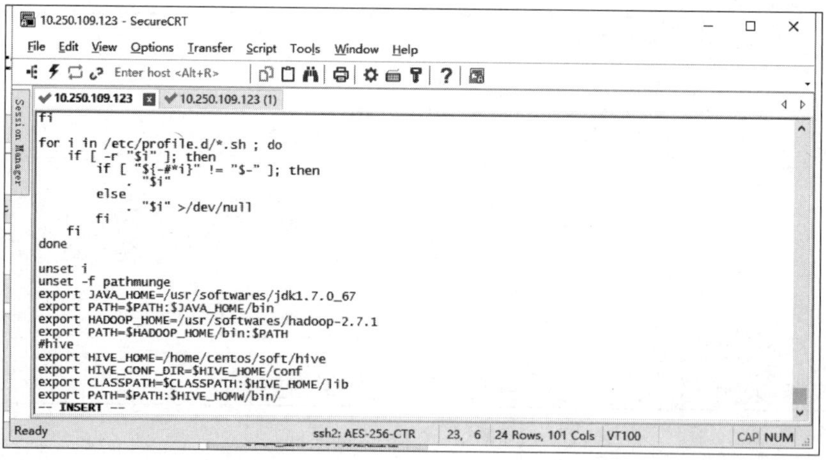

图 6.11 编辑 profile 文件

最后输入如图 6.12 所示的命令保存修改。

图 6.12 保存修改

6.3.2　安装配置 MySQL

在命令行中输入如图 6.13 所示的命令，查看主机是否安装了 MySQL 数据库。

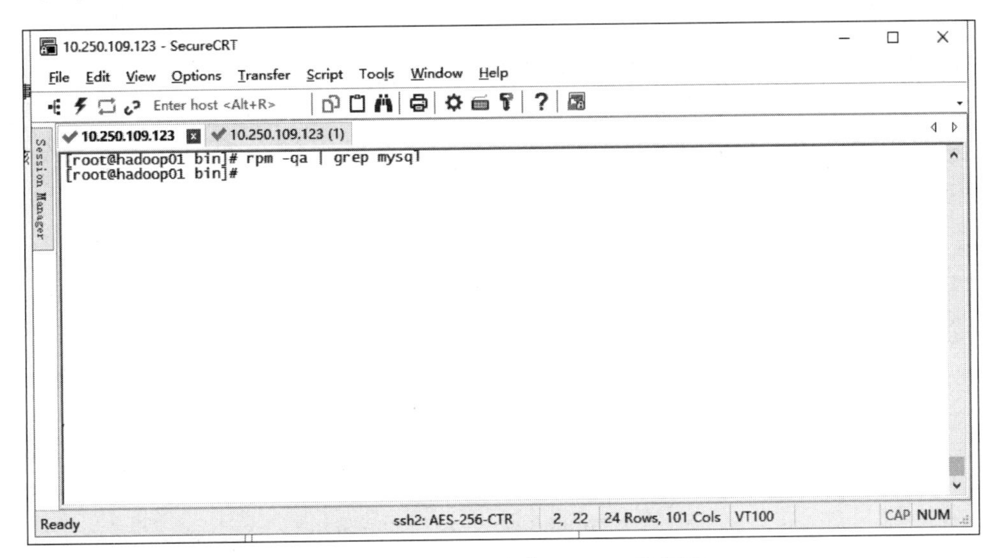

图 6.13　查看是否安装 MySQL 数据库

无论读者使用的是虚拟机还是主机进行搭建，只要系统环境中有网络连接，就可以使用 yum 来下载安装 MySQL。如果没有网络连接，可从 MySQL 数据库下载官网 https://dev.mysql.com/downloads/mysql/下载 MySQL 再进行安装。

本书选择的是 MySQL 的 64 位 Generic 版本进行下载，如图 6.14 所示。

Generally Available (GA) Releases　Development Releases

MySQL Community Server 5.7.20

Select Operating System: Linux - Generic

Select OS Version: All

Looking for previous GA versions?

Linux - Generic (glibc 2.12) (x86, 32-bit), Compressed TAR Archive (mysql-5.7.20-linux-glibc2.12-i686.tar.gz)	5.7.20	581.3M	Download
Linux - Generic (glibc 2.12) (x86, 64-bit), Compressed TAR Archive (mysql-5.7.20-linux-glibc2.12-x86_64.tar.gz)	5.7.20	611.4M	Download
Linux - Generic (glibc 2.12) (x86, 32-bit), Compressed TAR Archive Test Suite (mysql-test-5.7.20-linux-glibc2.12-i686.tar.gz)	5.7.20	27.7M	Download
Linux - Generic (glibc 2.12) (x86, 64-bit), Compressed TAR Archive Test Suite (mysql-test-5.7.20-linux-glibc2.12-x86_64.tar.gz)	5.7.20	27.9M	Download
Linux - Generic (glibc 2.12) (x86, 32-bit), TAR (mysql-5.7.20-linux-glibc2.12-i686.tar)	5.7.20	609.1M	Download
Linux - Generic (glibc 2.12) (x86, 64-bit), TAR (mysql-5.7.20-linux-glibc2.12-x86_64.tar)	5.7.20	639.4M	Download

图 6.14　下载 MySQL

1. 准备 MySQL 安装

#卸载系统自带的 Mariadb,命令如下。

```
[root@hadoop01 ~]# rpm -qa|grep mariadb
mariadb-libs-5.5.44-2.el7.centos.x86_64
[root@hadoop01 ~]# rpm -e --nodeps mariadb-libs-5.5.44-2.el7.centos.x86_64
```

#检查 mysql 组和用户是否存在,如果不存在就创建,输入以下命令。

```
[root@hadoop02 ~]# cat /etc/group | grep mysql
[root@hadoop02 ~]# cat /etc/passwd | grep mysql
```

#创建 mysql 用户组,命令如下。

```
[root@hadoop02 ~]# groupadd mysql
```

#创建一个用户名为 mysql 的用户并加入 mysql 用户组,命令如下。

```
[root@hadoop02 ~]#  useradd -g mysql mysql
```

#指定 password 为 111111,命令如下。

```
[root@hadoop02 ~]# passwd mysql
```

#更改用户 MySQL 的密码,操作如下。

```
(输入新的密码)
(重新输入新的密码)
passwd: 所有的身份验证令牌已经成功更新.
[root@hadoop02 ~]#
```

将下载好的 MySQL 上传到指定文件夹并解压,操作过程如图 6.15～图 6.18 所示,操作过程的关键命令如下。

```
[root@hadoop02 softwares]# tar -zxvf mysql-5.7.11-linux-glibc2.5-x86_64.tar.gz
[root@hadoop02 softwares]# mv mysql-5.7.11-linux-glibc2.5-x86_64 mysql
[root@hadoop02 softwares]# chown -R mysql mysql/
[root@hadoop02 softwares]# chgrp -R mysql mysql/
[root@hadoop02 mysql]# mkdir data
[root@hadoop02 mysql]# chown -R mysql:mysql data
```

```
Last login: Fri Oct 20 13:15:30 2017 from 10.250.33.39
[root@hadoop02 ~]# cd /usr/softwares/
[root@hadoop02 softwares]# rz
rz waiting to receive.
Starting zmodem transfer.  Press Ctrl+C to cancel.

[root@hadoop02 softwares]# rz
rz waiting to receive.
Starting zmodem transfer.  Press Ctrl+C to cancel.
Transferring mysql-5.7.11-linux-glibc2.5-x86_64.tar.gz...
    4%   19682 KB    1789 KB/sec    00:04:48 ETA    0 Errors
```

图 6.15 上传 MySQL

```
mysql-5.7.11-linux-glibc2.5-x86_64/man/man1/mysql_config.1
mysql-5.7.11-linux-glibc2.5-x86_64/man/man1/mysqlimport.1
mysql-5.7.11-linux-glibc2.5-x86_64/man/man1/perror.1
mysql-5.7.11-linux-glibc2.5-x86_64/man/man1/my_print_defaults.1
mysql-5.7.11-linux-glibc2.5-x86_64/man/man1/myisam_ftdump.1
mysql-5.7.11-linux-glibc2.5-x86_64/man/man1/mysql_client_test.1
mysql-5.7.11-linux-glibc2.5-x86_64/man/man1/mysql.server.1
mysql-5.7.11-linux-glibc2.5-x86_64/man/man1/mysqldump.1
mysql-5.7.11-linux-glibc2.5-x86_64/man/man1/mysql-test-run.pl.1
mysql-5.7.11-linux-glibc2.5-x86_64/man/man1/mysql_config_editor.1
mysql-5.7.11-linux-glibc2.5-x86_64/man/man1/myisamlog.1
mysql-5.7.11-linux-glibc2.5-x86_64/man/man1/mysqlshow.1
mysql-5.7.11-linux-glibc2.5-x86_64/man/man1/zlib_decompress.1
mysql-5.7.11-linux-glibc2.5-x86_64/man/man1/mysql_install_db.1
[root@hadoop02 softwares]# mv mysql-5.7.11-linux-glibc2.5-x86_64 mysql
[root@hadoop02 softwares]# ls
hadoop-2.7.1          jdk1.7.0_67                    mysql
hadoop-2.7.1.tar.gz   jdk-7u67-linux-x64.tar.gz      mysql-5.7.11-linux-glibc2.5-x86_64.tar.gz
[root@hadoop02 softwares]# chown -R mysql mysql/
[root@hadoop02 softwares]# chgrp -R mysql mysql/
[root@hadoop02 softwares]# cd mysql/
[root@hadoop02 mysql]# mkdir data
[root@hadoop02 mysql]# chown -R mysql:mysql data
[root@hadoop02 mysql]#
```

图 6.16 修改文件

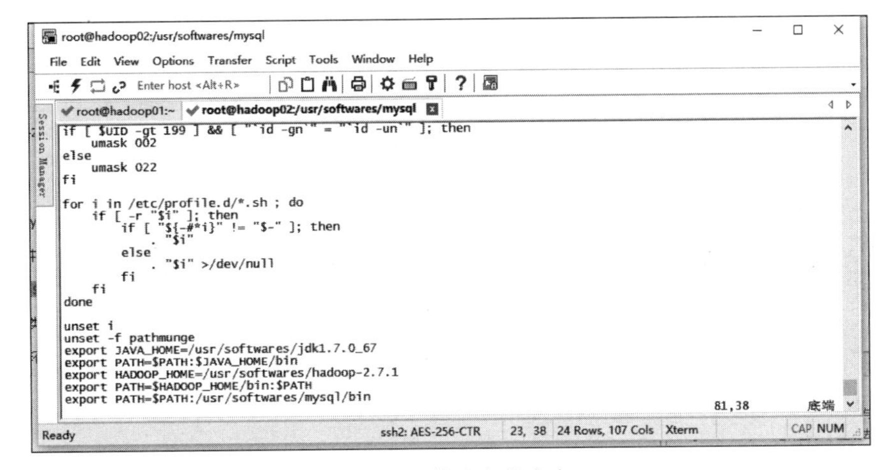

图 6.17 修改文件内容

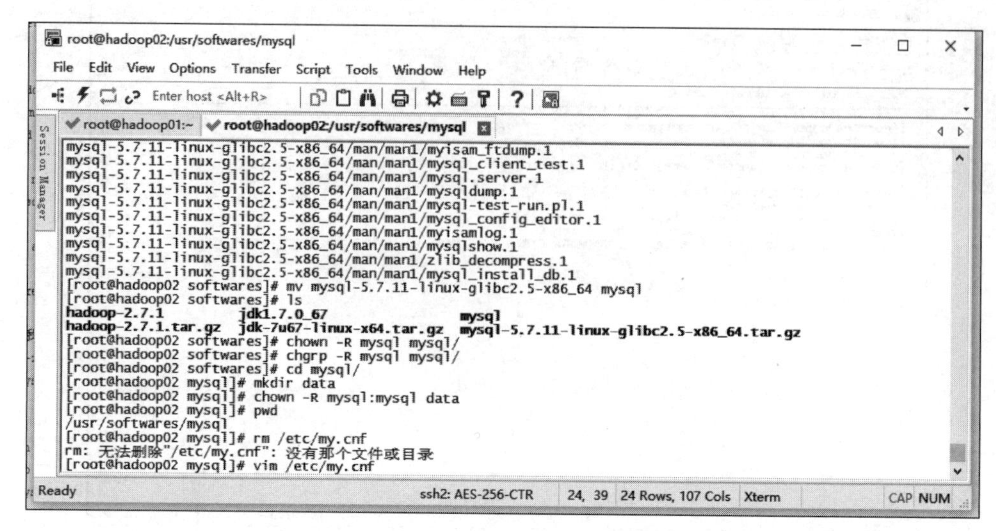

图 6.18 删除文件 my.cnf

2. 配置 MySQL

安装好 MySQL 后，需要进行如图 6.19 所示的一些配置，配置命令如下。

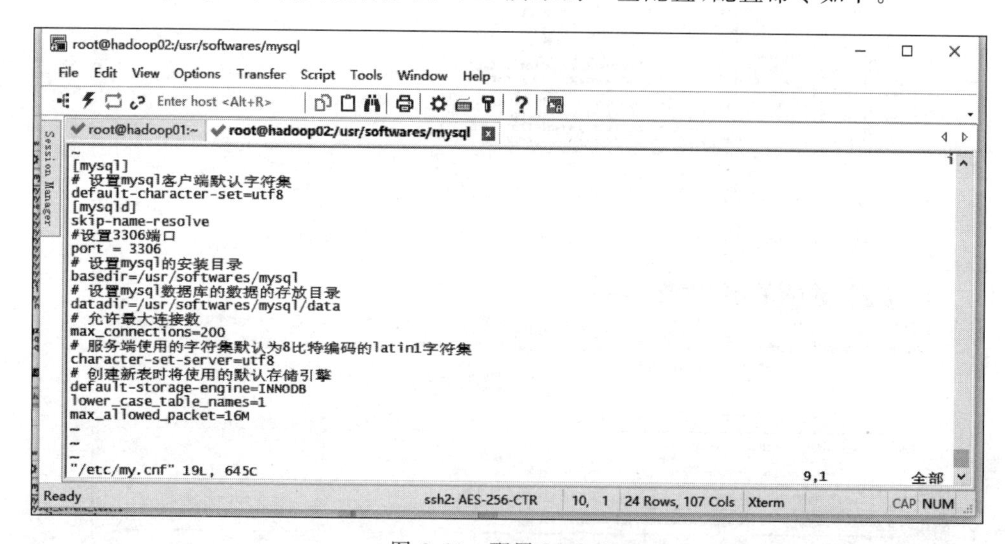

图 6.19 配置 MySQL

```
#设置 MySQL 客户端默认字符集
default - character - set = utf8
[mysqld]
skip - name - resolve
#设置 3306 端口
port  =  3306
#设置 MySQL 的安装目录
basedir = /usr/softwares/mysql
```

```
# 设置 MySQL 数据库的数据存放目录
datadir = /usr/softwares/mysql/data
# 允许最大连接数
max_connections = 200
# 服务端使用的字符集默认为 8b 编码的 latin1 字符集 character - set - server = utf8
# 创建新表时将使用默认存储引擎
default - storage - engine = INNODB
lower_case_table_names = 1
max_allowed_packet = 16M
```

接着，使用如下命令初始化数据库。

```
[root@hadoop01 bin]# mysqld -- initialize -- user = mysql -- basedir = /var/mysql/ --
datadir = /var/mysql/data/
```

使用如下命令配置映射文件。

```
cp ./support - files/mysql.server /etc/init.d/mysqld
```

添加权限，命令如下。

```
chown 777 /etc/my.cnf
chmod + x /etc/init.d/mysqld
```

安装完成后返回主目录。

如图 6.20 所示，启动 MySQL 将会跳过安全验证，然后设置 MySQL 的账号和密码，完成启动后进入 MySQL。

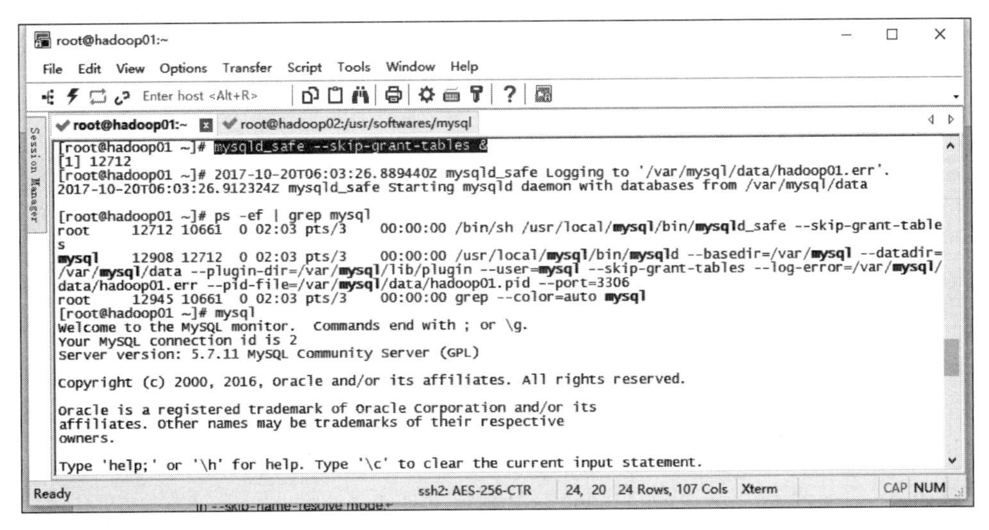

图 6.20 启动 MySQL

3. 免密码登录修改 root 密码

使用如下命令，设置免密登录。

```
mysql > update user set authentication_string = password('123abc') where user = 'root';
Query OK, 1 row affected (0.00 sec)
Rows matched:1   Changed:1   Warnings:0
mysql > flush privileges;
Query OK, 0 rows affected (0.00 sec)
mysql > exit
```

6.3.3 配置 Hive

Hive 的配置有三种模式：内嵌模式、本地模式、远程模式。接下来将分别对这三种模式下的 Hive 配置进行介绍。

1. 内嵌模式

首先，将 apache-hive-2.1.1-bin 文件的名称修改为“hive”，然后进入到该文件目录下，命令如图 6.21 所示。

```
[root@hadoop01 softwares]#  mv apache-hive-2.1.1-bin  hive
[root@hadoop01 softwares]# ls
datas  hadoop-2.7.1  hive  jars  jdk1.7.0_67
[root@hadoop01 softwares]# cd hive/
[root@hadoop01 hive]#
```

图 6.21 进入 hive 文件

然后，输入如图 6.22 所示的命令，进入 hive-site.xml 文件，进行修改。

```
Last login: Fri Oct 20 10:39:50 2017 from 10.250.33.39
[root@hadoop01 ~]# cd /usr/softwares/
[root@hadoop01 softwares]# ls
datas  hadoop-2.7.1  hive  jars  jdk1.7.0_67
[root@hadoop01 softwares]# cd hive/
[root@hadoop01 hive]# mkdir tmp
[root@hadoop01 hive]# ls
bin  conf  examples  hcatalog  jdbc  lib  LICENSE  NOTICE  README.txt  RELEASE_NOTES.txt  scripts  tmp
[root@hadoop01 hive]# cp conf/hive-default.xml.template conf/hive-site.xml
[root@hadoop01 hive]# vi conf/hive-site.xml
```

图 6.22 进入 hive-site.xml 文件

在 hive-site.xml 文件中使用如下替换命令。

```
:%s@\${system:java.io.tmpdir}@/usr/softwares/hive/tmp@g
```

通常大概会替换四处位置，替换操作如图 6.23 所示。

接下来，需要复制 jline 包给 Hadoop，复制命令如下。

```
cp usr/softwares/hive/lib/jline - 2.12.jar /usr/softwares/Hadoop - 2.7.1/share/Hadoop/
Yarn/lib
```

图 6.23 使用替换命令

复制操作如图 6.24 所示。

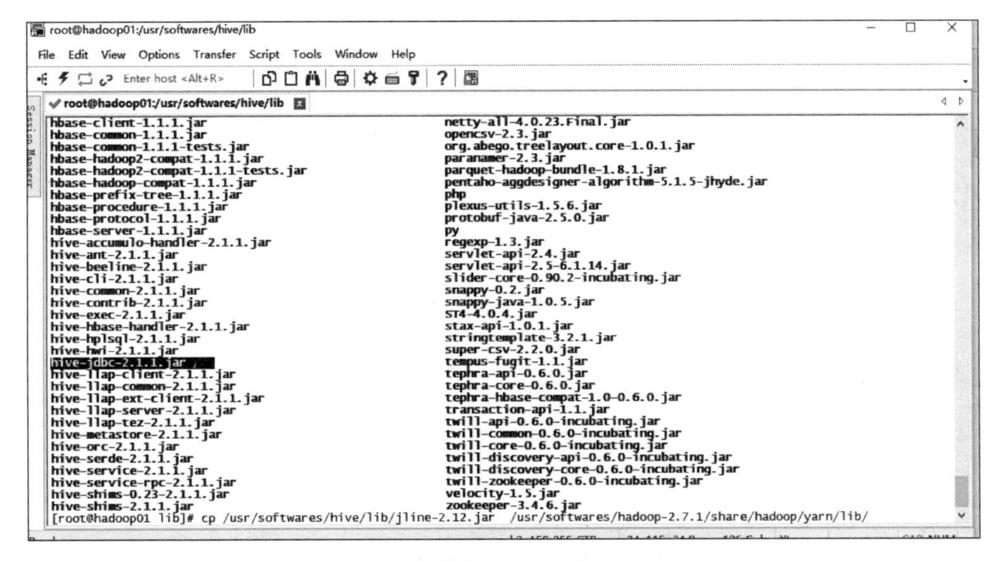

图 6.24 复制 jline 包给 Hadoop

使用如图 6.25 所示的命令初始化数据库。

```
Schematool - dbType derby - initSchema
```

最后,按照如图 6.26 所示的操作启动 Hive。

启动完成后,看到如图 6.27 所示的结果,表示启动成功。

同时,启动成功后,在启动目录下会出现 metastore_db 这个文件,如图 6.28 所示。

```
[root@hadoop01 bin]# schematool -dbType derby -initSchema
which: no hbase in (/usr/softwares/hadoop-2.7.1/bin:/usr/softwares/hadoop-2.7.1/bin:/usr/local/sbin:/usr/local/bin:/usr/sbin:/
usr/bin:/usr/softwares/jdk1.7.0_67/bin:/bin/:/usr/local/mysql/bin:/var/mysql/bin:/root/bin:/usr/softwares/jdk1.7.0_67/bin:/usr
/softwares/hive/bin:/bin/:/usr/local/mysql/bin:/var/mysql/bin)
SLF4J: Class path contains multiple SLF4J bindings.
SLF4J: Found binding in [jar:file:/usr/softwares/hive/lib/log4j-slf4j-impl-2.4.1.jar!/org/slf4j/impl/StaticLoggerBinder.class]
SLF4J: Found binding in [jar:file:/usr/softwares/hadoop-2.7.1/share/hadoop/common/lib/slf4j-log4j12-1.7.10.jar!/org/slf4j/impl
/StaticLoggerBinder.class]
SLF4J: See http://www.slf4j.org/codes.html#multiple_bindings for an explanation.
SLF4J: Actual binding is of type [org.apache.logging.slf4j.Log4jLoggerFactory]
Metastore connection URL:        jdbc:derby:;databaseName=metastore_db;create=true
Metastore Connection Driver :    org.apache.derby.jdbc.EmbeddedDriver
Metastore connection User:       APP
Starting metastore schema initialization to 2.1.0
Initialization script hive-schema-2.1.0.derby.sql
Initialization script completed
schemaTool completed
[root@hadoop01 bin]#
```

图 6.25　初始化数据库

```
[root@hadoop01 bin]# hive
which: no hbase in (/usr/softwares/hadoop-2.7.1/bin:/usr/softwares/hadoop-2.7.1/bin:/usr/local/sbin:/usr/local/bin:/usr/sbin:/
usr/bin:/usr/softwares/jdk1.7.0_67/bin:/bin/:/usr/local/mysql/bin:/var/mysql/bin:/root/bin:/usr/softwares/jdk1.7.0_67/bin:/usr
/softwares/hive/bin:/bin/:/usr/local/mysql/bin:/var/mysql/bin)
SLF4J: Class path contains multiple SLF4J bindings.
SLF4J: Found binding in [jar:file:/usr/softwares/hive/lib/log4j-slf4j-impl-2.4.1.jar!/org/slf4j/impl/StaticLoggerBinder.class]
SLF4J: Found binding in [jar:file:/usr/softwares/hadoop-2.7.1/share/hadoop/common/lib/slf4j-log4j12-1.7.10.jar!/org/slf4j/impl
/StaticLoggerBinder.class]
SLF4J: See http://www.slf4j.org/codes.html#multiple_bindings for an explanation.
SLF4J: Actual binding is of type [org.apache.logging.slf4j.Log4jLoggerFactory]

Logging initialized using configuration in jar:file:/usr/softwares/hive/lib/hive-common-2.1.1.jar!/hive-log4j2.properties Asyn
c: true
Hive-on-MR is deprecated in Hive 2 and may not be available in the future versions. Consider using a different execution engin
e (i.e. tez, spark) or using Hive 1.X releases.
hive>
```

图 6.26　启动 Hive

```
hive> show databases;
OK
default
Time taken: 0.013 seconds, Fetched: 1 row(s)
hive>
```

图 6.27　Hive 启动完成

```
[root@hadoop01 bin]# ls
beeline      derby.log  hive      hive-config.cmd  hiveserver2  hplsql.cmd    metatool
beeline.cmd  ext        hive.cmd  hive-config.sh   hplsql       metastore_db  schematool
[root@hadoop01 bin]#
```

图 6.28　Hive 启动成功

2. 本地模式

接下来介绍在本地模式下的 Hive 配置操作。

首先，创建新用户，赋予全部权限，命令操作如图 6.29 所示。

```
[root@hadoop01 bin]# mysql -p
Enter password:
Welcome to the MySQL monitor.  Commands end with ; or \g.
Your MySQL connection id is 5
Server version: 5.7.11 MySQL Community Server (GPL)

Copyright (c) 2000, 2016, Oracle and/or its affiliates. All rights reserved.

Oracle is a registered trademark of Oracle Corporation and/or its
affiliates. Other names may be trademarks of their respective
owners.

Type 'help;' or '\h' for help. Type '\c' to clear the current input statement.

mysql> create database hive;
Query OK, 1 row affected (0.00 sec)

mysql> CREATE USER 'hive'@'localhost' IDENTIFIED BY '123456';
GRANT ALL PRIVILEGES ON *.* TO hive IDENTIFIED BY '123456'  WITH GRANT OPTION;Query OK, 0 rows affected (0.01 sec)

mysql> GRANT ALL PRIVILEGES ON *.* TO hive IDENTIFIED BY '123456'  WITH GRANT OPTION;
Query OK, 0 rows affected, 1 warning (0.02 sec)

mysql>
```

图 6.29　创建新用户

关键命令如下。

```
mysql > create database hive;
CREATE USER 'hive'@'localhost' IDENTIFIED BY '123456';
GRANT ALL PRIVILEGES ON * . * TO hive IDENTIFIED BY '123456'  WITH GRANT OPTION;
```

接着，将 MySQL 的连接包上传到 Hive 的 lib 目录下，命令操作如图 6.30 所示。

```
[root@hadoop01 lib]# rz
rz waiting to receive.
Starting zmodem transfer.  Press Ctrl+C to cancel.
Transferring mysql-connector-java-5.1.42-bin.jar...
  100%     973 KB     973 KB/sec    00:00:01       0 Errors

[root@hadoop01 lib]#
dy                                              ssh2: AES-256-CTR
```

图 6.30　上传连接包

然后，修改 hive-site.xml 文件，修改后的内容如下。

```
< property >
    < name > javax.jdo.option.ConnectionURL </name >
    < value > jdbc:mysql://localhost:3306/hive </value >
    < description >
< property >
    < name > javax.jdo.option.ConnectionDriverName </name >
    < value > com.mysql.jdbc.Driver </value >
    < description > Driver class name for a JDBC metastore </description >
  </property >
< property >
    < name > javax.jdo.option.ConnectionUserName </name >
    < value > hive </value >
    < description > Username to use against metastore database </description >
  </property >
< property >
    < name > javax.jdo.option.ConnectionPassword </name >
    < value > 123456 </value >
    < description > password to use against metastore database </description >
  </property >
```

最后，启动 Hive，启动时使用如下命令。

```
[root@hadoop01 bin]# hive -- service metastore &
[root@hadoop01 bin]# hive
```

启动完成后的结果如图 6.31 所示。

Hive 启动完成后，使用"ls"命令查看 bin 文件下的文件列表，如图 6.32 所示，可以看到使用本地的 MySQL 数据库，将不再生成数据库文件。

```
hive> show tables;
OK
Time taken: 0.889 seconds
hive>
Ready                                                    ssh2: AES-256-CTR
```

图 6.31 Hive 启动完成

```
hive> exit;
[root@hadoop01 bin]# ls
beeline      derby.log  hive      hive-config.cmd  hiveserver2  hplsql.cmd  schematool
beeline.cmd  ext        hive.cmd  hive-config.sh   hplsql       metatool    ${system:java.io.tmpdir}
[root@hadoop01 bin]#
Ready                    ssh2: AES-256-CTR   34, 22   34 Rows, 126 Cols   Xterm   CAP NUM
```

图 6.32 不再生成数据库文件

Hive 启动成功后，可以在可视化的数据库软件中看到 Hive 数据库多了许多 Hive 的元数据表，如图 6.33 所示。

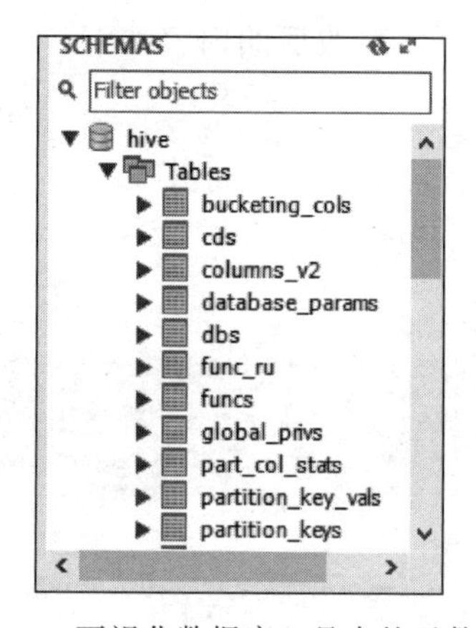

图 6.33 可视化数据库工具中的元数据表

3. 远程模式

使用远程模式进行配置，只需修改连接的 URL 即可，如图 6.34 所示，其他步骤与本地模式的配置操作相同。

```
hive> create table test1(id int,name string);
OK
Time taken: 1.588 seconds
hive>
Ready                                                    ssh2:
```

图 6.34 修改链接 URL

Hive 配置完成后，就可以使用可视化数据库工具对相应的数据表进行编辑了，如图 6.35 所示。

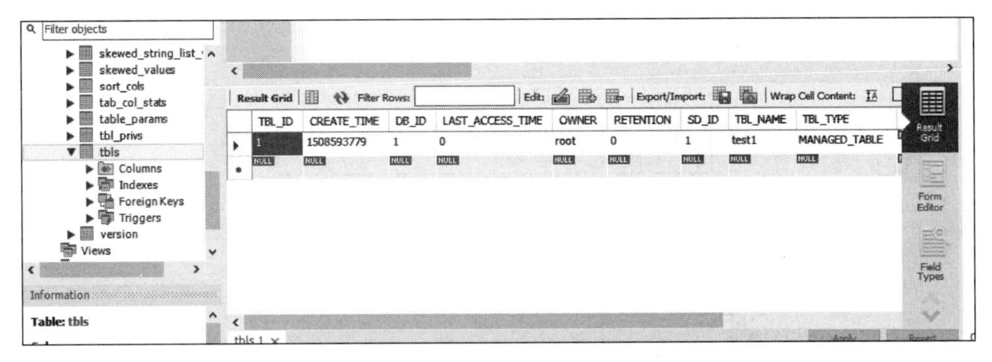

图 6.35 使用数据库可视化工具

6.4 实验

本节将对 Hive 的基本操作进行简单的示例介绍，通过学习这些示例，读者可以掌握大多数的 Hive 操作。

(1) 查看所有表，命令操作如图 6.36 所示。

```
hive> show tables;
OK
test1
Time taken: 0.272 seconds, Fetched: 1 row(s)
hive>
```

图 6.36 查看所有表

(2) 删除表，命令操作如图 6.37 所示。

```
hive> drop table test1;
Moved: 'hdfs://10.250.109.123:8020/user/hive/warehouse/test1'
OK
Time taken: 2.347 seconds
hive>
```

图 6.37 删除表

(3) 查看以 t 结尾的表，命令操作如图 6.38 所示。

```
hive> show tables '.*t';
OK
test
Time taken: 0.026 seconds, Fetched: 1 row(s)
hive>
```

图 6.38 查看以 t 结尾的表

(4) 查看表结构，命令操作如图 6.39 所示。

```
hive> describe test;
OK
id                              int
name                            string
Time taken: 0.069 seconds, Fetched: 2 row(s)
hive>
```

图 6.39 查看表结构

（5）修改表名，命令操作如图 6.40 所示。

```
hive> alter table test rename to test1;
OK
Time taken: 0.214 seconds
hive>
```

图 6.40　修改表名

（6）新增加密码列，命令操作如图 6.41 所示。

```
hive> alter table test1 add columns(password int);
OK
Time taken: 0.175 seconds
hive>
```

图 6.41　新增加密码列

（7）删除密码列，命令操作如图 6.42 所示。

```
hive> alter table test1 replace columns(id int,name string);
OK
Time taken: 0.164 seconds
hive>
```

图 6.42　删除密码列

第 7 章

HBase

HBase 是 Hadoop 的核心组件之一，是一个分布式数据库组件。本章主要介绍 HBase 的基础知识。本章内容安排如下。

7.1 HBase 简介

对 HBase 的基本概念、数据模型、访问接口进行介绍。

7.2 HBase 与 RDBMS

对比 HBase 与 RDBMS 的优缺点。

7.3 HBase 的安装与配置

介绍 Hive 的安装配置过程。

7.4 实验

对 HBase 的简单实验进行介绍。

通过本章的学习，读者能对 HBase 的概念和基本特点有初步的了解与认识，通过实验环境的搭建和简单的实验操作，能够巩固读者对 HBase 的掌握。

有关 HBase 的详细内容可访问网站 http://hbase.apache.org/，或者扫描上方二维码，获取更多有关 HBase 的信息。

7.1 HBase 简介

HBase 是一个开源的非关系型分布式数据库（NoSQL），实现语言为 Java，由 Google 的论文 *Bigtable: A Distributed Storage System for Structured Data* 产生并不断发展而来。它运行于 HDFS 文件系统之上，为 Hadoop 提供类似于 BigTable 规模的服务。如今，HBase 已被广泛应用，包括 Facebook 的消息平台也都使用了 HBase。HBase 利用

Hadoop MapReduce 来处理海量数据，同时利用 ZooKeeper 作为其协同服务。我们可以简单地认为 HBase 是一种类似于数据库的存储层，其底层依旧依赖 HDFS 作为物理存储，这一点类似于 Hive。

那么 HBase 和 Hive 有什么区别呢？可以对比一下它们的应用场景。

在关于 Hive 的章节中提到过，Hive 适合用来对一段时间内的数据进行分析查询，例如，用来计算趋势或者网站的日志。但是 Hive 的延迟高，无法做到实时查询；而 HBase 则非常适合用来进行大数据的实时查询，例如，Facebook 用 HBase 进行消息和实时的分析。在 Hive 和 HBase 的部署方面，也存有一些区别。Hive 一般只需要有 Hadoop 便可以工作，而 HBase 则还需要 ZooKeeper 才能进行工作。在操作方面，HBase 本身只提供了 Java 的 API，并不直接支持 SQL 的语句查询，而 Hive 则可以直接使用 HiveQL 进行查询。如果想要在 HBase 上使用 SQL，则需要联合使用 Apache Phoenix，或者搭配上 Hive。但是使用 Hive 查询 HBase 的数据，仍然会使用到 MapReduce 计算框架，那么实时性还是会有一定的损失。使用 Phoenix 来查询 HBase 数据则不经过 MapReduce，因此实时性上会优于 Hive 加 HBase 的组合。

7.1.1 HBase 基础

我们先来看看 HBase 的相关模块，其上层提供了访问数据的 Java API 层，供应用访问存储在 HBase 中的数据。在 HBase 的集群中主要由 Master、Region Server 及 ZooKeeper 组成，具体模块如图 7.1 所示。

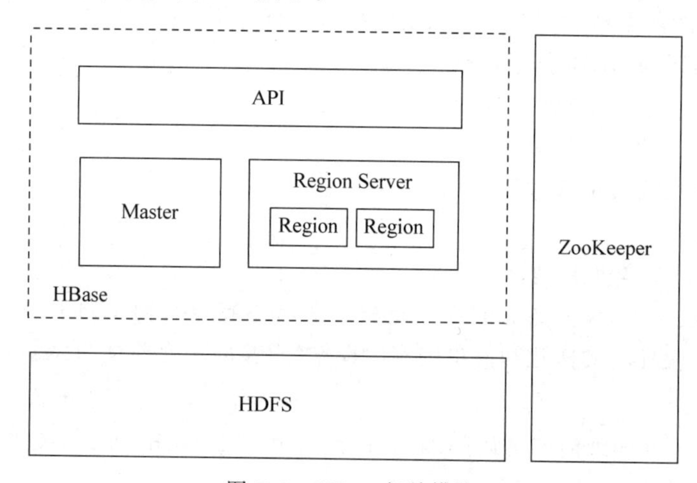

图 7.1 HBase 相关模块

1. Region Server

对于一个 Region Server 而言，其包括多个 Region。Region Server 的作用只是管理表格，以及实现读写操作。Client 直接连接 Region Server，获取 HBase 中的数据。对于 Region 而言，则是真实存放 HBase 数据的地方，也就是说，Region 是 HBase 可用性和分布式的基本单位。

2. Master

HBase Master 用于协调多个 Region Server，检测各个 Region Server 之间的状态，平衡 Region Server 之间的负载。HBase Master 还有一个职责就是负责分配 Region 给 Region Server。HBase 允许多个 Master 节点共存，但是这需要 ZooKeeper 的帮助。不过当多个 Master 节点共存时，只有一个 Master 是提供服务的，其他的 Master 节点处于待命的状态。当正在工作的 Master 节点宕机时，其他的 Master 则会接管 HBase 的集群。

3. ZooKeeper

对于 HBase 而言，ZooKeeper 的作用是至关重要的。首先，ZooKeeper 是作为 HBase Master 的 HA(High Availability，高可用性)解决方案。也就是说，是 ZooKeeper 保证了至少有一个 HBase Master 处于运行状态。其实 ZooKeeper 发展到目前为止，已经成为分布式大数据框架中容错性的标准框架。不仅是 HBase，几乎所有的分布式大数据相关的开源框架，都依赖于 ZooKeeper 实现 HA。关于 ZooKeeper 的更多知识将在后续的章节中进行介绍。

如图 7.2 所示是 HBase 的工作原理示意图。

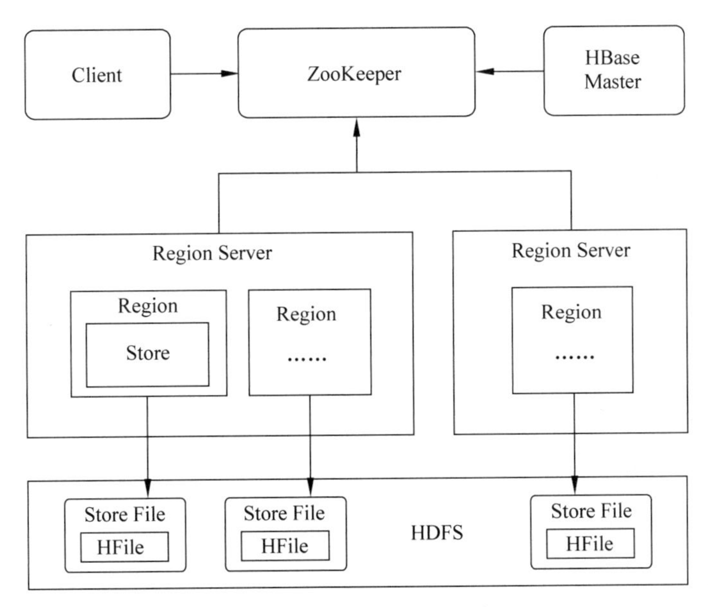

图 7.2　HBase 工作原理示意图

通过这个示意图，首先需要知道 HBase 的集群是通过 ZooKeeper 来进行机器之间的协调，也就是说，HBase Master 与 Region Server 之间是通过 ZooKeeper 来联系的。当一个 Client 需要访问 HBase 集群时，Client 需要先与 ZooKeeper 进行交互，然后才会找到对应的 Region Server。每一个 Region Server 管理着很多个 Region。对于 HBase 来说，Region 是 HBase 并行化的基本单元。因此，数据也都存储在 Region 中。Region 所能存储的数据大小是有上限的，当达到该上限时(Threshold)，Region 会进行分裂，数据也会分裂到多个 Region 中，这样便可以提高数据的并行化并提高数据的容量。每个 Region 包含着多个 Store 对象。每个 Store 对象包含一个 MemStore，以及一个或多个 HFile。MemStore 便是数据在内存中的实体，并且一般都是有序的。当向 Region 写入数据的时候，会先写入 MemStore。当 MemStore 中的数据需要向底层文件系统倾倒(Dump)时(例如，MemStore 中的数据体积到达 MemStore 配置的最大值)，Store 便会创建 StoreFile，而 StoreFile 就是对 HFile 一层封装。所以 MemStore 中的数据会最终写入到 HFile 中，也就是磁盘 IO。由于 HBase 底层依靠 HDFS，因此 HFile 都存储在 HDFS 之中。这便是整个 HBase 工作的原理简述。

接下来将对 HBase 和传统的关系数据库做一个对比，对比结果如表 7.1 所示。

表 7.1 HBase 与传统关系型数据库的比较

	HBase	RDBMS
硬件架构	类似于 Hadoop 的分布式集群，硬件成本低廉	传统的多核系统，硬件成本昂贵
容错性	由软件架构实现，由于由多个节点组成，所以不担心一点或几点宕机	一般需要额外硬件设备实现 HA 机制
数据库大小	PB 级	GB 级，TB 级
数据排布方式	稀疏的、分布的、多维的 Map	以行和列组织
数据类型	Bytes	丰富的数据类型
事物支持	ACID 只支持单个 Row 级别	全面的 ACID 支持
查询语言	只支持 Java API (除非与其他框架一起使用，如 Hive)	SQL
索引	只支持 Row-Key，除非与其他技术一起应用，如 Hive	支持
吞吐量	百万次查询/秒	数千次查询/秒

7.1.2 HBase 数据模型

在 7.1.1 节的介绍中，大概了解了 HBase 和传统关系型数据库的区别，接下来看一下 HBase 的数据模型。

传统关系型数据库中，数据的排布示例如表 7.2 所示。

表 7.2 RDBMS 中数据排布示例

ID	姓名	年级	年龄
1	张	一	18
2	赵	二	20

而在 HBase 中，数据排布示例如表 7.3 所示。

表 7.3 HBase 中的数据排布示例

Row-Key	Value
1	Info{'姓名':'张','年级':'一','年龄':'18'}
2	Info{'姓名':'李','年级':'二','年龄':'20'}

通过表 7.2 和表 7.3 的示例可以看出，在 HBase 中首先会有 Column Family 的概念，简称为 CF。CF 一般用于将相关的列(Column)组合起来。在物理上，HBase 其实是按 CF 存储的，只是按照 Row-Key 将相关 CF 中的列关联起来。

7.1.3 HBase 访问接口

HBase 有多种访问接口，在不同的场景下可以选择适合的接口。以下是常见的 HBase 访问接口。

1. Native Java API

Native Java API 是最高效的访问方式，适合 Hadoop MapReduce Job 并行批处理 HBase 表数据。

2. HBase Shell

HBase 的命令行数据，最简单的接口，适合 HBase 的基础管理。

3. Thrift Gateway

利用 Thrift 序列化技术，支持 C++、PHP、Python 等多种语言，适合其他异构系统在线访问 HBase 表数据。

4. REST Gateway

支持 REST 风格的 HTTP API 访问，解除了语言限制。

5. Pig

本质还是编译成 MapReduce Job 来处理 HBase 表数据，适合做数据统计。

6. Hive

Hive 0.7 版本添加了 HBase 支持，可以使用类似 SQL 的 HiveQL 来访问 HBase，也是将脚本编译为 MapReduce Job 来处理。

7.2 HBase 与 RDBMS

已存在的 RDBMS(传统的关系型数据库)已经非常成熟了,那么为什么还需要 NoSQL 呢?这是因为 RDBMS 无法满足大规模的数据处理,传统数据库的 ACID 无法满足基本需求,所以需要从架构上进行改变,从而出现了 NoSQL 数据库,HBase 就是这样一个 NoSQL 数据库。

HBase 是一个基于列模式的映射数据库,即"键→数据"的映射,这大大简化了传统数据。表 7.4 展示了 HBase 与 RDBMS 的对比情况。

表 7.4 HBase 与 RDBMS 的对比

	HBase	RDBMS
数据类型	存储的数据都是字符串,所有的类型都由用户自己处理,只保存字符串	有丰富的数据类型和存储方式
数据操作	只有简单的插入、查询、删除、清空等操作;表与表之间都是分离的,没有复杂的表关系	有复杂的表关系
存储的模式	基于列存储,每一个列族都是由多个文件存储的,不同列族的文件是分离的	基于表结构和行模式存储
数据的维护	对数据的修改,实际上是插入了一条新的数据,而修改前的数据仍旧保存在旧版本中	在原数据的基础上直接进行修改
数据的伸缩性	就是为这个目的而开发出来的,能够很轻松地增加或者减少硬件的数据,有很高的容错机制	需要加中间层才能达到这个效果

从表 7.4 中可以看出,HBase 和 RDBMS 各有优缺点,HBase 不能完全代替 RDBMS,但针对 RDBMS,HBase 确实提供了很好的解决办法。

简单来说,HBase 具有以下一些特点。

1. HBase 的优点

(1) 列可以动态增加,并且列为空就不存储数据,节省存储空间。

(2) 可自动切分数据,使数据存储自动具有水平伸缩性。

(3) 可以提供高并发读写操作的支持。

(4) 能对海量数据高效存储和访问。

(5) 高可扩展性和高可用性,能线性扩展。

(6) 表的格式不是固定的,通过键值对存储,减少时间空间开销。

(7) 支持随机读写。

(8) 当行数小于 10000 的时候,开销和行数成正比;但是超过 50000 行时,无论是顺序还是随机的插入操作,性能都会逐渐变好。

2. Hbase 的缺点

(1) 不能支持条件查询，只支持按照 Row-Key 来查询。

(2) 暂时不能支持 Master Server 的故障切换，当 Master 宕机后，整个存储系统就会挂掉。

(3) 没有表与表之间的关联查询。

7.3 HBase 的安装与配置

安装和配置 HBase，需要提前准备好以下环境。

(1) 操作系统：CentOS 7.0 64 位。

(2) HBase 组件：HBase 1.0.1.1。

(3) JDK 环境：JDK 1.7。

环境准备好后，接下来就要开始正式对 HBase 进行安装和配置了。HBase 的安装方式有两种，分别是伪分布式安装和完全分布式安装。本节将分别对这两种安装方式进行介绍。

7.3.1 伪分布式安装

1. 下载 HBase

首先从官网 http://mirrors.hust.edu.cn/apache/hbase/stable/上下载 HBase，官网的下载列表如图 7.3 所示。

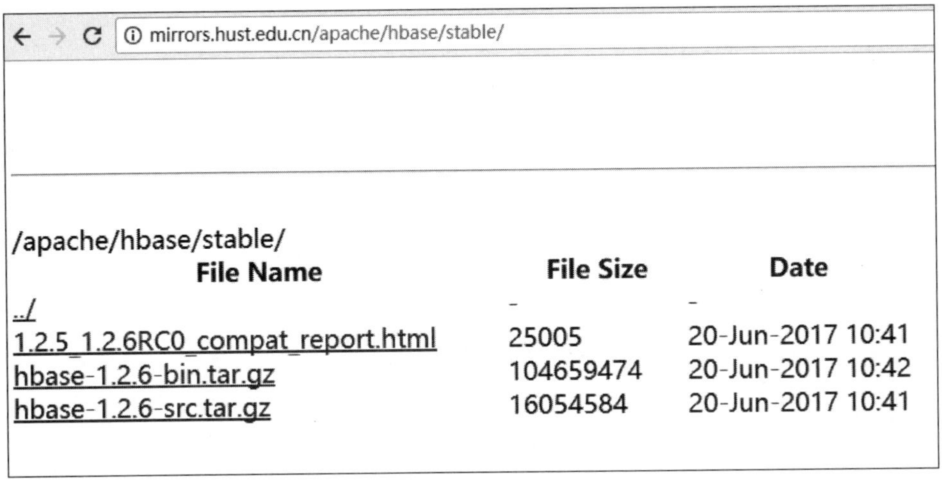

mirrors.hust.edu.cn/apache/hbase/stable/

/apache/hbase/stable/

File Name	File Size	Date
../	-	-
1.2.5_1.2.6RC0_compat_report.html	25005	20-Jun-2017 10:41
hbase-1.2.6-bin.tar.gz	104659474	20-Jun-2017 10:42
hbase-1.2.6-src.tar.gz	16054584	20-Jun-2017 10:41

图 7.3 HBase 官网

在这里，建议下载 HBase 的压缩包。

下载完成后，使用如图 7.4 所示的命令将下载的 HBase 压缩包上传并解压。

```
[root@hadoop01 softwares]# ls
datas  hadoop-2.7.1  hbase-1.2.6  hbase-1.2.6-bin.tar.gz  hive  jars  jdk1.7.0_67  zookeeper
[root@hadoop01 softwares]#
```

图 7.4　上传解压 HBase

2. 配置 HBase

首先,修改 Java 环境变量,进入 conf 文件夹,修改 hbase. env. sh 文件,命令操作如图 7.5 所示。

```
[root@hadoop01 softwares]# cd hbase-1.2.6/
[root@hadoop01 hbase-1.2.6]# ls
bin  CHANGES.txt  conf  docs  hbase-webapps  LEGAL  lib  LICENSE.txt  NOTICE.txt  README.txt
[root@hadoop01 hbase-1.2.6]# cd conf/
[root@hadoop01 conf]# ls
hadoop-metrics2-hbase.properties  hbase-env.sh       hbase-site.xml     regionservers
hbase-env.cmd                     hbase-policy.xml   log4j.properties
[root@hadoop01 conf]# vim hbase-env.sh
```

图 7.5　修改 hbase. env. sh 文件

在 hbase. env. sh 文件中找到 Java 环境变量,修改为本机的环境变量路径,命令操作如图 7.6 所示。

```
# Set environment variables here.

# This script sets variables multiple times over the course of starting an hbase process,
# so try to keep things idempotent unless you want to take an even deeper look
# into the startup scripts (bin/hbase, etc.)

# The java implementation to use.  Java 1.7+ required.
export JAVA_HOME=/usr/softwares/jdk1.7.0_67

# Extra Java CLASSPATH elements.  Optional.
# export HBASE_CLASSPATH=

# The maximum amount of heap to use. Default is left to JVM default.
# export HBASE_HEAPSIZE=1G
:wq
```

图 7.6　修改 Java 环境变量

接下来修改 hbase-site. xml 文件,修改配置文件的存放路径,这里设置为本地,修改后的内容如下。

```
[root@hadoop01 conf]# vim hbase-site.xml
<configuration>
<property>
        <name>hbase.rootdir</name>
        <value>file:///opt/hbase</value>
</property>
</configuration>
```

3. 启动 HBase

进入 bin 目录下后输入命令"./start-hbase.sh"启动 HBase,命令操作如图 7.7 所示。

```
[root@hadoop01 opt]# cd /usr/softwares/hbase-1.2.6/
[root@hadoop01 hbase-1.2.6]# cd bin/
[root@hadoop01 bin]# ./start-hbase.sh
starting master, logging to /usr/softwares/hbase-1.2.6/bin/../logs/hbase-root-master-hadoop01.out
[root@hadoop01 bin]# 
dy                                        ssh2: AES-256-CTR   34, 22  34 Rows, 126 Col
```

图 7.7　进入 bin 目录

启动完成后,使用命令查看进程,命令操作如图 7.8 所示,如果启动成功,可以看到 HMaster 进程启动。

```
[root@hadoop01 softwares]# cd hbase-1.2.6/
[root@hadoop01 hbase-1.2.6]# cd bin/
[root@hadoop01 bin]# ./start-hbase.sh
starting master, logging to /usr/softwares/hbase-1.2.6/bin/../logs/hbase-root-master-hadoop01.out
[root@hadoop01 bin]# jps
13110 HMaster
13212 Jps
```

图 7.8　查看进程

HBase 启动成功后,可以在浏览器中输入主机地址,端口为 16010,进入 HBase 的 Web 页面,查看相应的信息,如图 7.9 所示。

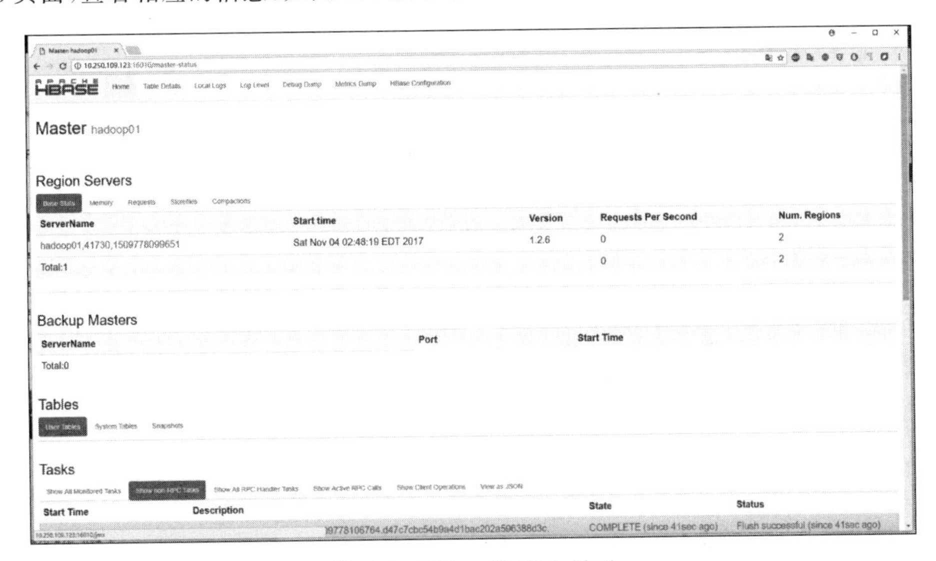

图 7.9　HBase 的 Web 界面

还可以启动 HBase 的客户端,进行命令操作,启动命令如下。

```
[root@hadoop01 bin]# ./hbase shell
HBase Shell; enter 'help<RETURN>' for list of supported commands.
Type "exit<RETURN>" to leave the HBase Shell
Version 1.2.6, rUnknown, Mon May 29 02:25:32 CDT 2017

hbase(main):001:0>[root@hadoop01 bin]#
```

在命令窗口中输入“help”可获取关于更多命令的帮助，如图 7.10 所示。

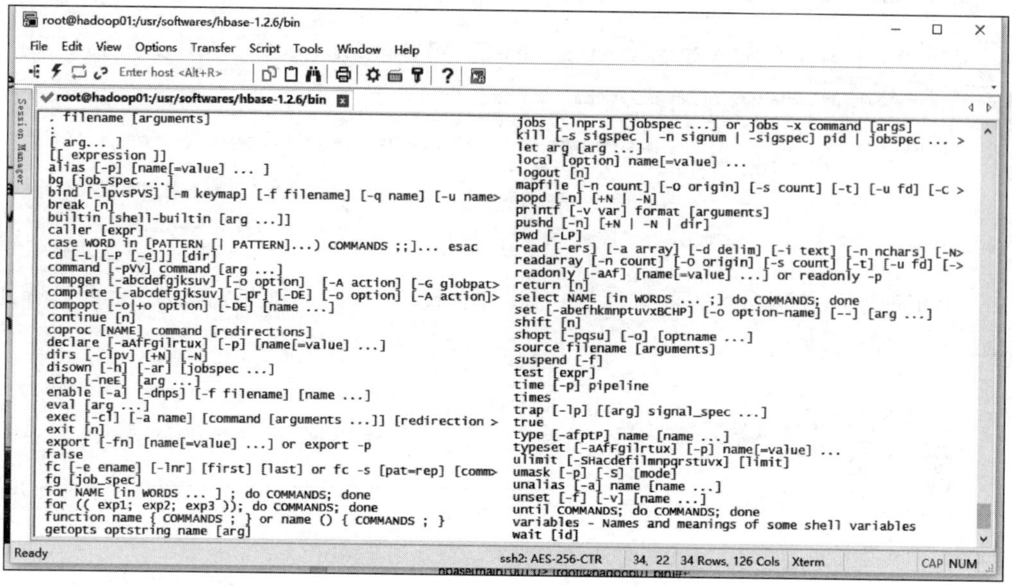

图 7.10　命令帮助

7.3.2　完全分布式

完全分布式的安装配置步骤如下。

（1）修改配置文件，用以打开分布式命令，配置 ZooKeeper 节点，修改后的内容如下。

```
[root@hadoop01 conf]# vim hbase-site.xml
<configuration>
<property>
        <name>hbase.rootdir</name>
        <value>hdfs://10.250.109.123:8020/hbase</value>
</property>

<property>
    <name>hbase.cluster.distributed</name>
    <value>true</value>
  </property>
  <property>
    <name>hbase.zookeeper.quorum</name>
    <value>hadoop01,hadoop02,hadoop03</value>
  </property>
</configuration>
```

(2) 复制 Hadoop 的配置文件到 HBase 的 conf 目录下，命令操作如下。

```
[root@hadoop01 conf]# cp -a /usr/softwares/hadoop-2.7.1/etc/hadoop/hdfs-site.xml .
[root@hadoop01 conf]# ls
hadoop-metrics2-hbase.properties  hbase-env.sh  hbase-site.xml  log4j.properties
hbase-env.cmd  hbase-policy.xml  hdfs-site.xml  regionservers
[root@hadoop01 conf]#
```

(3) 关闭 HBase 自身的 ZooKeeper，命令如下。

```
[root@hadoop01 conf]# vim hbase-env.sh
```

成功关闭后，会显示如图 7.11 所示的结果。

```
# Tell HBase whether it should manage it's own instance of Zookeeper or not.
 export HBASE_MANAGES_ZK=flase

# The default log rolling policy is RFA, where the log file is rolled as per the size defined for the
:wq
```

图 7.11　成功关闭 ZooKeeper

(4) 配置 HBase 节点。使用如下命令进入配置，配置的内容如图 7.12 所示。

```
[root@hadoop01 conf]# vim regionservers
```

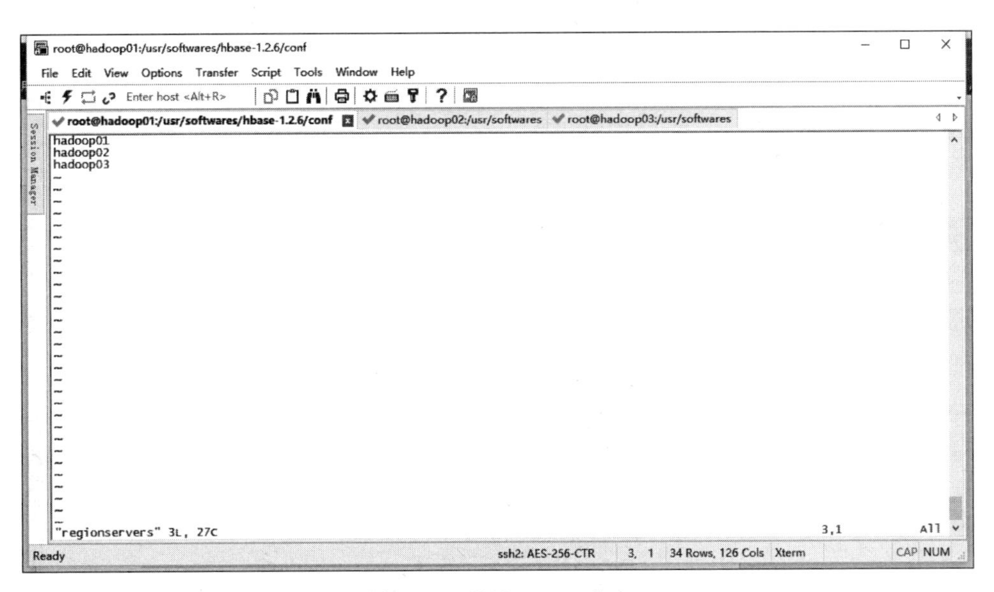

图 7.12　配置 HBase 节点

(5) 将 HBase 文件夹复制给其他两台机器，命令如图 7.13 所示。

(6) 启动 HBase。在启动之前，先启动 ZooKeeper 与 Hadoop，然后再启动 HBase，启动命令操作过程如图 7.14 所示。

```
[root@hadoop01 softwares]# scp -r  /usr/softwares/hbase-1.2.6/ hadoop02/:/usr/softwares/

[root@hadoop01 softwares]# scp -r  /usr/softwares/hbase-1.2.6/ hadoop03/:/usr/softwares/
```

图 7.13 复制 HBase 文件夹给其他两台机器

```
[root@hadoop01 bin]# ./start-hbase.sh
starting master, logging to /usr/softwares/hbase-1.2.6/bin/../logs/hbase-root-master-hadoop01.out
hadoop02: starting regionserver, logging to /usr/softwares/hbase-1.2.6/bin/../logs/hbase-root-regionserver-hadoop02.out
hadoop01: starting regionserver, logging to /usr/softwares/hbase-1.2.6/bin/../logs/hbase-root-regionserver-hadoop01.out
hadoop03: starting regionserver, logging to /usr/softwares/hbase-1.2.6/bin/../logs/hbase-root-regionserver-hadoop03.out
[root@hadoop01 bin]# jps
15244 QuorumPeerMain
17405 HRegionServer
4982 NameNode
17538 Jps
17266 HMaster
5395 NodeManager
5563 JobHistoryServer
5092 DataNode
```

图 7.14 启动 HBase

启动成功后，另外两台机器也会出现 HRegionServer 进程，如图 7.15 所示。

```
[root@hadoop02 softwares]# jps
3961 WebAppProxyServer
31816 QuorumPeerMain
3511 ResourceManager
9468 HRegionServer
9747 Jps
3616 NodeManager
3261 DataNode
[root@hadoop02 softwares]#
```

图 7.15 查看 HRegionServer 进程

同样，在网页中，可以看到 Master 为 hadoop01，且有三个 RegionServer，如图 7.16 所示。

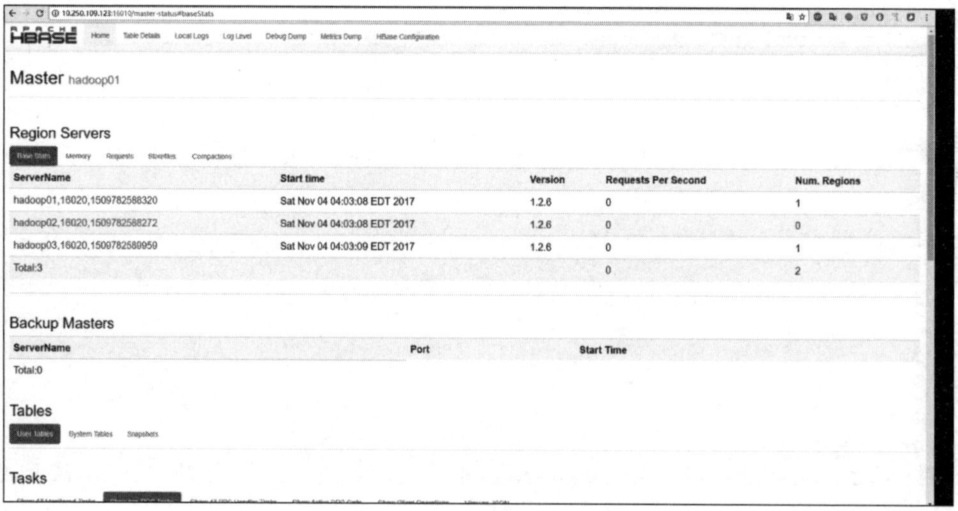

10.250.109.123:16010/master-status#baseStats

APACHE HBASE Home Table Details Local Logs Log Level Debug Dump Metrics Dump HBase Configuration

Master hadoop01

Region Servers

Base Stats Memory Requests Storefiles Compactions

ServerName	Start time	Version	Requests Per Second	Num. Regions
hadoop01,16020,1509782588320	Sat Nov 04 04:03:08 EDT 2017	1.2.6	0	1
hadoop02,16020,1509782588272	Sat Nov 04 04:03:08 EDT 2017	1.2.6	0	0
hadoop03,16020,1509782589959	Sat Nov 04 04:03:09 EDT 2017	1.2.6	0	1
Total:3			0	2

Backup Masters

ServerName	Port	Start Time
Total:0		

Tables

User Tables System Tables Snapshots

Tasks

图 7.16 查看 HBase 的 Web 界面

在 HDFS 文件的 HBase 文件夹下还可以看到生成了一些新文件，如图 7.17 所示。当前 hadoop01 为 Master，可以手动将 hadoop02 也启动为 Master，启动方法如下。

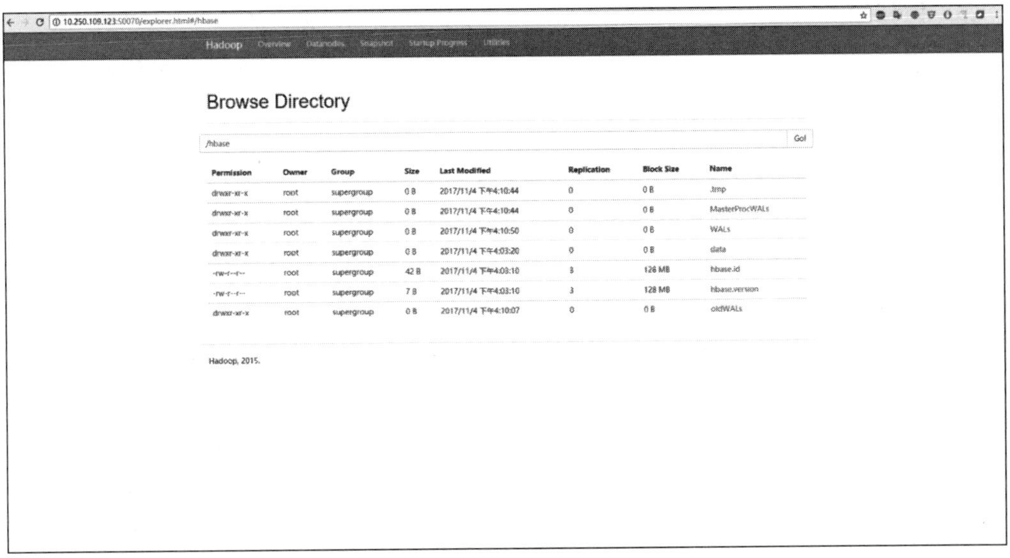

Browse Directory

/hbase Go!

Permission	Owner	Group	Size	Last Modified	Replication	Block Size	Name
drwxr-xr-x	root	supergroup	0 B	2017/11/4 下午4:10:44	0	0 B	.tmp
drwxr-xr-x	root	supergroup	0 B	2017/11/4 下午4:10:44	0	0 B	MasterProcWALs
drwxr-xr-x	root	supergroup	0 B	2017/11/4 下午4:10:50	0	0 B	WALs
drwxr-xr-x	root	supergroup	0 B	2017/11/4 下午4:03:20	0	0 B	data
-rw-r--r--	root	supergroup	42 B	2017/11/4 下午4:03:10	3	128 MB	hbase.id
-rw-r--r--	root	supergroup	7 B	2017/11/4 下午4:03:10	3	128 MB	hbase.version
drwxr-xr-x	root	supergroup	0 B	2017/11/4 下午4:10:07	0	0 B	oldWALs

Hadoop, 2015.

图 7.17 HDFS 中新增的文件

```
[root@hadoop02 bin]# ./hbase-daemon.sh start master
starting master, logging to /usr/softwares/hbase-1.2.6/bin/../logs/hbase-root-master
-hadoop02.out
```

启动成功后，可以在 hadoop02 中看到 HMaster 进程启动，如图 7.18 所示。这样在 hadoop01 挂掉的时候，hadoop02 会自动成为 Master。

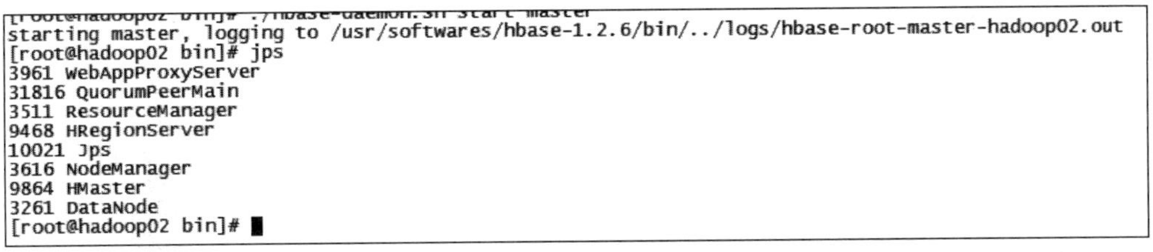

```
[root@hadoop02 bin]# ./hbase-daemon.sh start master
starting master, logging to /usr/softwares/hbase-1.2.6/bin/../logs/hbase-root-master-hadoop02.out
[root@hadoop02 bin]# jps
3961 WebAppProxyServer
31816 QuorumPeerMain
3511 ResourceManager
9468 HRegionServer
10021 Jps
3616 NodeManager
9864 HMaster
3261 DataNode
[root@hadoop02 bin]#
```

图 7.18 成功启动 hadoop02 为 Master

完成上述操作后，可以在任意一台机器上进入 HBase 的客户端，进行相应的操作。

7.4 实验

本节将对 HBase 简单的实验示例进行介绍，帮助读者学习掌握基本的 HBase 操作。

注意：HBase 命令不能使用分号，回车即执行。删除操作为按 Ctrl+BackSpace 组合键。

1. 创建表

```
hbase(main):001:0 > create "t_table","row"
0 row(s) in 1.4810 seconds

=> Hbase::Table - t_table
hbase(main):002:0 >
```

2. 查看表结构

```
hbase(main):003:0 > desc "t_table"
Table t_table is ENABLED

t_table

COLUMN FAMILIES DESCRIPTION
{NAME => 'row', DATA_BLOCK_ENCODING => 'NONE', BLOOMFILTER => 'ROW', REPLICATION_SCOPE =>
'0', VERSIONS => '1', COMPRESSION =>
'NONE', MIN_VERSIONS => '0', TTL => 'FOREVER', KEEP_DELETED_CELLS => 'FALSE', BLOCKSIZE =>
'65536', IN_MEMORY => 'false', BLO CKCACHE => 'true'}

1 row(s) in 0.1240 seconds
```

Name表示列族的名字，VERSIONS => '1'表示最多保存一个版本，MIN_VERSIONS => '0'表示最少保存0个版本。

3. 插入数据

```
hbase(main):012:0 > put 't_table', 'row1', 'row:a', 'value1'
0 row(s) in 0.0140 seconds
hbase(main):013:0 > put 't_table', 'row2', 'row:b', 'value1'
0 row(s) in 0.0050 seconds

hbase(main):014:0 > put 't_table', 'row3', 'row:c', 'value1'
0 row(s) in 0.0040 seconds
```

4. 查看表数据

```
hbase(main):015:0 > scan 't_table'
ROW                         COLUMN + CELL

row1                        column = row:a, timestamp = 1509780011112, value = value1
row2                        column = row:b, timestamp = 1509780054674, value = value1
row3                        column = row:c, timestamp = 1509780063311, value = value1
3 row(s) in 0.0220 seconds
```

5. 删除表

在删除之前要先禁止表。

```
hbase(main):016:0> disable 't_table'
0 row(s) in 2.2650 seconds
hbase(main):019:0> drop 't_table'
0 row(s) in 1.2720 seconds
```

6. 取消禁止表

```
hbase(main):017:0> enable 't_table'
0 row(s) in 1.2650 seconds


hbase(main):020:0> exit
[root@hadoop01 bin]# ./stop-hbase.sh
stopping hbase..................
```

第 8 章

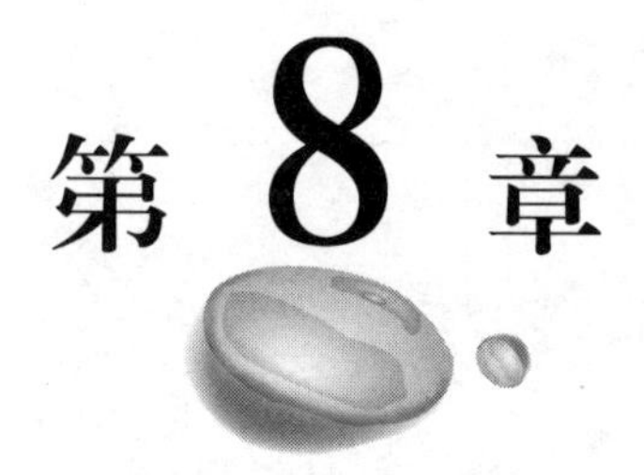

ZooKeeper基础

ZooKeeper 是 Apache Hadoop 的一个子项目，主要负责分布式环境下对分布式数据的管理。本章将对 ZooKeeper 的基础进行介绍，章节内容安排如下。

8.1 ZooKeeper 简介

介绍 ZooKeeper 的发展背景以及主要特点。

8.2 ZooKeeper 体系架构

对 ZooKeeper 体系结构进行介绍。

8.3 关键算法 ZAB

介绍 ZooKeeper 的关键算法 ZAB。

8.4 ZooKeeper 集群搭建

对 Zookeeper 集群搭建的过程进行介绍。

8.5 ZooKeeper 四字命令

介绍 ZooKeeper 的四字命令。

8.6 实验

介绍 ZooKeeper 客户端和 ZooKeeper Java API 的使用。

通过本章的学习，读者能对 ZooKeeper 的特点、原理以及关键算法有初步的了解和认识，同时通过 ZooKeeper 的部署和简单的实验应用，能够加深读者对 ZooKeeper 工作原理的理解。

ZooKeeper 的详细内容可访问网站 http://zookeeper.apache.org/，或扫描上方二维码，获取有关 ZooKeeper 的更多信息。

8.1 ZooKeeper 简介

8.1.1 概念简介

通常，Apache ZooKeeper(此后简称为 ZooKeeper)被看作是 Google Chubby(Google 云计算平台中的分布式锁服务)的开源实现。它作为一个开源的分布式应用程序协调服务，用于在集群的节点间进行消息传递，协调集群中不同服务器进程间的互斥和同步操作，保证集群节点间的数据一致性。

分布式应用程序每次运行都不可避免地会出现需要修正错误和竞争资源的情况，由于很难实现满足这些情况的服务，应用程序通常会选择主动忽略这些问题，从而造成了程序在面对变化时出现不灵活、难以管理的问题；同时，就算程序正常运行，由于这些服务的实现各不相同，使发布后的应用程序管理变得复杂。ZooKeeper 是一种集中式的服务，它将上述分布式应用需要的这些服务抽离集中起来形成一个拥有简单接口的集中式的协调服务，以某种形式运行在分布式应用程序中，提供维护配置信息和命名信息，分布式同步和组服务的功能。

ZooKeeper 提供的这个服务是分布式且高可靠的，分布式应用程序所需的一致性、组管理、特定协议的实现都由 ZooKeeper 提供，应用程序不需要自己再实现这些功能。ZooKeeper 提供的服务包括：数据发布订阅，负载均衡，命名服务，分布式协调、通知，集群管理，分布式锁，队列等。

8.1.2 主要特点

用于在集群中提供分布式协调服务的 ZooKeeper 具有以下特点。

1. 源代码开放

ZooKeeper 是一个开源的项目，使用者可以根据需要进行个性化的修改定制，同时通过研读源码，也能帮助使用者更好地了解和使用 ZooKeeper。

2. 保证分布式数据的一致性

1) 顺序一致性

从同一个客户端发起的事务请求，ZooKeeper 将使其严格按照请求的发起顺序被应用。

2) 原子性

ZooKeeper 使所有事务请求的处理结果在整个集群中所有节点上的应用情况保持一致。

3) 单一视图

ZooKeeper 为客户端提供一致的数据模型。即使客户端连接的是不同的 ZooKeeper 服务器，看到的服务端数据模型也都是一致的。

4) 可靠性

一旦服务端成功应用了一个事务，并完成对客户端的响应，那么该事务所引起的服务端状态变化将会一直保留下来，直到有另一个事务对其进行改变。

5）实时性

ZooKeeper不能提供强一致性，只能保证顺序一致性和最终一致性，达到了伪实时性的要求。

3. 高性能

ZooKeeper将分布式协调服务集中起来供分布式应用程序使用，为程序的运行提供高性能的支持。

8.2 ZooKeeper体系结构

1. ZooKeeper的基本术语

在了解ZooKeeper的基本体系结构前，先熟悉一下如表8.1所示的一些关于ZooKeeper的基本术语。

表8.1 ZooKeeper相关术语

基本术语	执行任务情况
ZooKeeper Nodes	运行集群的系统，ZooKeeper数据中的内存数据节点，这些数据节点被组织在被称为数据树的分层名称空间中
znode	表示ZooKeeper数据中的内存数据节点，该数据节点组织在被称为数据树的分层名称空间中。 能更新或修改集群上任何的节点
Client Application	由与分布式应用程序交互的工具组成
Server Applications	允许客户端应用程序使用通用接口进行交互

2. ZooKeeper的基本体系结构

ZooKeeper体系是由一组Server节点和客户端Client组成的，其中，Server节点主要由Leader、Follower和Observer这三个角色组成。ZooKeeper中每个节点同时只能扮演一种角色。关于ZooKeeper中角色的介绍如下。

(1) Leader(领导者)：负责接收所有Follower的提案请求，并协调提出提案的投票。它负责与所有Follower的内部数据进行同步交换。

(2) Follower(追随者)：负责直接为客户端服务，参与提案的投票，同时与Leader进行同步数据交换。

(3) Observer(观察者)：负责直接为客户端服务，但并不参与提案的投票表决，也与Leader进行同步数据交换。

ZooKeeper的体系结构如图8.1所示。

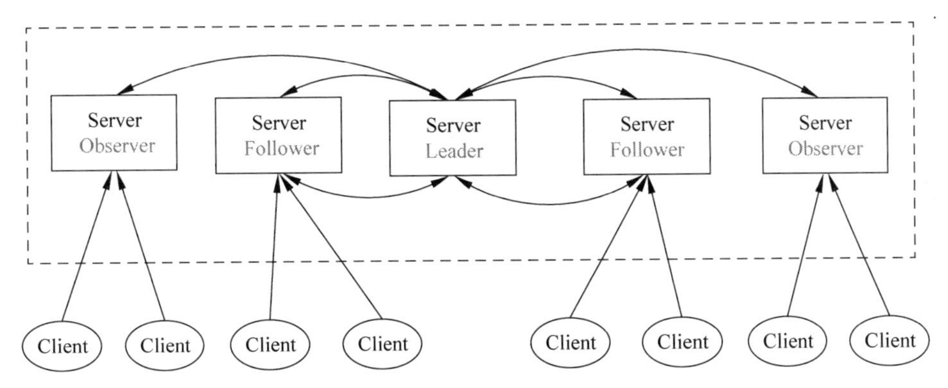

图 8.1 ZooKeeper 的体系结构

通过 ZooKeeper 的体系结构，可以看出 ZooKeeper 是一个简单的 Server-Client 模型，其中，Server（服务器）是为 Client 提供服务的节点，Client（客户端）主要是被服务的节点。当 Client 连接到 ZooKeeper Server 时，每个 Server 都可以同时处理连接它的大量 Client，每个 Client 定期发送执行请求到它所连接的 ZooKeeper Server 时，这些请求会发送到 Leader 上，并同步到其他的 Follower 节点上，被连接的 ZooKeeper 服务器进行响应，表示服务器也处于活动状态。如果客户端在指定时间内没有收到服务器的确认，那么客户端会连接到 ZooKeeper 中的另一台 Server 上，而且客户端会话会被透明地转移到新的 ZooKeeper 服务器。

ZooKeeper 的架构允许 ZooKeeper 服务在一组服务器上进行复制，其中每台机器都维护内存数据树和事务日志的映像。客户端应用程序联系到单个服务器，通过建立一个 TCP 连接，完成发送请求、接收响应、观察事件等功能。

3. ZooKeeper 数据模型

ZooKeeper 数据模型为客户提供了一组根据层次命名空间组织的数据节点（znode）的抽象。这个层次结构中的 znode 是客户端通过 ZooKeeper API 操作的数据对象。ZooKeeper 数据模型类似文件系统中使用层次命名空间的结构。这是组织数据对象的理想方式，因为用户习惯于这种抽象，并且层次命名能够更好地组织应用程序的元数据。

不同于文件系统中的文件，ZooKeeper 要引用给定的 znode，可以使用文件系统路径的标准 UNIX 表示法。路径必须是绝对的，因此它们必须由斜杠字符来开头。除此以外，路径也必须是唯一的，也就是说每一个路径只有一个表示，因此不能改变这些路径。例如，我们使用/A/B/C 来表示到 z 节点 C 的路径，其中，C 将 B 作为其父节点，B 节点将 A 作为其父节点。所有的 znodes 都存储数据，除了临时 znode 以外，所有的 znode 都可以有子节点。

不同于文件系统中的文件，znode 并不是为通用数据存储而设计的。相反，znodes 映射到客户端应用程序的抽象，通常用来协调调试数据，如分布式应用中的配置文件信息等。为了说明，在图 8.2 中有两个子树，一个是应用程序 1（/app1），另一个是应用程序 2（/app2）。应用程序 1 的子树实现了一个简单的组员协议：每个客户端进程 pi 在/app1 创建一个节点 pi（/app1/p1，/app1/p2，…），只要/app1 存在，进程就一直存在。

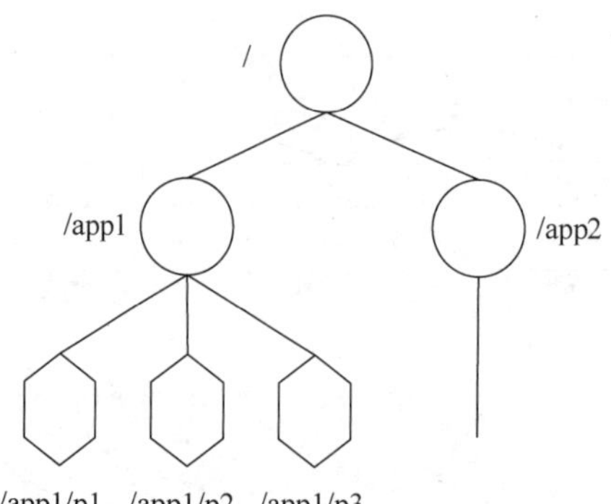

图 8.2　一个 ZooKeeper 数据模型的例子

ZooKeeper 中的节点有两种,分别为临时节点和永久节点。节点的类型在创建时即被确定,并且不能改变。

(1) 临时节点。该节点的生命周期依赖于创建它们的会话。一旦会话(Session)结束,临时节点将被自动删除,当然也可以手动删除。虽然每个临时的 znode 都会绑定到一个客户端会话,但他们对所有的客户端还是可见的。另外,ZooKeeper 的临时节点不允许拥有子节点。

(2) 永久节点。该节点的生命周期不依赖于会话,并且只有在客户端显示执行删除操作的时候,它们才能被删除。

当创建一个新的 znode 时,客户端可以设置一个顺序标志(即递增顺序)。使用顺序标志集创建的节点具有附加到其名称的单调递增计数器的值。如果 n 是新的 znode,p 是父节点,则 n 的序列值永远不会小于在 p 下创建的其他任何有序 znode 的名称中的值。

ZooKeeper 实现监视(watch),使客户可以及时收到节点的更改(znode 的增、删、改)通知,而无须轮询。当一个客户端发出一个 watch 读操作时,操作将像平常一样完成,除了服务器承诺在返回的信息发生变化时通知客户端。watch 是与会话关联的一次性触发器,一旦触发 watch 一次后,会话关闭,表示已发生变化,但不提供更改。例如,如果客户在"/foo"更改两次之前发出 get Data("/foo",true),则客户端将收到一个 watch 监视事件,告诉客户"/foo"的数据已更改。会话事件(如连接丢失事件)也会被发送以观看回叫,以便客户知道观看事件可能会延迟。

8.3 关键算法 ZAB

ZooKeeper 的核心算法是使用了一种自定义的原子消息广播的协议(ZooKeeper Atomic Broadcast,ZAB),在消息层的这种原子特性,保证了整个协调系统中的节点数据或状态的一致性,这个协议是 ZooKeeper 实现系统数据一致性的算法,其算法相当于谷歌分布式锁服务一致性 paxos 算法的更改补充。ZAB 是专为 ZooKeeper 设计的原子广播协议,支持崩溃恢复。

ZAB 协议主要有消息广播和崩溃恢复两种模式,可以进一步分为四个阶段:Leader election(选举)、Discovery(发现)、Synchronization(同步)和 Broadcast(广播)。

1. Leader election(选举)阶段

在执行发现阶段之前,先进行节点 Server 的 Leader 选举阶段,选举过程中通过选举算法,由当前节点 Server 发起选举的担任,然后统计选举投票结果,决定出 Leader 节点的 Server。但是在这个阶段选举出来的节点并不是真正的 Leader 节点,只有完成四个阶段之后才能成为真的 Leader。

2. Discovery(发现)阶段

通过在选举阶段选举出来的新 Leader 与 Follower 节点进行通信,以便新 Leader 收集关于 Follower 节点最近接收的事务提议信息,此阶段主要是发现 Follower 节点大多数接收的最新信息,并产生 new epoch。这里每次进行选举产生新 Leader 就会同时产生 new epoch。

在发现阶段开始的时候,一个 Follower 会开始和一个新 Leader 建立成 Leader-Follower 关系,一个 Follower 一次只能连接到一个 Leader,如果有一个节点 p 不处在此状态,认为 l 是新 Leader,那么 Leader-Follower 关系将会拒绝,重新回到选举阶段。

3. Synchronization(同步)阶段

同步阶段包含协议的恢复部分,通过上一阶段新 Leader 更新的历史记录同步 ZooKeeper 集群中的副本。新 Leader 与 Followers 节点进行通信,从其历史上提出事务。如果 Followers 节点的历史记录滞后于 Leader 的历史信息,Followers 接收这些提议。当 Leader 从 Followers 节点中看到确认 quorum 时,它向它们发出提交信息。在那个时候,Leader 建立,但仍不是准 Leader。

4. Broadcast(广播)阶段

如果没有发生崩溃,节点将一直处于这个阶段,一旦 ZooKeeper 客户端发出写入请求,就立即执行事务处理,进行消息广播。在开始阶段,确认的 Follower 数量预计会保持一致,这个阶段的 Leader 不会有两个。Leader 也允许新的 Follower 加入,因为只有确认的 Follower 才足以启动这个阶段,同时还要对新 Follower 节点进行同步接收消息广播。

由于广播阶段是处理新状态更改的唯一阶段,因此 ZAB 层需要通知 ZooKeeper 应用程序准备接收新的状态变化。

在正常操作期间,ZAB 协议将总是在广播阶段中运行以反复广播该消息。如果领导由于崩溃或其他原因而失踪,则 ZAB 协议将再次进入发现阶段,并选出新的领导者。

8.4 ZooKeeper 集群搭建

对 ZooKeeper 有了一定的了解后,需要通过练习使用才能更加深入地认识 ZooKeeper。本节实验相关的操作视频可扫描右侧二维码观看。

搭建 ZooKeeper 集群的操作如下。

(1) 进入 ZooKeeper 官网，如图 8.3 所示，单击 Download，下载当前稳定版本的 ZooKeeper。

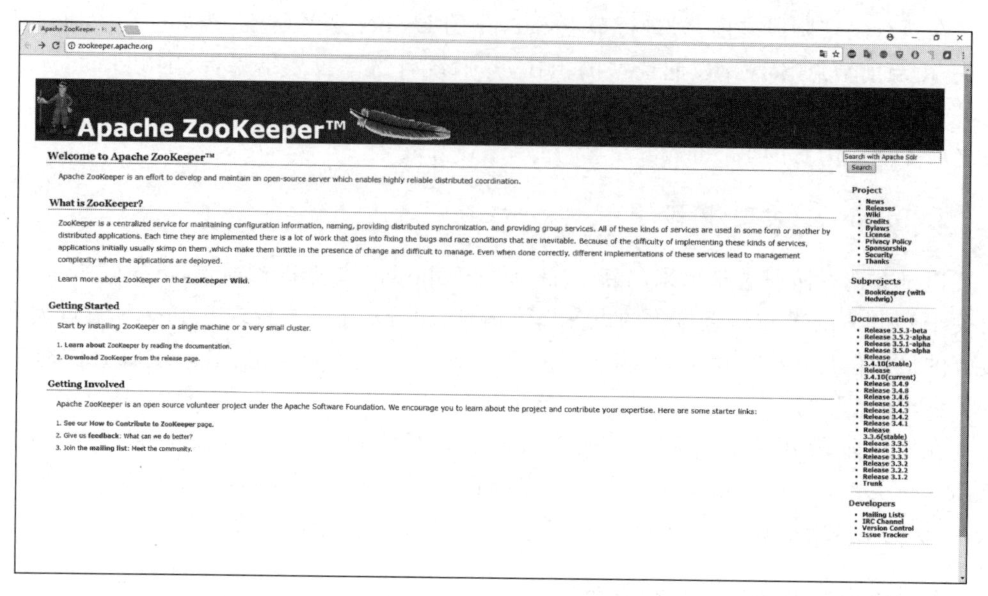

图 8.3　ZooKeeper 官网

(2) 使用 SecureCRT 软件，上传解压 ZooKeeper 安装包，命令操作如图 8.4 所示。然后将文件夹重命名为 zookeeper，重命名的命令如下。

```
[root@hadoop01 softwares]# mv zookeeper-3.4.10 zookeeper
```

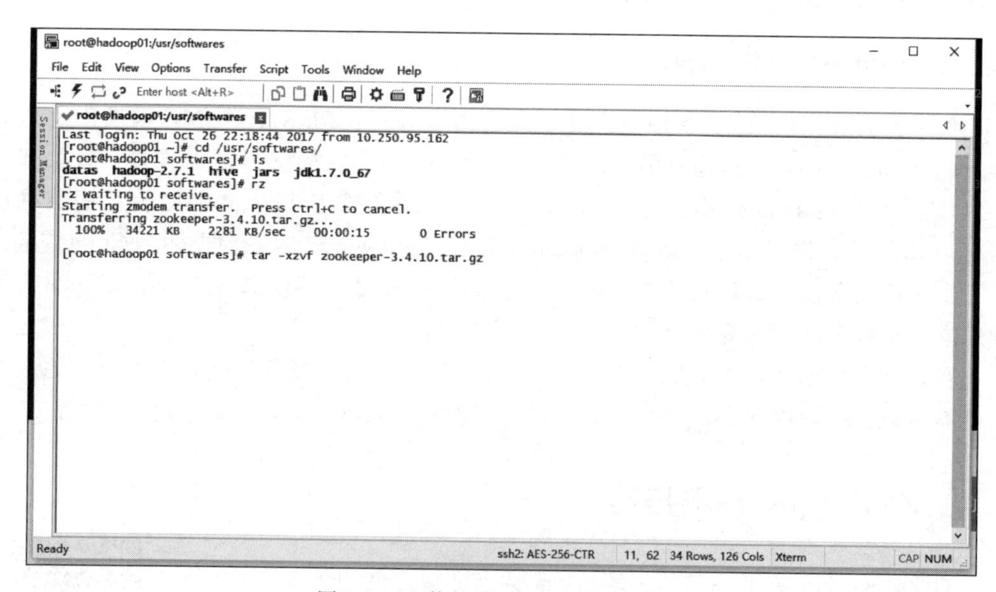

图 8.4　上传解压 ZooKeeper 压缩包

(3) 使用如下命令，进入 conf 文件夹，命令操作如图 8.5 所示。

```
[root@hadoop01 zookeeper]# cd conf/
[root@hadoop01 conf]# ls
configuration.xsl  log4j.properties  zoo_sample.cfg
```

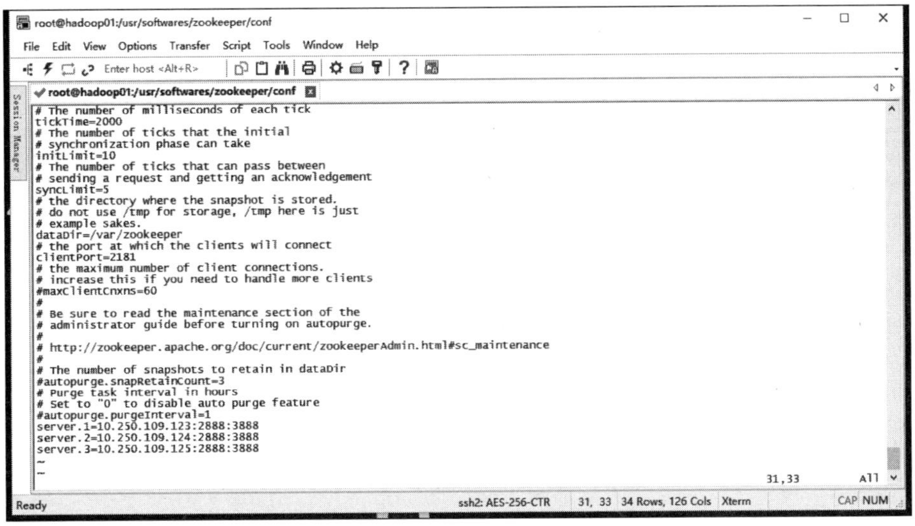

```
# The number of milliseconds of each tick
tickTime=2000
# The number of ticks that the initial
# synchronization phase can take
initLimit=10
# The number of ticks that can pass between
# sending a request and getting an acknowledgement
syncLimit=5
# the directory where the snapshot is stored.
# do not use /tmp for storage, /tmp here is just
# example sakes.
dataDir=/var/zookeeper
# the port at which the clients will connect
clientPort=2181
# the maximum number of client connections.
# increase this if you need to handle more clients
#maxClientCnxns=60
#
# Be sure to read the maintenance section of the
# administrator guide before turning on autopurge.
#
# http://zookeeper.apache.org/doc/current/zookeeperAdmin.html#sc_maintenance
#
# The number of snapshots to retain in dataDir
#autopurge.snapRetainCount=3
# Purge task interval in hours
# Set to "0" to disable auto purge feature
#autopurge.purgeInterval=1
server.1=10.250.109.123:2888:3888
server.2=10.250.109.124:2888:3888
server.3=10.250.109.125:2888:3888
~
~
```

图 8.5　进入 config 文件夹

(4) 使用如下命令，复制 zoo_sample.cfg 并将其命名为 zoo.cfg，然后进入该文件的编辑模式。

```
[root@hadoop01 conf]# cp zoo_sample.cfg zoo.cfg
[root@hadoop01 conf]# vim zoo.cfg
```

(5) 按照如下内容，修改配置文件的 dataDir 地址，添加服务器地址与端口号。

```
tickTime = 2000
initLimit = 10
syncLimit = 5
dataDir = /var/zookeeper
clientPort = 2181

server.1 = 10.250.109.123:2888:3888
server.2 = 10.250.109.124:2888:3888
server.3 = 10.250.109.125:2888:3888
~
```

(6) 使用如下命令，将 zookeeper 复制给其他两台主机。

```
[root@hadoop01 conf]# scp -r /usr/softwares/zookeeper hadoop02:/usr/softwares/
[root@hadoop01 conf]# scp -r /usr/softwares/zookeeper hadoop03:/usr/softwares/
```

(7) 进入 var 文件夹下创建之前在配置文件中配置的路径,并创建 zookeeper 文件夹,命令如下所示。

```
[root@hadoop01 conf]# cd /var
[root@hadoop01 var]# mkdir zookeeper
[root@hadoop01 bin]# cd /var/zookeeper/
```

(8) 在/var/zookeeper 文件夹下创建一个 myid 文件,并在文件中写入主机 id。使用如下命令进入写入操作。

```
[root@hadoop01 zookeeper]#vim myid
```

命名规则如图 8.6 所示。

```
server.1=10.250.109.123:2888:3888
server.2=10.250.109.124:2888:3888
server.3=10.250.109.125:2888:3888
~
~
```

图 8.6 命名规则

① 在主机 server.1 的 myid 文件内写入数字 1,如图 8.7 所示。

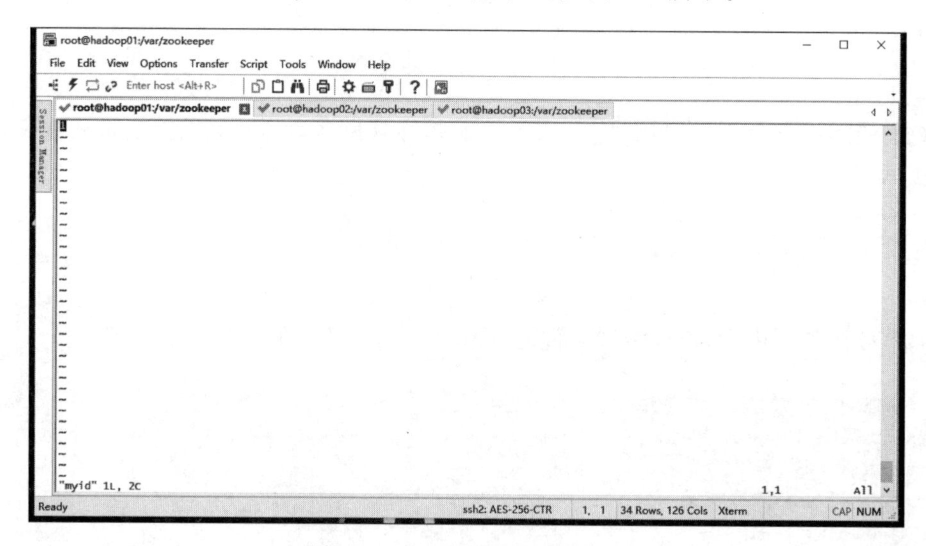

图 8.7 在 myid 文件中写入 id

② 进入主机 server.2,在 server.2 的 myid 文件内写入 2,命令如下。

```
[root@hadoop01 var]# ssh hadoop02
Last login:Fri Oct 20 13:16:50 2017 from 10.250.95.162
[root@hadoop02 ~]# cd /var
[root@hadoop02 var]# mkdir zookeeper
[root@hadoop02 bin]# cd /var/zookeeper/
[root@hadoop02 zookeeper]# vim myid
```

③ 进入主机 server.3，在 server.3 的 myid 文件内写入 3，命令如下。

```
[root@hadoop02 var]# ssh hadoop03
Last login:Thu Oct 19 15:06:58 2017 from 10.250.95.162
[root@hadoop03 ~]# cd /var/
[root@hadoop03 var]# mkdir zookeeper
[root@hadoop03 bin]# cd /var/zookeeper/
[root@hadoop03 zookeeper]# vim myid
```

(9) 进入 zookeeper 安装目录下的 bin 文件夹，启动 ZooKeeper，命令操作如图 8.8 所示。

```
[root@hadoop01 bin]# sh zkServer.sh start
ZooKeeper JMX enabled by default
Using config: /usr/softwares/zookeeper/bin/../conf/zoo.cfg
Starting zookeeper ... STARTED
[root@hadoop01 bin]#
Ready
```

图 8.8 启动 ZooKeeper

(10) 查看进程，检查 ZooKeeper 是否启动成功。如果启动成功，主机会新增 QuorumPeerMain 进程，主机 hadoop01 启动成功的结果如图 8.9 所示。按照同样的方法分别启动主机 hadoop02 和 hadoop03 的 ZooKeeper 进程。

```
Using config: /usr/softwares/zookeeper/bin/../conf/zoo.cfg
Starting zookeeper ... STARTED
[root@hadoop01 bin]# jps
18162 Jps
4982 NameNode
5395 NodeManager
5563 JobHistoryServer
5092 DataNode
18139 QuorumPeerMain
[root@hadoop01 bin]#
Ready
```

图 8.9 ZooKeeper 启动成功

使用命令"sh zkServer.sh status"查看三台主机的状态，可以看到 hadoop01 和 hadoop03 是追随者(Follower)，如图 8.10 所示；hadoop02 是领导者(Leader)，如图 8.11 所示。

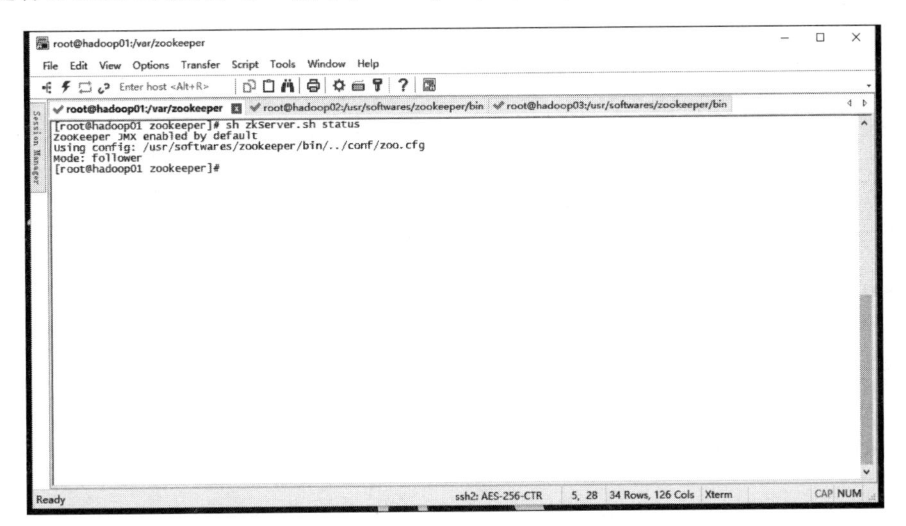

图 8.10 hadoop01 和 hadoop03 的主机状态

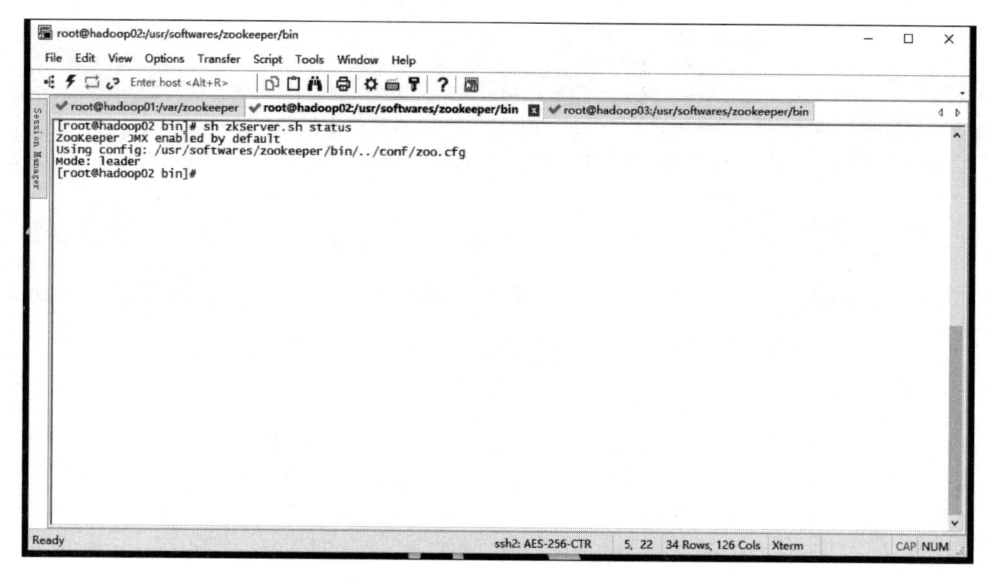

图 8.11　hadoop02 的主机状态

(11) 使用 nc(也可以使用 telnet)发送 rouk(are you ok?)到监听端口，检测 ZooKeeper 是否运行。命令如下。

```
[root@hadoop01 zookeeper]# echo ruok | nc localhost 2181
imok[root@hadoop01 zookeeper]#
```

如果 ZooKeeper 在运行中，则返回 imok(I am ok)。

(12) 使用 nc(也可以使用 telnet)发送 stat 到监听端口，检测 ZooKeeper 的运行状态。命令和返回的结果如下。

```
[root@hadoop01 zookeeper]# echo stat | nc localhost 2181
Zookeeper version:3.4.10 - 39d3a4f269333c922ed3db283be479f9deacaa0f, built on 03/23/2017
10:13 GMT
Clients:
  /0:0:0:0:0:0:0:1:59969[0](queued = 0,recved = 1,sent = 0)

Latency min/avg/max:0/0/0
Received:4
Sent:3
Connections:1
Outstanding:0
Zxid:0x0
Mode:follower
Node count:4
[root@hadoop01 zookeeper]#
```

8.5 ZooKeeper 四字命令

ZooKeeper 支持某些特定的四字命令(The Four Letter Words)并能与之进行交互。这些四字命令大多是查询命令,用来获取 ZooKeeper 服务的当前状态及相关信息。用户可以在客户端通过 telnet 或 nc 向 ZooKeeper 提交相应的命令来进行操作。

ZooKeeper 常用的四字命令如表 8.2 所示。

表 8.2 ZooKeeper 常用四字命令

ZooKeeper 四字命令	功 能 描 述
conf	3.3.0 版本引入。打印出服务相关配置的详细信息
cons	3.3.0 版本引入。列出所有连接到这台服务器的客户端全部连接/会话详细信息。包括"接收/发送"的包数量、会话 id、操作延迟、最后的操作执行等信息
crst	3.3.0 版本引入。重置所有连接的连接和会话统计信息
dump	列出那些比较重要的会话和临时节点。这个命令只在 Leader 节点上有用
envi	打印出服务环境的详细信息
reqs	列出未经处理的请求
ruok	测试服务是否处于正确状态。如果确实如此,那么服务返回"I'm ok",否则不做任何响应
stat	输出关于性能和连接的客户端的列表
srst	重置服务器的统计
srvr	3.3.0 版本引入。列出连接服务器的详细信息
wchs	3.3.0 版本引入。列出服务器 watch 的详细信息
wchc	3.3.0 版本引入。通过 session 列出服务器 watch 的详细信息,它的输出是一个与 watch 相关的会话的列表
wchp	3.3.0 版本引入。通过路径列出服务器 watch 的详细信息。它输出一个与 session 相关的路径
mntr	3.4.0 版本引入。输出可用于检测集群健康状态的变量列表

8.6 实验

关于本节 ZooKeeper 实验应用的相关操作视频可扫描右侧二维码观看。

8.6.1 ZooKeeper 客户端

在 ZooKeeper 客户端通常会进行以下操作。

(1) 使用如下命令完成 ZooKeeper 客户端的连接。

```
[root@hadoop01 bin]# sh zkcli.sh - timeout 5000 - server 10.250.109.123:2181
```

连接结果如图 8.12 所示。

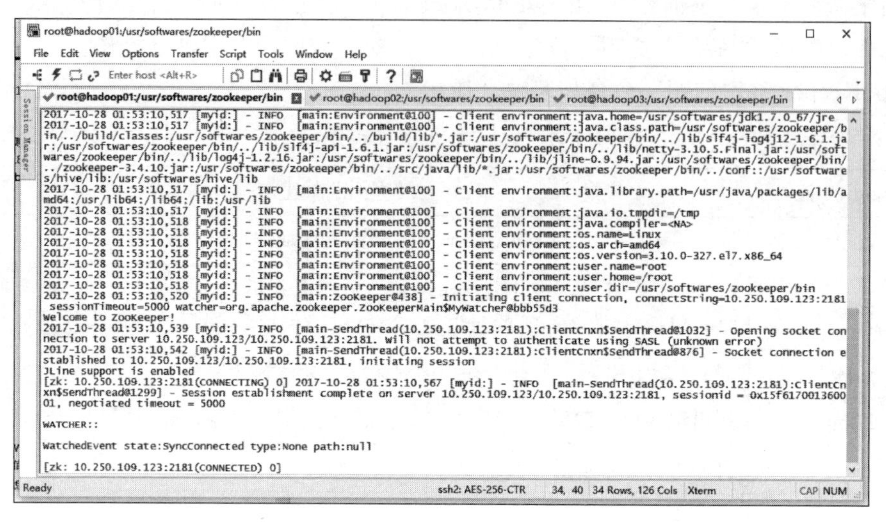

图 8.12 连接 ZooKeeper 客户端

(2) 输入"h"查看所有指令,如图 8.13 所示。

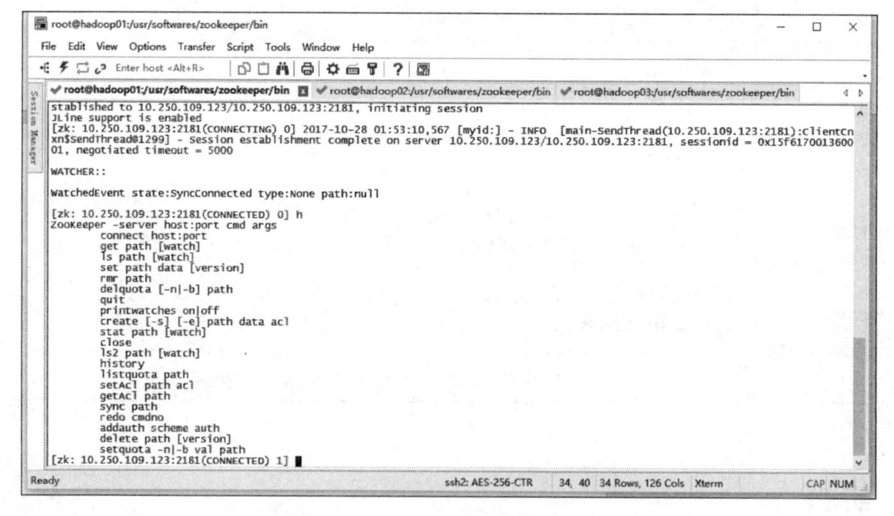

图 8.13 输入"h"查看所有指令

(3) 使用"ls/"查看所有节点。

示例:

```
[zk:10.250.109.123:2181(CONNECTED) 1] ls /
[zookeeper]
```

(4) 查看 ZooKeeper 的节点信息。

示例:

```
[zk:10.250.109.123:2181(CONNECTED) 2] stat /zookeeper
cZxid = 0x0
ctime = Wed Dec 31 19:00:00 EST 1969
mZxid = 0x0
mtime = Wed Dec 31 19:00:00 EST 1969
pZxid = 0x0
cversion = -1     /版本号
dataVersion = 0  /数据版本号
aclVersion = 0  /权限版本号
ephemeralOwner = 0x0  /是否临时节点
dataLength = 0           /数据长度
numChildren = 1     /子节点数
```

(5) 创建节点。

示例:

```
[zk:10.250.109.123:2181(CONNECTED) 4] create /node_1 111
Created /node_1
```

(6) 创建子节点。

示例:

```
[zk:10.250.109.123:2181(CONNECTED) 5] create /node_1/node_1_1 112
Created /node_1/node_1_1
```

(7) 创建临时节点。

示例:

```
[zk:10.250.109.123:2181(CONNECTED) 6] create -e  /node_1/node_1_2 113
Created /node_1/node_1_2
```

当输入"quit"退出当前客户端后,临时节点消失。

(8) 创建顺序节点。

示例:

```
[zk:10.250.109.123:2181(CONNECTED) 8] create -s  /node_1/node_1_3 113
Created /node_1/node_1_30000000002
[zk:10.250.109.123:2181(CONNECTED) 9] create -s  /node_1/node_1_3 113
Created /node_1/node_1_30000000003
```

创建的节点名将会自增。

(9) 修改节点数据。

示例：

```
[zk:10.250.109.123:2181(CONNECTED) 10] set /zookeeper 999
cZxid = 0x0
ctime = Wed Dec 31 19:00:00 EST 1969
mZxid = 0x100000009
mtime = Sat Oct 28 02:05:07 EDT 2017
pZxid = 0x0
cversion = -1
dataVersion = 1
aclVersion = 0
ephemeralOwner = 0x0
dataLength = 3
numChildren = 1
[zk:10.250.109.123:2181(CONNECTED) 11] get /zookeeper
999    //数据被修改
cZxid = 0x0
ctime = Wed Dec 31 19:00:00 EST 1969
mZxid = 0x100000009
mtime = Sat Oct 28 02:05:07 EDT 2017
pZxid = 0x0
cversion = -1
dataVersion = 1
aclVersion = 0
ephemeralOwner = 0x0
dataLength = 3
numChildren = 1
```

(10) 使用 get 获取节点数据信息。

示例：

```
[zk:10.250.109.123:2181(CONNECTED) 7] get /node_1
111
cZxid = 0x100000004
ctime = Sat Oct 28 02:00:19 EDT 2017
mZxid = 0x100000004
mtime = Sat Oct 28 02:00:19 EDT 2017
pZxid = 0x100000006
cversion = 2
dataVersion = 0
aclVersion = 0
ephemeralOwner = 0x0
dataLength = 3
numChildren = 2
```

(11) 删除指令只能删除没有子节点的节点。

示例：

```
[zk:10.250.109.123:2181(CONNECTED) 12] delete /node_1
Node not empty:/node_1
```

循环删除全部节点示例：

```
[zk:10.250.109.123:2181(CONNECTED) 13] rmr /node_1
```

8.6.2 ZooKeeper Java API 的使用

要在 ZooKeeper 中使用 Java API 需要做以下准备工作。

(1) 解压下载的 zookeeper-3.4.10.tar.gz 文件，在解压获得的 zookeeper-3.4.10 文件夹中存在一个 jar 文件，如图 8.14 所示。该文件是使用 ZooKeeper Java API 需要用到的依赖包。

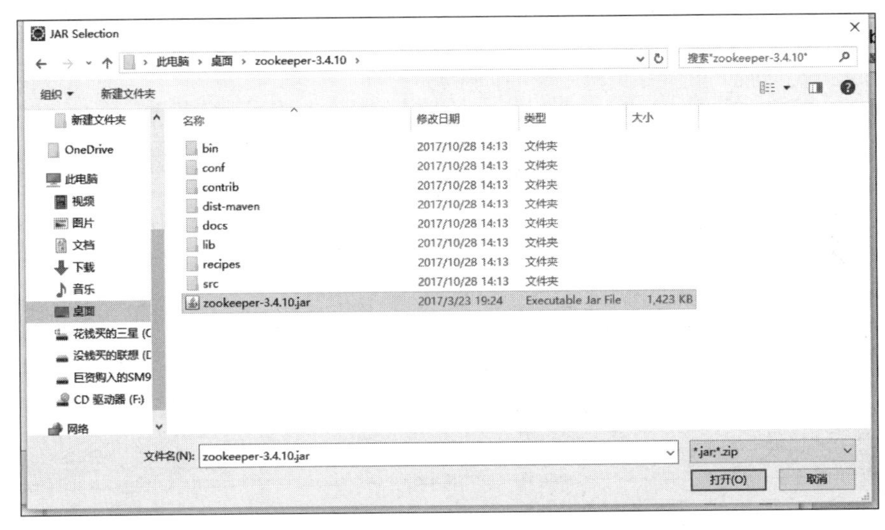

图 8.14　zookeeper-3.4.10 文件

(2) 打开 Eclipse，创建一个 Java 工程，导入相应的 jar 包，如图 8.15 所示。

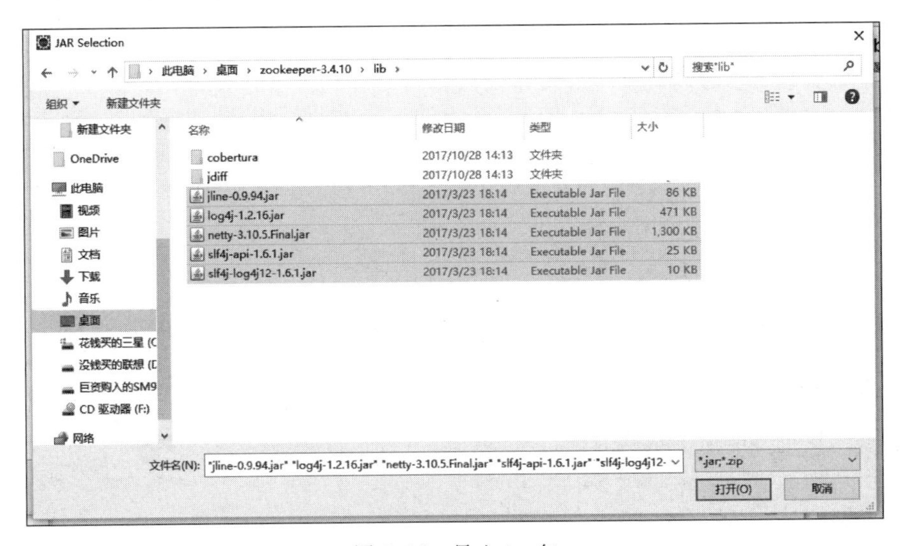

图 8.15　导入 jar 包

（3）创建会话。

示例代码：

```
package zookeeperTest;

import java.io.IOException;
import org.apache.zookeeper.WatchedEvent;
import org.apache.zookeeper.Watcher;
import org.apache.zookeeper.ZooKeeper;

public class CreatSession implements Watcher {

    private static ZooKeeper zookeeper;
public static void main(String[] args) throws IOException {
    zookeeper = new ZooKeeper("10.250.109.123", 5000, new CreatSession());
    System.out.println(zookeeper.getState());
    try {
        Thread.sleep(Integer.MAX_VALUE);
    } catch (InterruptedException e) {
        // TODO Auto-generated catch block
        e.printStackTrace();
    }
}
@Override
public void process(WatchedEvent event) {
    // TODO Auto-generated method stub
    System.out.println("目前事件" + event);
}
}
```

上述示例代码的运行结果如图 8.16 所示。

```
CreatSession [Java Application] C:\Program Files\Java\jdk1.8.0_144\bin\javaw.exe (2017年10月28日 下午2:28:19)
log4j:WARN No appenders could be found for logger (org.apache.zookeeper.ZooKeeper).
log4j:WARN Please initialize the log4j system properly.
log4j:WARN See http://logging.apache.org/log4j/1.2/faq.html#noconfig for more info.
CONNECTING
目前事件WatchedEvent state:SyncConnected type:None path:null
```

图 8.16 创建会话连接示例代码运行结果

（4）同步创建节点。

示例代码：

```
package zookeeperTest;

import java.io.IOException;
import org.apache.zookeeper.CreateMode;
import org.apache.zookeeper.KeeperException;
import org.apache.zookeeper.WatchedEvent;
import org.apache.zookeeper.Watcher;
```

```
import org.apache.zookeeper.Watcher.Event.KeeperState;
import org.apache.zookeeper.ZooDefs.Ids;
import org.apache.zookeeper.ZooKeeper;

public class CreateNode implements Watcher {

    private static ZooKeeper zookeeper;
    public static void main(String[] args) throws IOException {
        zookeeper = new ZooKeeper("10.250.109.123", 5000, new CreatNode());
        System.out.println(zookeeper.getState());
        try {
            Thread.sleep(Integer.MAX_VALUE);
        } catch (InterruptedException e) {
            e.printStackTrace();
        }
    }

    @Override
    public void process(WatchedEvent event) {
        if(event.getState() == KeeperState.SyncConnected) {
            NodeCreate();
        }
    }

    private void NodeCreate()  {
        String path;
        try {
            path = zookeeper.create("/node_2", "111".getBytes(), Ids.OPEN_ACL_UNSAFE,
CreateMode.PERSISTENT);
            System.out.println("return path" + path);
        } catch (KeeperException e) {
            e.printStackTrace();
        } catch (InterruptedException e) {
            e.printStackTrace();
        }
    }
}
```

上述示例代码的运行结果如图 8.17 所示。

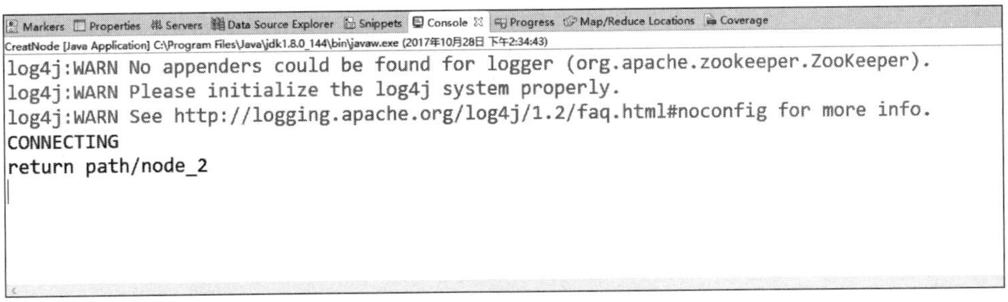

```
Markers  Properties  Servers  Data Source Explorer  Snippets  Console  Progress  Map/Reduce Locations  Coverage
CreatNode [Java Application] C:\Program Files\Java\jdk1.8.0_144\bin\javaw.exe (2017年10月28日 下午2:34:43)
log4j:WARN No appenders could be found for logger (org.apache.zookeeper.ZooKeeper).
log4j:WARN Please initialize the log4j system properly.
log4j:WARN See http://logging.apache.org/log4j/1.2/faq.html#noconfig for more info.
CONNECTING
return path/node_2
```

图 8.17 同步创建节点示例代码运行结果

（5）获取子节点信息。

将上述示例代码中的以下内容：

```
path = zookeeper.create("/node_2","111".getBytes(), Ids.OPEN_ACL_UNSAFE, CreateMode
.PERSISTENT);
```

修改如下：

```
List<String> children = zookeeper.getChildren("/", false);System.out.println(children);
```

其中，参数 false 表示不监听节点变化。

然后重新运行，得到的运行结果如图 8.18 所示。

```
Markers  Properties  Servers  Data Source Explorer  Snippets  Console  Progress  Map/Reduce Locations  Coverage
CreatNode [Java Application] C:\Program Files\Java\jdk1.8.0_144\bin\javaw.exe (2017年10月28日 下午2:40:29)
log4j:WARN No appenders could be found for logger (org.apache.zookeeper.ZooKeeper).
log4j:WARN Please initialize the log4j system properly.
log4j:WARN See http://logging.apache.org/log4j/1.2/faq.html#noconfig for more info.
CONNECTING
[node_2, zookeeper]
```

图 8.18　获取子节点信息示例代码运行结果

（6）监听节点变化。

示例代码：

```
package zookeeperTest;
import java.io.IOException;
import java.util.List;
import org.apache.zookeeper.KeeperException;
import org.apache.zookeeper.WatchedEvent;
import org.apache.zookeeper.Watcher;
import org.apache.zookeeper.Watcher.Event.EventType;
import org.apache.zookeeper.Watcher.Event.KeeperState;
import org.apache.zookeeper.ZooKeeper;

public class NewMsg implements Watcher {
    private static ZooKeeper zookeeper;
    public static void main(String[] args) throws IOException {
        zookeeper = new ZooKeeper("10.250.109.123", 5000, new NewMsg());
        System.out.println(zookeeper.getState());
        try {
            Thread.sleep(Integer.MAX_VALUE);
        } catch (InterruptedException e) {
            e.printStackTrace();
        }
    }
```

```
    @Override
    public void process(WatchedEvent event) {
        if(event.getState() == KeeperState.SyncConnected) {
            if(event.getType() == EventType.None && null == event.getPath()) {
                msg();
            } else {
                if(event.getType() == EventType.NodeChildrenChanged)
                    try {
                            System.out.println(zookeeper.getChildren(event.getPath(),
true));
                    } catch (KeeperException e) {
                        e.printStackTrace();
                    } catch (InterruptedException e) {
                        e.printStackTrace();
                    }
            }
        }
    }
    private void msg() {
        try {
            List<String> children = zookeeper.getChildren("/", true);
            System.out.println(children);
        } catch (KeeperException e) {
            e.printStackTrace();
        } catch (InterruptedException e) {
            e.printStackTrace();
        }
    }
}
```

上述示例代码的初次运行结果如图 8.19 所示。

```
Markers  Properties  Servers  Data Source Explorer  Snippets  Console  Progress  Map/Reduce Locations  Coverage
NewMsg [Java Application] C:\Program Files\Java\jdk1.8.0_144\bin\javaw.exe (2017年10月28日 下午2:49:11)
log4j:WARN No appenders could be found for logger (org.apache.zookeeper.ZooKeeper).
log4j:WARN Please initialize the log4j system properly.
log4j:WARN See http://logging.apache.org/log4j/1.2/faq.html#noconfig for more info.
CONNECTING
[node_2, zookeeper]
```

图 8.19 监听节点变化示例代码初次运行结果

当在客户端创建一个新的节点时，如图 8.20 所示。

```
[zk: 10.250.109.123:2181(CONNECTED) 18] create /node_1 111
Created /node_1
[zk: 10.250.109.123:2181(CONNECTED) 19]
```

图 8.20 创建新节点

在控制台会自动输出如图 8.21 所示的结果。

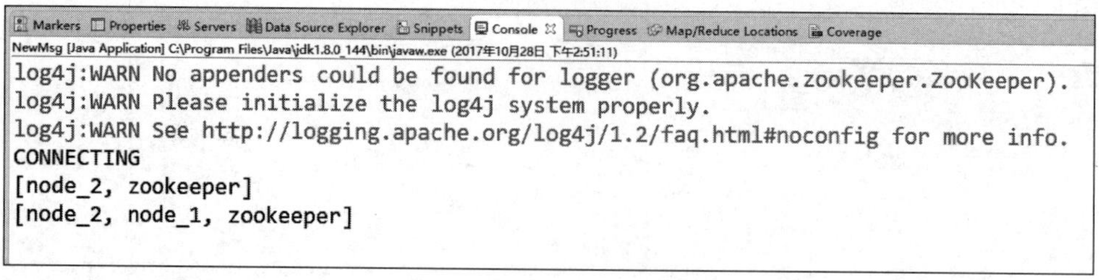

```
Markers  Properties  Servers  Data Source Explorer  Snippets  Console  Progress  Map/Reduce Locations  Coverage
NewMsg [Java Application] C:\Program Files\Java\jdk1.8.0_144\bin\javaw.exe (2017年10月28日 下午2:51:11)
log4j:WARN No appenders could be found for logger (org.apache.zookeeper.ZooKeeper).
log4j:WARN Please initialize the log4j system properly.
log4j:WARN See http://logging.apache.org/log4j/1.2/faq.html#noconfig for more info.
CONNECTING
[node_2, zookeeper]
[node_2, node_1, zookeeper]
```

图 8.21　监听节点变化输出

运行实验的 CreateNode 类新建节点后,也会出现相同的结果。

(7) 删除节点操作。

示例:

```
zookeeper.delete("/node_1", -1);
```

第一个参数表示节点路径,第二个参数表示版本信息,当设置为-1 时表示不检验版本信息。

第9章

Spark基础

Spark 是一种基于 YARN 的框架组件，是一个用于计算的框架。本章将对 Spark 的基础内容进行介绍，章节内容安排如下。

9.1 Spark 介绍

对 Spark 的基本概念、组件以及 Spark 的特性进行介绍。

9.2 Spark 主要架构

对 Spark 的主要架构进行介绍。

9.3 Spark 计算模型

介绍 Spark 的计算模型。

9.4 Spark 运行模式

对 Spark 的运行模式进行介绍。

9.5 Spark SQL

深入介绍 Spark 核心组件 Spark SQL。

9.6 Spark Streaming

深入介绍 Spark 核心组件 Spark Streaming。

9.7 安装 Spark

介绍如何安装部署 Spark 以进行 Spark 实验。

9.8 实验

介绍使用 Spark 的简单实验。

通过本章的学习，读者能对 Spark 的基本概念、组件组成、工作原理及基本特性有初步的了解和认识，同时通过进行 Spark 的部署和简单的实验应用，能够加深读者对 Spark 的理解和认识。有关 Spark 的详细内容可访问网站 http://spark.apache.org/，或扫描右侧二维码，获取有关 Spark 的更多信息。

9.1 Spark 介绍

9.1.1 概念介绍

Apache Spark(此后称 Spark)最初是加州大学伯克利分校 RAD 实验室的一个研究项目,实验室的研究人员发现使用 Hadoop MapReduce 来进行他们的项目时,效率低下,于是为了进行更高效的交互式查询和迭代算法,研究设计了 Spark。2009 年,其相关研究论文在学术会议上发表后,Spark 项目正式开启。此后,由于 Databricks、雅虎以及英特尔等机构的加入,Spark 逐渐完善起来,开发出了基于 Spark 更高层的组件,并于 2010 年 3 月开源,于 2013 年捐献给 Apache 基金会,成为 Apache 基金会的顶级开源项目。

Spark 是一种快速通用的集群计算机系统,相对于 Hadoop 中的计算模型 MapReduce 来说,它可以在内存中进行计算,因此具有更快的计算速度。Spark 提供高层次的 Java、Scala、Python 以及 R 语言的接口,这些接口使 Spark 的使用更加方便快捷。它还提供了支持通用图像的优化引擎,进一步增强了计算效率。此外,Spark 还提供了一系列丰富的高层组件,包括支持 SQL 和结构化数据处理的 Spark SQL,支持机器学习的 MLib,支持图像处理的 GraphX 以及 Spark Streaming。

Spark 被应用于各种各样的场景中,用于进行复杂的批量处理,基于历史数据的交互式查询和基于实时数据流的数据处理。但 Spark 不能单独处理任何任务,它必须被运行在合适的平台上才能发挥它强大的能力,目前比较常用的使用方法,是将 Spark 安装在 Hadoop 上进行使用。

9.1.2 组件介绍

前面说到,Spark 提供了一系列丰富的组件,其中,Spark SQL、Spark Streaming、MLib、GraphX 这四个组件与 Spark Core 一起构成了 Spark 的基本生态圈,如图 9.1 所示。

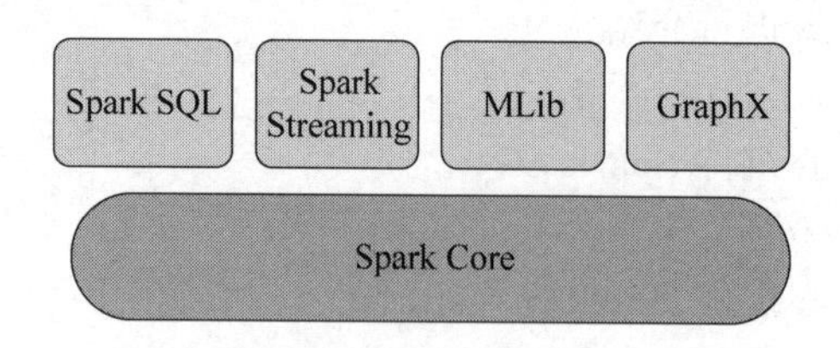

图 9.1 Spark 基本生态圈

接下来,将对以上 Spark 的核心组件进行简单的介绍。

1. Spark Core

Spark Core 是 Spark 的核心,为 Spark 提供最基本最核心的功能,包括工作调度、内存管理、错误恢复等基本管理模块。它提供了 DAG(Directed Acyclic Graph,有向无环图)的分布式并行计算框架,使用 Cache 机制支持多次迭代计算和数据共享,大大降低了迭代计算时需要读取数据集的开销,使多次迭代性能得到提升。

Spark Core 还提供了 RDD（Resilient Distributed Dataset，弹性分布式数据集）的抽象，这使得 Spark 可以使用 RDD，从而提高数据的容错性，同时为非移动数据提供移动计算，以此更好地支持分布式计算。此外，Spark Core 通过使用多线程池来减少 Task（任务）启动的开销，采用具有容错性和高伸缩性的 Akka（Java 虚拟机上构建的工具包和运行时）作为通信框架，来增强 Spark 的性能。

2. Spark SQL

Spark SQL 的前身是 Databricks 公司的 Shark，在 Spark SQL 产生前，Hive 几乎是当时 SQL on Hadoop 的唯一选择，它负责将 SQL 编译成可扩展的 MapReduce 作业，Shark 通过解析 Hive 的 HQL，将其翻译为 Spark 上的 RDD 操作，便于数据在 Spark 上进行计算。后来，由于 Spark SQL 不仅包含 Shark 的所有特性，而且还与 Spark 有更紧密的结合，同时相对于 Shark，Spark SQL 更易于优化和维护，给用户更好的体验，后来完全替代了 Shark。

Spark SQL 能够统一处理关系表和 RDD，允许开发人员查询外部数据并进行更复杂的数据分析，还允许直接处理 RDD。Spark SQL 引入了一个新的 RDD 类型 SchemaRDD。SchemaRDD 定义可以像传统数据库定义表一样，由定义了列数据类型的行对象构成，可以从 RDD 转换过来，也可以从 Parquet 文件读入，还可以使用 HQL 从 Hive 中获取；Spark SQL 内嵌了查询优化框架 Catalyst，把 SQL 解析成逻辑执行计划之后，利用 Catalyst 包中的一些类和接口，执行简单的执行计划优化后，可将其转换为 RDD 的计算；Spark SQL 还能在应用程序中混合使用来源不同的数据。

Spark SQL 的性能得以提升，主要是因为其做了以下几点优化。

（1）采用内存列存储（In-Memory Columnar Storage）。

Spark SQL 的表数据在内存中不是按照原生态的 JVM 对象进行存储的，而是采用内存列的方式进行存储的。列存储的数据可以压缩，读取起来也比较容易，不会产生冗余的字段，由于每一列数据类型是同质的，因此不会产生二义性，从而提高了 Spark SQL 的性能。

（2）采用字节码生成技术（Bytecode Generation）。

Spark 在 Catalyst 模块的表达式中增加了“code gen”模块，并使用动态字节码生成技术，对匹配的表达式采用特定的代码动态编译。此外，对 SQL 表达式都做了 GC（Garbage Collection，垃圾回收）优化。GC 优化的实现主要依靠 Scala 的运行时放射机制。

（3）Scala 代码优化。

Spark SQL 在使用 Scala 编写代码的时候，尽量避免低效的、容易 GC 的代码；尽管增加了编写代码的难度，但对于用户来说接口统一，使用方便。

3. Spark Streaming

Spark Streaming 是 Spark 中对实时数据流进行高通量和容错处理的流式处理组件，可以对多种数据源（如 Kafka、Flume、Twitter、Zero 和 TCP 套接字等）进行类似 Map、Reduce 和 Join 等复杂操作，并将操作结果保存到外部文件系统、数据库或应用到实时仪表盘中。

Spark Streaming 是 Spark 中最重要的组件之一，在后续的章节中将会进行更加详细的介绍。

4. MLib

MLib 是 MLBase 中的一部分。MLBase 是 Spark 生态圈中专注于机器学习的部分，包含 MLib、MLI、ML Optimizer 和 ML Runtime。MLib 是一个可扩展的 Spark 机器学习库，提供了常见的机器学习算法和程序，包括二元分类、线性回归、聚类、协同过滤、降维以及底层优化等。此外，它还提供了模型评估、数据导入等额外功能，可以通过扩展该算法库来获得更多的功能，使用灵活。

5. GraphX

GraphX 最初是 AMPLab 的一个分布式图计算框架项目，后来发展整合成为 Spark 中的一个核心组件。GraphX 作为 Spark 中用于进行图计算的程序库，可以认为是 GraphLab(使用 C++语言)和 Pregel(使用 C++语言)在 Spark(使用 Scala 语言)上的重写及优化。与其他分布式图计算框架相比，GraphX 最大的特点是在 Spark 之上提供了一站式的数据解决方案，使其可以方便且高效地完成一整套图计算的流水作业。

GraphX 通过引入弹性分布式属性图(Resilient Distributed Property Graph，一种顶点和边都带有属性的有向多重图)，扩展了 Spark RDD 的抽象，使得针对 Table 和 Graph 两种图，只需要一份物理存储，并对两种视图都提供各自独有的操作符，提高了灵活性和执行效率。GraphX 的代码非常简洁，它的代码整体结构如图 9.2 所示，其中大部分的实现都是围绕 Partition 的优化进行的。

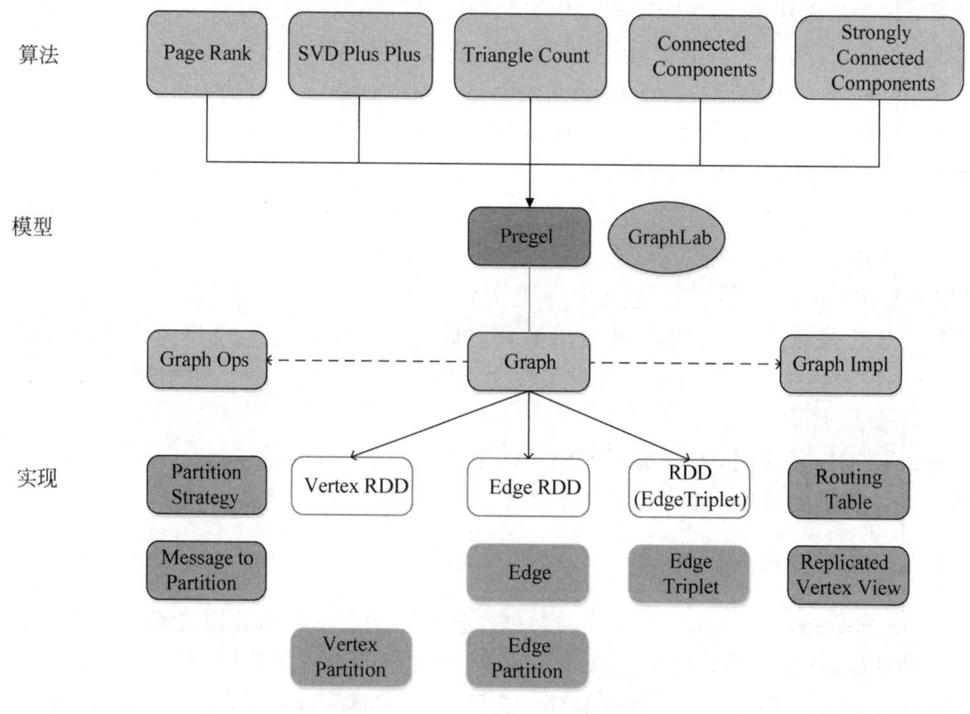

图 9.2 GraphX 代码整体结构

9.1.3 特性

Spark 具有以下特性。

1. 运行速度快

大数据的处理速度总是至关重要的，我们需要尽可能快地处理庞大的数据。

Spark 使 Hadoop 集群中的应用程序能够在内存中运行速度提高 100 倍，在机器磁盘上运行速度提高 10 倍。这是通过简单地减少对光盘的读写操作数量来实现的。通过在内存中存储中间处理数据，Spark 可确保最高速度。Spark 中的弹性分布式数据集(RDD)模型允许在内存中透明地存储数据，只有在绝对需要时才需要使用磁盘空间。当然，通过最大限度地减少磁盘读写操作，可以解决数据处理中的主要时间消耗因素。如图 9.3 所示是 Hadoop 与 Spark 执行时间的比较情况。

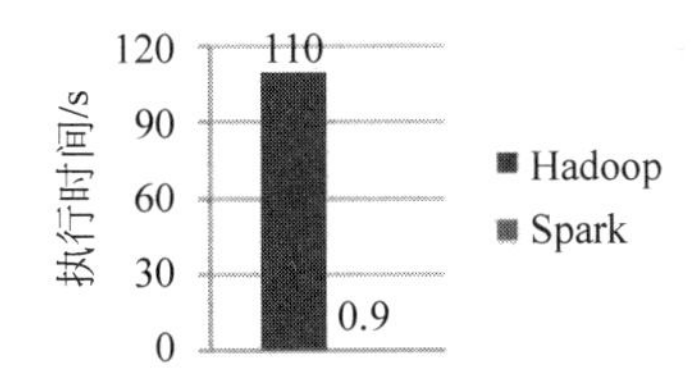

图 9.3 Hadoop 与 Spark 执行时间比较

2. 快速和可靠的应用程序开发

Spark 提供的简单易用的编程 API 使得使用诸如 Java、Python 或 Scala 之类的语言可以快速构建应用程序。此外，通过数据科学家和开发人员的有利部署，可以实现能够跨越批处理、交互式和流式应用程序的快速原型和工作流。

Spark 应用程序和框架(如 Spark SQL、Spark Streaming、GraphX 和 MLib)提供企业级功能和性能。这些应用程序和框架可以在不同的生产环境中持续运行，并可以利用更快速的数据驱动处理，具有更高的可访问性。

3. 支持多种语言的灵活性更高

使用 Spark 的开发人员可以快速编写应用程序，编写的程序可以使用对大多数开发人员友好的编程语言，如 Java、Scala 或 Python，使用熟悉的编程语言创建和运行应用程序具有快速开发的优势。而且，为了在 Shell 内部交互式地查询数据，它加载了一个由八十多个高级操作符组成的内置集合。

4. 支持复杂的分析

Spark 除了简单的 Map 和 Reduce 操作外，还支持 SQL 查询、流式数据和复杂的分析，例如，机器学习(ML)和图形算法。不仅如此，用户还可以在一个工作流程中无缝地组合所有这些功能。

5. 支持实时流处理

实时流处理是 Spark 的一大优势。虽然 MapReduce 负责操作和处理已存储的数据，但 Spark Streaming 允许处理实时数据。而在 Hadoop 中传输数据需要集成其他框架，除了提供其他全面的优势之外，Spark 还可以做到这一点。使用 Spark 流是很容易的，因为它是建立在轻量级但强大的 API 上的，其实时流处理能力比 Storm 要强。Spark 的易用性有利于流式传输应用的快速发展。

6. 轻松整合 Hadoop 和预先存在的 Hadoop 数据，支持丰富的数据源

图 9.4 Spark 整合丰富的资源

除了独立运行的能力之外，Spark 还可以在现有的 Hadoop 集群管理器和已经存在的 Hadoop 数据上运行，整合丰富的资源，如图 9.4 所示。它可以从 HBase、HDFS 等任何 Hadoop 数据源读取数据，如 Cassandra、HBase、Hive、Tachyon 以及任何 Hadoop 的数据源等。当然，就现有的 Hadoop 应用程序的迁移而言，Spark 不会是一个障碍，但将被证明是一个辅助因素。

9.2 Spark 主要架构

1. Spark 术语

Spark 的相关术语如表 9.1 所示。

表 9.1 Spark 相关术语

术　语	说　明
Application	Spark Application 中的应用程序，有一个 Driver 和若干个节点上的 Executor
Driver	运行 Spark Application 的 main()函数，同时创建 SparkContext
SparkContext	是 Application 的入口，负责控制 Application 的生命周期，调试各个运算资源(不要与 Master 的其他含义混淆)
Cluster Manager	连接到集群管理器以获取资源，使集群节点能在 Executors 上运行
Worker	从节点，相当于 Slave，Spark 的计算节点，Executor 运行 Task 的位置
Executor	执行器，负责在 Worker 节点上执行 Task 的分布式代理，每个应用拥有独立的一组 Executors
Task	在 Executor 上运行的工作任务
Job	是提交给 DAGScheduler 以计算 Action 结果的顶层工作计算，由若干个 Task 组成的并行计算，往往由 Spark Action 触发生成，一个 Job 有若干 RDD 及作用于相应 RDD 上的各种操作

续表

术　语	说　明
Stage	每个 Job 会被拆分多组 Task,每组 Task 被称为 Stage(也为 TaskSet),一个 Job 由多个 Stage 组成
DAGScheduler	通过 Job 创建 Stage 的 DAG,同时给 TaskScheduler 提交 Stage
TaskScheduler	负责在 Spark Application 中提交 Task 给 Executor

2. Spark 架构

Spark 是一个快速而通用的集群计算系统,采用了 Master-Slave 架构。Master 是整个集群中含有 Master 进程的节点(ClusterManager),Slave 相当于集群中含有 Worker 进程的计算节点。其中,Master 作为整个集群的控制器,负责整个集群的正常运行,Worker 相当于计算节点,接收 Master 的命令与汇报。Driver 管理 Application 的运行,Driver 和若干 Executors 在各自的 Java 进程中运行。Executor 负责 Task 的调度和执行;Client 负责提交 Application。Spark 的架构如图 9.5 所示。

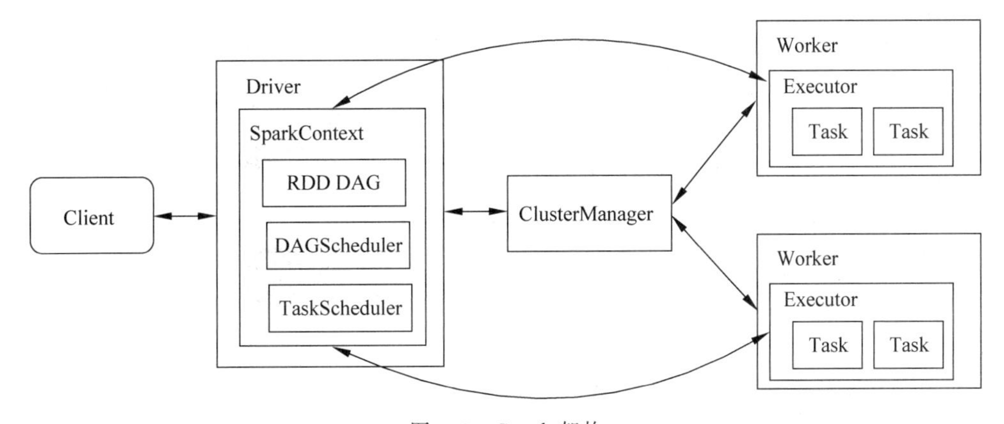

图 9.5　Spark 架构

Spark 的运行流程:Client 提交 Application,Cluster Master 获得一个 Worker 启动 Driver,Driver 作为 Application 的启动点,向 Master 或者资源管理器申请资源,然后将 Application 转换为 RDD Graph,再由 DAGScheduler 将 RDD Graph 转换为 Stage 的有向无环图提交给 TaskScheduler,随后 TaskScheduler 提交 Task 给 Executor 执行。在 Task 执行的过程中,其他组件协同工作,确保整个 Application 执行。

9.3　Spark 计算模型

Spark 的计算模型基本组成如图 9.6 所示。其中,基于 Spark 的应用程序包含一个 Driver Program (驱动程序)以及集群中的多个 Executor(执行单元);Driver Program 运行应用程序中的 main()函数并且创建 SparkContext(Driver Program 的主要部分);

Executor 是应用程序运行在 Worker Node 上的一个进程，负责运行 Task 和将数据存在内存或者磁盘上，每个应用程序都拥有多个各自独立的 Executor；在集群中的 Cluster Manager（集群管理程序）负责获取资源的外部服务；其中，RDD 的各种操作（Operation）主要分为两类：TransformAtion 和 Action。RDD 和这两类操作构成了 Spark 计算模型的核心。

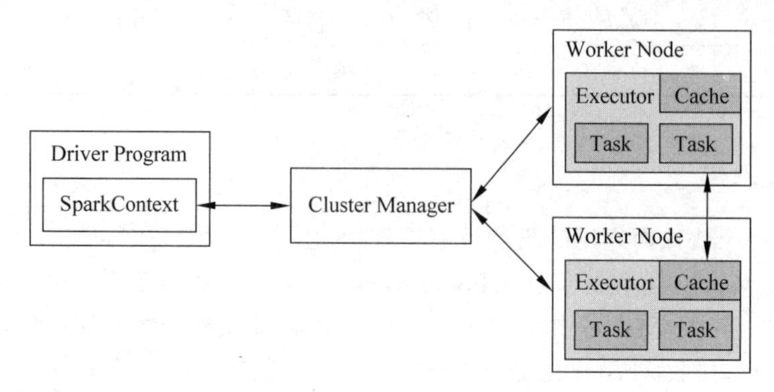

图 9.6 Spark 计算模型基本组成

模型中的 Driver 部分主要是对 SparkContext 进行配置、初始化以及关闭操作。初始化 SparkContext 是为了构建 Spark 应用程序的运行环境，在初始化 SparkContext 时，要先导入一些 Spark 的类和隐式转换；在 Executor 部分运行完毕后，需要将 SparkContext 关闭。

Executor 部分是对数据的处理，处理的数据主要分为三种：原生数据、RDD、共享变量。接下来将分别对这三种数据进行简单的介绍。

1）原生数据

包含原生的输入数据和输出数据。Spark 目前提供了 Scala 集合数据集和 Hadoop 数据集两种原生输入数据，它们都可以使用相应的方法转换成 RDD；Spark 除了支持以上两种类型的输出数据外，还支持 Scala 标量，可以生成 Scala 标量数据，Scala 集合数据集以及 Hadoop 数据集。

2）RDD

RDD 提供了四种算子：输入算子、转换算子、缓存算子以及行动算子。其中，输入算子负责将原生数据转换成 RDD；转换算子是 Spark 生成的 DAG 对象，作为最主要的算子，并不立即执行，而是在触发行动算子后再提交给 Driver 处理，生成 DAG 图然后进行后续操作；对于要多次使用的 RDD，缓存算子可以缓冲加快运行速度，并且还能对重要数据采用多备份缓存以保证数据的一致性；行动算子负责将运算结果 RDD 转换成原生数据。R 作为 Spark 的核心，后续将会对 RDD 进行更为详细的介绍。

3）共享变量

在 Spark 运行时，虽然一个函数传递给 RDD 内的 Partition 进行操作时，该函数所用到的变量在每个运算节点上都复制并维护了一份，并且各个节点之间不会相互影响。但是在 Spark 应用程序中，可能需要共享一些变量，提供给 Task 或驱动程序使用。

Spark 提供了两种共享变量：一种是广播变量，它只缓存到各个节点的内存中，而不会缓存到每个 Task，它被创建后，能被在集群中运行的任何函数调用，它的属性是只读的，广播后不能被修改，在 Spark 中可以使用高效的广播算法来降低通信成本；另一种共享变量是累加器，它只支持可以进行加法操作的变量，可以实现计数器和变量求和，用户可以通过调用 SparkContext. accumulator(v)创建一个初始值为 v 的累加器，而运行在集群上的 Task 可以使用"+="操作，但这些任务却不能读取，只有驱动程序才能获取累加器的值。

之前提到了 RDD 及其两类基本操作(Transformation 和 Action)构成了 Spark 计算模型的核心。接下来，将分别对 RDD 及其两类主要操作进行介绍。

1. RDD

弹性分布式数据集(Resilient Distributed Dataset，RDD)是 Spark 的基本计算单元，可以通过一系列算子进行操作(主要是 Transformation 和 Action)。RDD 可以理解为是一种分布式数组，将数据切分为不同的块，分布在整个集群的不同节点中，通过统一的原数据，RDD 可以进行整个数据集的管理。

RDD 是 Spark 最基本的抽象，是对分布式内存的抽象使用，实现了以操作本地集合的方式来操作分布式数据集的抽象实现。作为 Spark 最核心的东西，它表示已被分区，不可变的并能够被并行操作的数据集合，不同的数据集格式对应不同的 RDD 实现。它必须是可序列化的，可以缓存到内存中。每次对 RDD 数据集操作之后的结果，都可以存放到内存中，下一个操作可直接从内存中读取输入，避免了 MapReduce 大量的磁盘 IO 操作，对于需要多次迭代的运算有更高的效率。

在数据集上的所有元素都执行相同操作的批处理式应用 RDD 最适合。在这种情况下，RDD 只需记录血统中每个转换就能还原丢失的数据分区，而无须记录大量的数据操作日志，但这也使得 RDD 不适合那些需要异步、细粒度更新状态的应用(如 Web 应用的存储系统、增量式的 Web 爬虫等)，对于这些应用，使用具有事务更新日志和数据检查点的数据库系统更为高效。

RDD 具有如表 9.2 所示的一些属性。

表 9.2　RDD 属性

属性名称	属性描述
partition(a list of partitions)	数据块，存储了所有数据块的列表
compute (a function for computing each split)	支持不同 RDD，完成不同的运算
dependency	RDD 的依赖，当每次操作，RDD 变成新的 RDD 之后，它们之间将存在一种联系，这种联系通过 dependency 来维持
partitioner	在分布式的数据结构中，可使用 partitioner 的数据分析算法，对数据进行打散和重新分区

续表

属性名称	属性描述
preperredLocations	输入数据可能来自HDFS或其他分布式存储中。以HDFS为例，HDFS存在副本机制，采用Spark输入HDFS的数据块，如果前面所有节点的计算资源已经全部占用，只剩下一个CPU的计算资源，这时需要读取的数据块在本机可能有一份，其他两份分布在另外两台机器上，通过preferredLocations能够知道这两份数据存储节点的IP，控制优先避免控制块的网络传输读取本地的数据块，这样可将任务分配到还有空闲CPU的节点上

目前RDD有两种基础数据类型：并行集合（Parallelized Collections）和Hadoop数据集（Hadoop Datasets）。这两种类型的RDD都可以通过相同的方式进行操作，从而获得子RDD等一系列拓展，形成lineage血统关系图。

1）并行集合

并行化集合通过接收一个已经存在的Scala集合，然后进行各种并行计算。它是通过调用SparkContext的parallelize方法，在一个已经存在的Scala集合上创建的（一个Seq对象），集合的对象将会被复制，创建出一个可以被并行操作的分布式数据集。

2）Hadoop数据集

Hadoop数据集是在一个文件的每条记录上运行函数。只要文件系统是HDFS，或者Hadoop支持的任意存储系统即可。Spark可以将任何Hadoop所支持的存储资源转换成RDD，如本地文件（需要网络文件系统，所有的节点都必须能访问到）、HDFS、Cassandra、HBase、Amazon S3等。Spark支持文本文件、SequenceFiles和任何Hadoop InputFormat格式。

Spark中将Hadoop所支持的存储资源转换成RDD的方法如表9.3所示。

表9.3 Spark中将Hadoop所支持的存储资源转换成RDD的方法

方法	方法说明
①使用textFile()方法可以将本地文件或HDFS文件转换成RDD	支持整个文件目录读取。 文件可以是文本或者压缩文件（如gzip等，自动执行解压缩并加载数据）。 如：textFile("file:///dfs/data")； 支持通配符读取，例如： val rdd1 = sc.textFile("file:///root/access_log/access_log * .filter"); val rdd2 = rdd1.map(_.split("t")).filter(_.length = = 6) rdd2.count() ... 14/08/20 14:44:48 INFO HadoopRDD: Input split: file:/root/access _ log/access _ log. 20080611. decode. filter: 134217728 + 20705903 ... textFile()可选第二个参数slice，默认情况下为每一个block分配一个slice。用户也可以通过slice指定更多的分片，但不能使用少于HDFS block的分片数

续表

方 法	方 法 说 明
② 使用 wholeTextFiles()读取目录里面的小文件	返回(用户名、内容)对
③ 使用 sequenceFile[K,V]()方法可以将 SequenceFile 转换成 RDD	SequenceFile 是 Hadoop 为了存储二进制形式的 key-value 对而设计的一种平面文件
④ 使用 SparkContext. hadoopRDD 方法	可以将其他任何 Hadoop 输入类型转换成 RDD 使用方法

一般来说,HadoopRDD 中每一个 HDFS block 都成为一个 RDD 分区。

此外,通过 Transformation 可以将 HadoopRDD 转换成 FilterRDD(依赖一个父 RDD 产生)和 JoinedRDD(依赖所有父 RDD)等。

在 RDD 中将依赖划分为两种类型:窄依赖(Narrow Dependencies)和宽依赖(Wide Dependencies)。窄依赖是指父 RDD 的每个分区都只被子 RDD 的一个分区所使用。相应地,宽依赖就是指父 RDD 的分区被多个子 RDD 的分区所依赖。Map 就是一种窄依赖,Join 会导致宽依赖(除非父 RDD 是 Hash-partitioned)。RDD 的两种依赖关系如图 9.7 所示。

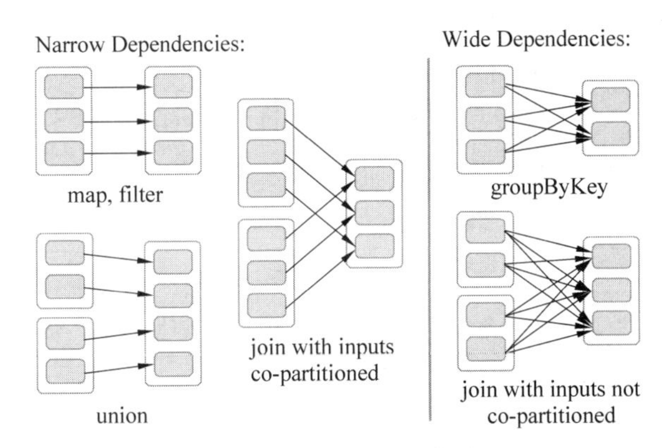

图 9.7 RDD 的两种依赖

窄依赖的特点如下。

(1) 子 RDD 的每个分区依赖于常数个父分区(即与数据规模无关)。

(2) 输入输出一对一的算子,且结果 RDD 的分区结构不变,主要是 map、flatMap。

(3) 输入输出一对一,但结果 RDD 的分区结构发生了变化,如 union、coalesce。

(4) 从输入中选择部分元素的算子,如 filter、distinct、subtract、sample。

宽依赖的特点如下。

(1) 子 RDD 的每个分区依赖于所有父 RDD 分区。

(2) 对单个 RDD 基于 Key 进行重组和 Reduce,如 groupByKey、reduceByKey。

(3) 对两个 RDD 基于 Key 进行 Join 和重组,如 Join。

在Spark中,可以使用Persist和Cache方法将任意RDD缓存到内存、磁盘文件系统中。RDD缓存是容错的,如果一个RDD分片丢失,可以通过构建它的Transformation自动重构。当被缓存的RDD被使用时,存取速度会大大提升。一般为了提高存取效率,Executor内存的60%做Cache,剩下的40%做Task。

Persist和Cache是Spark中用来缓存RDD的方法。cache()是persist()的特例,cache()将RDD缓存到内存中,而persist()可以为RDD缓存指定一个StorageLevel,StorageLevel的列表可以在StorageLevel伴生单例对象中找到。Spark中不同的StorageLevel目的是满足内存使用和CPU效率权衡上的不同需求。通常按照以下建议进行选择。

(1) 如果RDD可以很好地与默认地存储级别(MEMORY_ONLY)契合,就不需要做任何修改了。这已经是CPU使用效率最高的选项,它使得RDD的操作尽可能的快。

(2) 如果不能与默认的存储级别相契合,试着使用MEMORY_ONLY_SER并且选择一个快速序列化的库使得对象在有比较高的空间使用率的情况下,依然可以较快被访问。

(3) 尽可能不要存储到硬盘上,除非计算数据集的函数,计算量特别大,或者它们过滤了大量的数据。否则,重新计算一个分区的速度和从硬盘中读取的速度基本是一样的。

(4) 如果想要有快速故障恢复能力,使用复制存储级别(例如,用Spark来响应Web应用的请求)。所有的存储级别都有通过重新计算丢失数据恢复错误的容错机制,但是复制存储级别可以使得在RDD上持续地运行任务,而不需要等待丢失的分区被重新计算。

(5) 如果想要定义自己的存储级别(比如复制因子为3而不是2),可使用StorageLevel单例对象的apply()方法。

(6) 在不使用Cached RDD的时候,及时使用unpersist方法来释放它。

根据上述介绍,可以总结出RDD的一些特点,如表9.4所示。

表9.4 RDD的特点

特　点	描　述
来源	一种是从持久存储获取数据,另一种是从其他RDD生成
只读	状态不可变,不能修改
分区	支持元素根据Key来分区(Partitioning),保存到多个节点上,还原时只会重新计算丢失分区的数据,而不会影响整个系统
路径	在RDD中叫世族或血统(lineage),即RDD有充足的信息关于它是如何从其他RDD产生而来的
持久化	可以控制存储级别(内存、磁盘等)来进行持久化
操作	丰富的动作(Action),如Count、Reduce、Collect和Save等

2. RDD两类基本函数

Transformations(转换)和Actions(操作)是RDD两类最基本的函数,这两个基本函数的工作流程如图9.8所示。

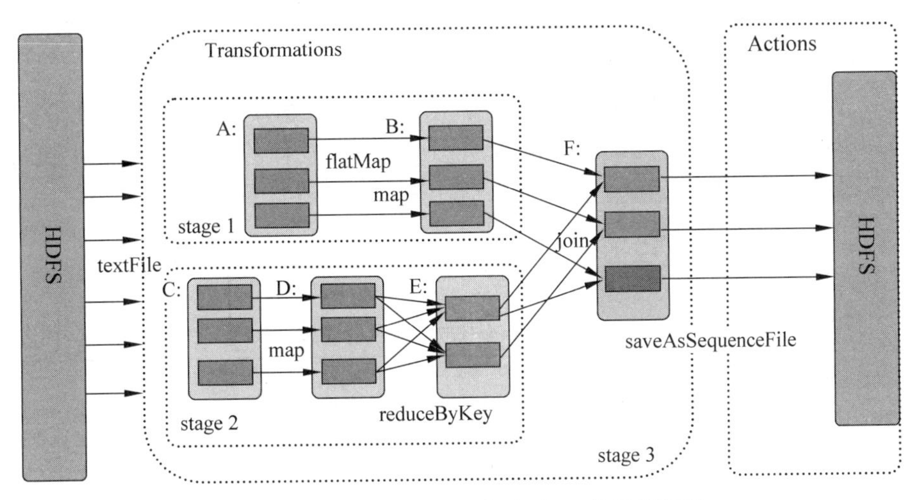

图 9.8 Transformations 和 Actions 的工作流程

Transformations 会延迟计算，它可以是 map\filter\group by 等，如果没有将程序提交到集群中，它是不会执行的，因此 Transformations 并不立即执行。转换的返回值还是一个 RDD。表 9.5 列举了 Transformations 的一些例子。

表 9.5 Transformations 的一些例子

函　　数	函数描述
map(func)	对调用 map 的 RDD 数据集中的每个 element 都使用 func，然后返回一个新的 RDD，这个返回的数据集是分布式数据集
fileter(finc)	对调用 filter 的 RDD 数据集中的每个元素都使用 func，然后返回一个包含使 func 为 true 的元素构成的 RDD
reduceByKey(func,[numTasks])	就是用给定的 reduce func 再作用在 groupByKey 产生的(K, seq[V])，比如求和、求平均数

Actions 会触发 Spark 提交作业，调用了 run job 的方法，将整个作业提交到 Spark 集群进行执行，并将数据输出 Spark 系统。操作后的返回值不是一个 RDD。表 9.6 列举了 Actions 的一些例子。

表 9.6 Actions 的一些例子

函　　数	函数说明
reduce(func)	就是聚集，但是传入的函数是两个参数输入返回的一个值，这个函数必须是满足交换律和结合律的
collect()	一般是 filter 或者足够小的时候，再用 collect 封装返回一个数组
count()	Element 的个数

接下来将分别对 Transformations 和 Actions 这两种计算方式进行更为详细的介绍。

1）Transformations

Transformations 是延迟加载的，从一个 RDD 转换生成另一个 RDD 的操作不是立即执行的，Spark 在遇到 Transformations 时只会记录需要这样的操作，并不会去执行它，需要等到有 Actions 操作的时候才会真正启动计算过程进行计算，如 map、filter、groupBy、join 等。

表 9.7 列举了转换中一些常用的函数。

表 9.7　转换中用到的一些函数

函　　数	函数说明
reduce(func)	通过函数 func 聚集数据集中的所有元素。func 函数接收两个参数，返回一个值。这个函数必须是关联性的，确保可以被正确地并发执行
collect()	在 Driver 的程序中，以数组的形式，返回数据集的所有元素。这通常会在使用 filter 或者其他操作后，返回一个足够小的数据子集再使用，如果直接将整个 RDD 集合返回，可能会导致驱动程序发生 OOM 异常
count()	返回数据集的元素个数
take(n)	返回一个数组，由数据集的前 n 个元素组成。注意，这个操作目前并非在多个节点上并行执行，而是 Driver 程序所在机器单机计算所有的元素(Gateway 的内存压力会增大，需要谨慎使用)
first()	返回数据集的第一个元素(类似于 take(1))
saveAsTextFile(path)	将数据集的元素以 textfile 的形式保存到本地文件系统，HDFS 或者任何其他 Hadoop 支持的文件系统。Spark 将会调用每个元素的 toString 方法，并将它转换为文件中的一行文本
saveAsSequenceFile(path)	将数据集的元素以 sequencefile 的格式保存到指定的目录、本地系统、HDFS 或者任何其他 Hadoop 支持的文件系统。RDD 的元素必须由 Key-Value 对组成，都实现了 Hadoop 的 Writable 接口，或隐式可以转换为 Writable(Spark 包括基本类型的转换，例如 Int、Double、String 等)
foreach(func)	在数据集的每一个元素上运行函数 func。这通常用于更新一个累加器变量，或者和外部存储系统做交互

2）Actions

Actions 会返回结果或把 RDD 数据写到存储系统中，它是触发 Spark 启动计算的动因，如 count、collect、save 等。

表 9.8 列举了操作中一些常用的函数。

表 9.8 操作中用到的一些函数

函 数	函数描述
map(func)	返回一个新的分布式数据集,由每个原元素经过 func 函数转换后组成
filter(func)	返回一个新的数据集,由经过 func 函数后返回值为 true 的原元素组成
flatMap(func)	类似于 map,但是每一个输入元素会被映射为 0 到多个输出元素(因此,func 函数的返回值是一个 Seq,而不是单一元素)
sample(withReplacement,frac,seed)	根据给定的随机种子 seed,随机抽样出数量为 frac 的数据
union(otherDataset)	返回一个新的数据集,由原数据集和参数联合而成
groupByKey([numTasks])	在一个由(K,V)对组成的数据集上调用,返回一个(K,Seq[V])对的数据集。注意:默认情况下,使用 8 个并行任务进行分组,可以传入 numTask 个可选参数,根据数据量设置不同数目的 Task
reduceByKey(func,[numTasks])	在一个(K,V)对的数据集上使用,返回一个(K,V)对的数据集,Key 相同的值,都被使用指定的 reduce 函数聚合到一起。和 groupbykey 类似,任务的个数是可以通过第二个可选参数来配置的
join(otherDataset,[numTasks])	在类型为(K,V)和(K,W)类型的数据集上调用,返回一个(K,(V,W))对,每个 Key 中的所有元素都在一起的数据集
groupWith(otherDataset,[numTasks])	在类型为(K,V)和(K,W)类型的数据集上调用,返回一个数据集,组成元素为(K, Seq[V], Seq[W]) Tuples。这个操作在其他框架中称为 CoGroup
cartesian(otherDataset)	笛卡儿积。在数据集 T 和 U 上调用时,返回一个(T,U)对的数据集,所有元素交互进行笛卡儿积

3. RDD 运行流程

RDD 在 Spark 中运行大概分为以下三步。

(1) 创建 RDD 对象。

(2) DAGScheduler 模块介入运算,计算 RDD 之间的依赖关系。RDD 之间的依赖关系形成了 DAG。

(3) 每一个 Job 被分为多个 Stage。划分 Stage 的一个主要依据是当前计算因子的输入是否是确定的,如果是,则将其分在同一个 Stage,避免多个 Stage 之间的消息传递开销。

RDD 在 Spark 中的运行示例如图 9.9 所示。

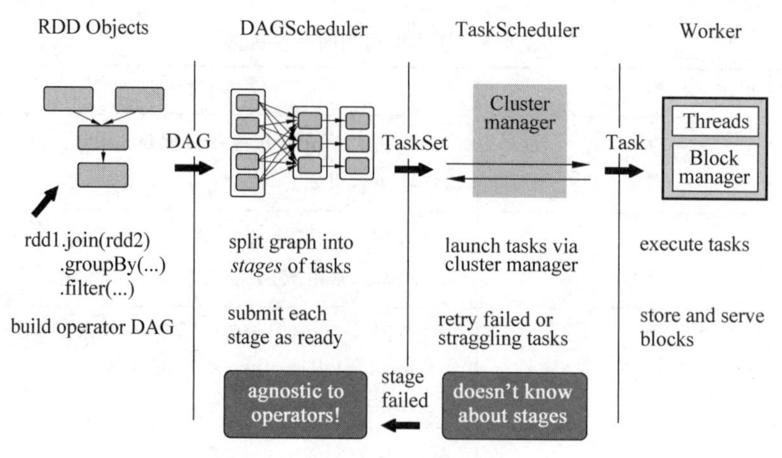

图 9.9　RDD 在 Spark 中的运行

图 9.9 例子的说明如下。

1）创建 RDD

上面的例子除去最后一个 collect 是个动作，不会创建 RDD 之外，前面四个转换都会创建出新的 RDD，因此第一步就是创建好所有的 RDD。

2）创建执行计划

Spark 会尽可能地管道化，并基于是否要重新组织数据来划分阶段（Stage）。例如，本例中的 groupBy() 转换就会将整个执行计划划分成两个阶段执行，最终会产生一个 DAG（Directed Acyclic Graph，有向无环图）作为逻辑执行计划。

3）调度任务

将各阶段划分成不同的任务（Task），每个任务都是数据和计算的合体，在进行下一阶段前，当前阶段的所有任务都要执行完成，因为下一阶段的第一个转换一定是重新组织数据的，所以必须等当前阶段所有结果数据都计算出来了才能继续。

9.4　Spark 运行模式

Spark 群集模式提供多样的模式，Spark 可以在本地运行，也可以运行在几个现有的集群管理器上。目前 Spark 提供的几个模式如表 9.9 所示。

表 9.9　Spark 运行模式

集群模式	说　　明
Standalone	独立集群模式，在专用群集上部署 Spark 的最简单方法，采用了 Master/Slave 节点模式，不过也能看出 Master 是有单点故障的，Spark 支持 ZooKeeper 来实现 HA
Apache Mesos	运行在 Mesos 资源管理器框架之上，由 Mesos 负责资源管理，Spark 负责任务调试和计算
Hadoop YARN	运行在 YARN 资源管理器框架之上，由 YARN 负责资源管理，Spark 负责任务调度和计算

下面分别对这三种模式进行介绍。

1. Standalone 集群运行模式

Spark Standalone 群集(也称为 Spark 部署群集或独立群集)是 Spark 自己的内置群集环境。由于 Spark Standalone 在 Apache Spark 的默认发行版中可用,因此在许多情况下,在集群环境中运行 Spark 应用程序是最简单的方法。

默认情况下,提交给独立模式集群的应用程序将以 FIFO(先进先出)顺序运行,每个应用程序将尝试使用所有可用的节点。可以通过设置 spark. cores. max 配置属性来限制应用程序使用的节点数,也可以通过 spark. deploy. defaultCores 更改未设置为此设置的应用程序的默认值。最后,除了控制内核之外,每个应用程序的 spark. executor. memory 设置还可以控制内存的使用。

(1) Standalone Master 是 Spark Standalone 集群的资源管理器。

(2) Standalone Worker 是 Spark Standalone 群集中的 Worker。

该模式主要有 Client、Master 和 Worker 这三个节点。Driver 可以在 Master 节点上运行,也可以在本地 Client 端运行。如果用 spark-shell 交互式工具提交 Spark 任务,Driver 运行在 Master 节点上;若使用 spark-submit 工具提交 Job 或者在 Eclipse、IDEA 等开发平台上用"new SparkConf. setManager("spark://master:7077")"模式让 Spark 任务运行,Driver 是在本地 Client 端上运行。

运行流程如图 9.10 所示。

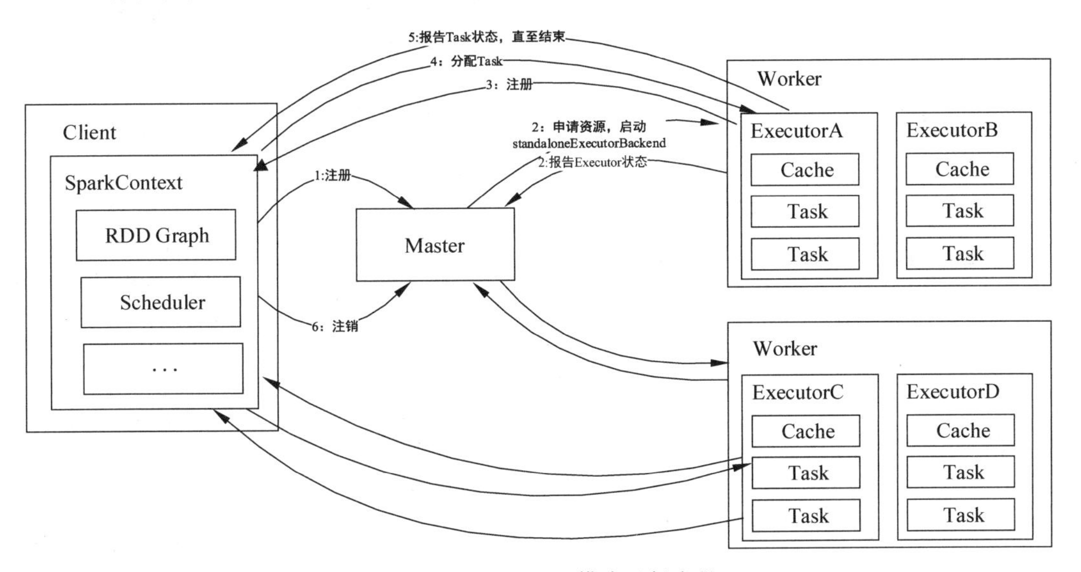

图 9.10 Standalone 模式运行流程

其运行流程步骤如下。

(1) 用 SparkContext 连接至 Master,注册到 Master,同时请求资源(CPU 核心和内存)。

(2) Master 根据 SparkContext 的资源应用程序请求和 Worker 心跳周期内报告的

信息来决定分配资源的 Worker,从该 Worker 上获取相应资源,随后启动 StandaloneExecutorBackend。

(3) StandaloneExecutorBackend 注册至 SparkContext。

(4) SparkContext 把应用程序中 code 发送给 StandaloneExecutorBackend;同时 SparkContext 解析应用程序中 code,构建 DAG,同时提交给 DAG Scheduler,DAG Scheduler 划分成 Stage,以 Stage 阶段(或者为 TaskSet)提交给 Task Scheduler,Task Scheduler 负责分配 Task 到相应的 Worker,最后提交 StandaloneExecutorBackend 执行。

(5) StandaloneExecutorBackend 将创建一个 Executor 线程池,启动 Task,并向 SparkContext 报告,直至 Task 完成。

(6) 完成所有 Task 后,SparkContext 将注销 Master 并释放资源。

2. Mesos

Spark 可以在由 Apache Mesos 管理的硬件集群上运行。当使用 Mesos 时,Mesos Master 将替换 Spark Master 作为集群管理器。

如图 9.11 所示,Mesos 集群至少需要一个 Mesos Master 来协调和分派任务到 Mesos Slaves 上。当一个 Driver 创建一个作业并开始发布调度任务时,Mesos 将确定哪些机器处理哪些 Task。由于在调度这些短期任务时考虑了其他框架,所以多个框架可以共存于同一个集群上,而不需要对资源进行静态分区。

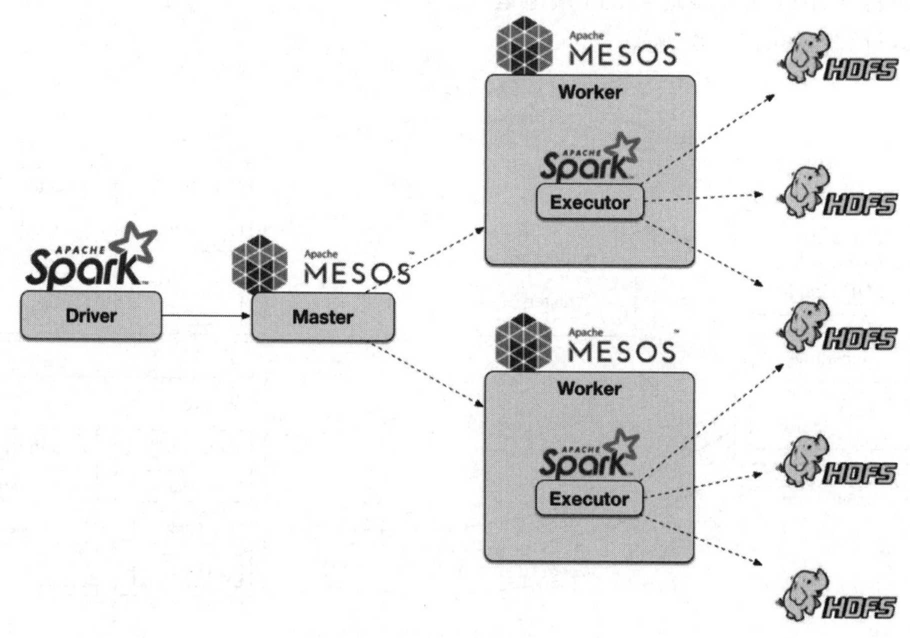

图 9.11 Mesos 集群示意图

其运行流程如下。

(1) 由 spark-submit 提交 Task 到 spark-mesos-dispatcher。

(2) spark-mesos-dispatcher 通过 Driver 提交到 Mesos Master,同时接收任务 id。

(3) Mesos Master 分配任务给 Slaver,并让其执行任务。

(4) spark-mesos-dispatcher,通过任务 id 查询任务状态。

调度程序在 Mesos 中可用调度程序模式有两种,一种是细粒度模式,另一种是粗粒度模式,即"- spark. mesos. coarse = true"。这两种调度器模式的主要区别是每个 Spark 执行器中每个 Mesos 执行器的任务数量。

在细粒度模式下,单个 Spark 执行程序中有一个任务与其他 Spark 执行程序共享一个 Mesos 执行程序。在粗粒度模式下,每个 Mesos 执行器都有一个 Spark 执行器,并有许多 Spark 任务。

粗粒度模式预先启动所有的执行者后端,例如 Executor 后端,因此与细粒度模式相比,它具有最小的开销。由于执行者在启动任务之前已经启动,所以交互会话更好。这也意味着资源被锁定在一个任务中。

Mesos 上的 Spark 支持自 Spark 1.5 以来在 Mesos 粗粒度调度器中的动态分配。它可以根据负载添加/删除执行程序,即杀死空闲的执行程序,并在任务排队时添加执行程序。它需要在每个节点上进行外部洗牌服务。

Mesos 细粒度模式提供更好的资源利用率。它的任务启动速度较慢,因此对于批量和相对静态的数据流来说是很好的。

3. Hadoop YARN

Spark 支持在 Hadoop YARN 上运行,在 YARN 上启动 Spark,确保 HADOOP_CONF_DIR 或 YARN_CONF_DIR 指向包含 Hadoop 集群(客户端)配置文件的目录。这些配置用于写入 HDFS 并连接到 YARN ResourceManager。包含在这个目录中的配置将被分配到 YARN 集群,以便应用程序使用的所有容器使用相同的配置。如果配置引用不是由 YARN 管理的 Java 系统属性或环境变量,还应该在 Spark 应用程序的配置(驱动程序、执行程序和以客户端模式运行时的 AM)中进行设置。

Spark 在 YARN 上的运行模式分为 YARN-Cluster 和 YARN-Client 这两种模式,其模式的划分取决于 Driver 在集群的部署位置。在 Cluster 模式下,Spark Driver 在由集群上的 YARN 管理的 Application Master 中运行,客户端可以在启动应用程序后离开。在 Client 模式下,Driver 在 Client 进程中运行,应用程序 Master 仅用于从 YARN 请求资源。

与 Spark 独立模式和 Mesos 模式不同,Master 模式的地址在--master 参数中指定,在 YARN 模式下,ResourceManager 的地址从 Hadoop 配置中获取,因此,主参数是 Yarn。

1) YARN-Cluster 模式启动 Spark Application

在 YARN-Cluster 模式中,若客户对 YARN 集群提交一个 Application 后,YARN 集群将对 Application 划分成以下两个阶段来执行。

(1) 首先在 YARN 集群中将 Spark Driver 作为一个 Application Master 启动。

(2) 由 Application Master 创建 Application,将其向 ResourceManager 申请资源,然后启动 Executor 以运行该任务,并监控其整个运行过程,直到运行完成。

YARN-Cluster 的工作流程如图 9.12 所示。

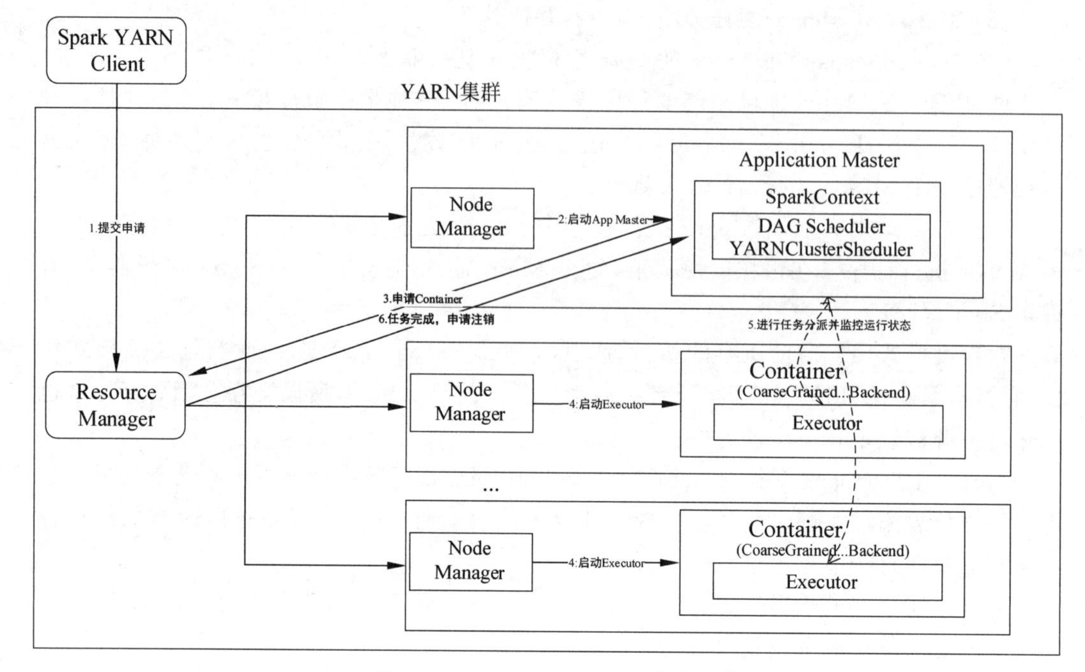

图 9.12　YARN-Cluster 工作流程

其工作流程说明如下。

(1) YARN-Client 向 YARN ResourceManager 提交应用程序申请，如 ApplicationMaster 程序、启动 ApplicationMaster 的命令、需要在 Executor 中运行的程序等。

(2) 在 YARN ResourceManager 接收到请求后，在 YARN 集群中选择一个 YARN NodeManager 应用程序，启动 ApplicationMaster，同时 ApplicationMaster 初始化 SparkContext、DAG Scheduler 等。

(3) ApplicationMaster 向 ResourceManager 申请 container 并注册，以便用户可以直接通过 ResourceManager 查看 Application 的运行状态，然后它将采用轮询的方式通过 RPC 协议轮询每个任务的资源，并监控运行状态直到运行结束。

(4) 若 ApplicationMaster 申请到 Container 资源后，就与相对应的 NodeManager 通信，并要求其在获得的 Container 中启动 CoarseGrainedExecutorBackend，启动后在 ApplicationMaster 中注册 SparkContext 并请求 Task。

(5) 在 ApplicationMaster 中的 SparkContext 将 Task 分配给 CoarseGrainedExecutorBackend 执行，执行时向 ApplicationMaster 汇报运行的状态和进度，以便 ApplicationMaster 能够跟踪运行状态中的每个任务，以便可以在任务失败时重新启动 Task。

(6) 任务完成后，ApplicationMaster 请求 ResourceManager 注销并将其关闭。

2) YARN-Client 模式启动 Spark Application

YARN-Client 模式中，Driver 在 Client 本地运行，此模式允许 Spark Application 和 Client 进行交互，因为 Driver 在 Client 端，因此可以通过 Web UI 访问 Driver 的状态，默

认是用 http://hadoop1:4040 访问,而 YARN 通过 http://hadoop1:8088 访问。

YARN-Client 的工作流程如图 9.13 所示。

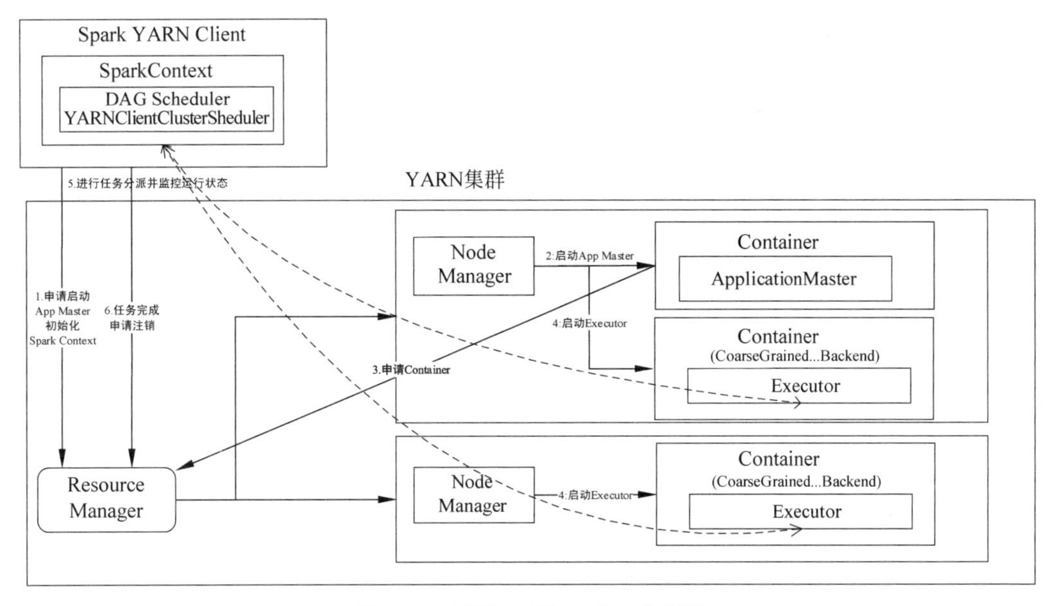

图 9.13　YARN-Client 的工作流程

YARN-Client 的工作流程如下。

(1) YARN-Client 向 YARN ResourceManager 申请启动 Application Master,并初始 SparkContent,初始化时创建 DAGScheduler 和 TASKScheduler 等,因为这里是 YARN-Client 模式,程序会选择 YARNClientClusterScheduler 和 YARNClientSchedulerBackend。

(2) 在 YARN ResourceManager 接收到请求后,在 YARN 集群中选择一个 YARN NodeManager 应用程序,启动 ApplicationMaster,与 YARN-Cluster 模式区别的是在该 ApplicationMaster 不运行 SparkContext,只使用 SparkContext 资源分配。

(3) 在 Client 中的 SparkContext 初始化后,便与 ApplicationMaster 通信,向 ResourceManager 注册和申请 Container 资源。

(4) 若 ApplicationMaster 申请到 Container 资源后,就与相对应的 NodeManager 通信,并要求其在获得的 Container 中启动 CoarseGrainedExecutorBackend,启动后在 Client 中注册 SparkContext 并请求 Task。

(5) 在 Client 中的 SparkContext 将 Task 分配给 CoarseGrainedExecutorBackend 执行,执行时并向 Driver 汇报运行的状态和进度,以便 Client 能够跟踪运行状态中的每个任务, 以便可以在任务失败时重新启动 Task。

(6) 任务完成后,Client 中 SparkContext 请求 ResourceManager 注销并将其关闭。

9.5 Spark SQL

9.5.1 Hive and Shark

Spark SQL的前身是Shark，给熟悉RDBMS但又不理解MapReduce的技术人员提供了快速上手的工具，Hive应运而生，它是当时唯一运行在Hadoop上的SQL-on-Hadoop工具。但是MapReduce计算过程中大量的中间磁盘落地过程消耗了大量的I/O，降低了运行效率，为了提高SQL-on-Hadoop的效率，大量的SQL-on-Hadoop工具开始产生，其中表现较为突出的是：

(1) MapR的Drill；

(2) Cloudera的Impala；

(3) Shark。

其中，Shark是伯克利实验室Spark生态环境的组件之一，它修改了图9.14中右下角的内存管理、物理计划、执行三个模块，并使之能运行在Spark引擎上，从而使得SQL查询的速度得到10～100倍的提升。

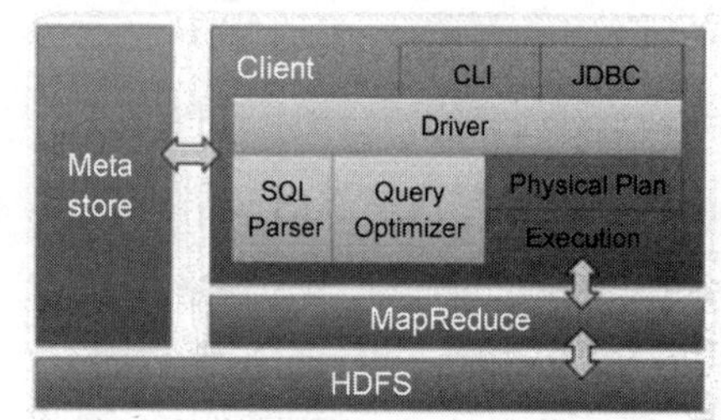

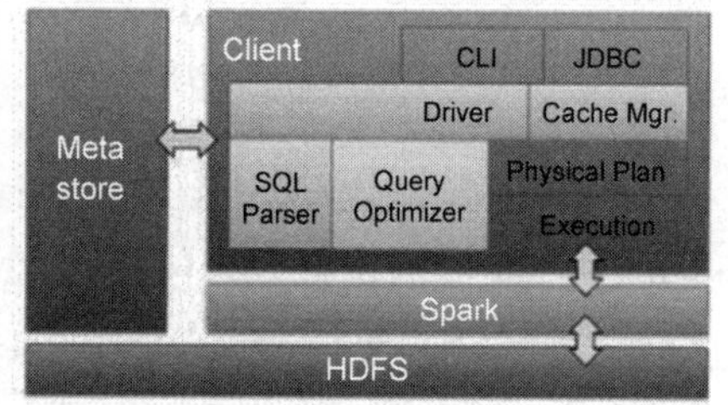

图9.14　Hive和Spark

9.5.2 Shark和Spark SQL

但是随着Spark的发展，对于野心勃勃的Spark团队来说，Shark对于Hive的太多依赖(如采用Hive的语法解析器、查询优化器等)，制约了Spark的One Stack Rule Them All的既定方针，制约了Spark各个组件的相互集成，所以提出了Spark SQL项目。Spark SQL抛弃原有Shark的代码，汲取了Shark的一些优点，如内存列存储(In-Memory Columnar Storage)、Hive兼容性等，重新开发了Spark SQL代码；由于摆脱了对Hive的依赖性，Spark SQL在数据兼容、性能优化、组件扩展方面都得到了极大的方便，真可谓"退一步，海阔天空"。

(1) 数据兼容方面：不但兼容Hive，还可以从RDD、parquet文件、JSON文件中获取数据，未来版本甚至支持获取RDBMS数据以及cassandra等NoSQL数据。

(2) 性能优化方面：除了采取In-Memory Columnar Storage、byte-code generation等优化技术外，将会引进Cost Model对查询进行动态评估、获取最佳物理计划等。

(3) 组件扩展方面：无论是 SQL 的语法解析器、分析器还是优化器都可以重新定义，进行扩展。

2014 年 6 月 1 日，Shark 项目和 Spark SQL 项目的主持人 Reynold Xin 宣布：停止对 Shark 的开发，团队将所有资源放在 Spark SQL 项目上。至此，Shark 的发展画上了句号，但也因此发展出两个产品：Spark SQL 和 Hive on Spark。

其中，Spark SQL 作为 Spark 生态的一员继续发展，而不再受限于 Hive，只是兼容 Hive；而 Hive on Spark 是一个 Hive 的发展计划，该计划将 Spark 作为 Hive 的底层引擎之一，也就是说，Hive 将不再受限于一个引擎，而可以采用 Map-Reduce、Tez、Spark 等引擎。

1. SQL

Spark SQL 的一个用途是执行 SQL 查询。Spark SQL 也可用于从现有的 Hive 安装中读取数据。有关如何配置此功能的更多信息，请参阅 Hive Tables 部分。从另一种编程语言中运行 SQL 时，结果将作为数据集/数据帧返回。还可以使用命令行或通过 JDBC/ODBC 与 SQL 接口进行交互。

2. Datasets and DataFrames

数据集是分布式数据集合，是 Spark 1.6 中添加的新接口，它提供了 RDD 的优点（使用强大的 lambda 函数的能力）以及 Spark SQL 优化执行引擎的优势。数据集可以从 JVM 对象构建，然后使用功能转换（地图、flatMap、过滤器等）进行操作。数据集 API 可用于 Scala 和 Java。Python 不支持数据集 API，但由于 Python 的动态特性，数据集 API 的许多优点已经可用（即可以通过自然的 row.columnName 名称访问行的字段）。

DataFrame 是一个数据集，组织到命名列中。它在概念上等同于关系数据库中的表或 R/Python 中的数据框，但在引擎盖下具有更丰富的优化。DataFrame 可以从各种来源构建而成，例如，结构化数据文件，Hive 中的表格，外部数据库或现有的 RDD。DataFrame API 可用于 Scala、Java、Python 和 R。在 Scala 和 Java 中，DataFrame 由行数据集表示。在 Scala API 中，DataFrame 只是 Dataset [Row]的类型别名。而在 Java API 中，用户需要使用数据集< Row >来表示 DataFrame。

在本书中，经常将 Scala/Java 数据集作为 DataFrame。

3. 常用术语

Spark SQL 相关术语如表 9.10 所示。

表 9.10　Spark SQL 常用术语

术　语	解　释
Application	Application 都是指用户编写的 Spark 应用程序，其中包括一个 Driver 功能的代码和分布在集群中多个节点上运行的 Executor 代码

续表

术　语	解　释
Driver	Spark 中的 Driver 即运行上述 Application 的 main 函数并创建 SparkContext，创建 SparkContext 的目的是为了准备 Spark 应用程序的运行环境，在 Spark 中有 SparkContext 负责与 ClusterManager 通信，进行资源申请、任务的分配和监控等，当 Executor 部分运行完毕后，Driver 同时负责将 SparkContext 关闭，通常用 SparkContext 代表 Driver
Executor	某个 Application 运行在 Worker 节点上的一个进程，该进程负责运行某些 Task，并且负责将数据存到内存或磁盘上，每个 Application 都有各自独立的一批 Executor，在 Spark on YARN 模式下，其进程名称为 CoarseGrainedExecutor Backend。一个 CoarseGrainedExecutor Backend 有且仅有一个 Executor 对象，负责将 Task 包装成 taskRunner，并从线程池中抽取一个空闲线程运行 Task，每一个 CoarseGrainedExecutor Backend 能并行运行 Task 的数量取决于分配给它的 CPU 个数
Cluster Manager	指的是在集群上获取资源的外部服务。目前有三种类型： (1) Standalone：Spark 原生的资源管理，由 Master 负责资源的分配。 (2) Apache Mesos：与 Hadoop MR 兼容性良好的一种资源调度框架。 (3) Hadoop YARN：主要是指 YARN 中的 ResourceManager
Worker	集群中任何可以运行 Application 代码的节点，在 Standalone 模式中指的是通过 Slave 文件配置的 Worker 节点，在 Spark on YARN 模式下就是 NoteManager 节点
Task	被送到某个 Executor 上的工作单元，但 Hadoop MR 中的 MapTask 和 ReduceTask 概念一样，是运行 Application 的基本单位，多个 Task 组成一个 Stage，而 Task 的调度和管理等是由 TaskScheduler 负责
Job	包含多个 Task 组成的并行计算，往往由 Spark Action 触发生成，一个 Application 中往往会产生多个 Job
Stage	每个 Job 会被拆分成多组 Task，作为一个 TaskSet，其名称为 Stage，Stage 的划分和调度是由 DAGScheduler 来负责的，Stage 有非最终的 Stage(Shuffle Map Stage)和最终的 Stage(Result Stage)两种，Stage 的边界就是发生 Shuffle 的地方
DAGScheduler	根据 Job 构建基于 Stage 的 DAG(Directed Acyclic Graph，有向无环图)，并提交 Stage 给 TaskScheduler。其划分 Stage 的依据是 RDD 之间的依赖关系找出开销最小的调度方法

9.5.3 Spark SQL 运行架构

如图 9.15 所示，Spark SQL 类似于关系型数据库，Spark SQL 语句也是由 Projection(a1，a2，a3)、DataSource(tableA)、Filter(condition)组成，分别对应 SQL 查询过程中的

Result、Data Source、Operation。也就是说，SQL 语句是按 Result→Data Source→Operation 的次序来描述的。

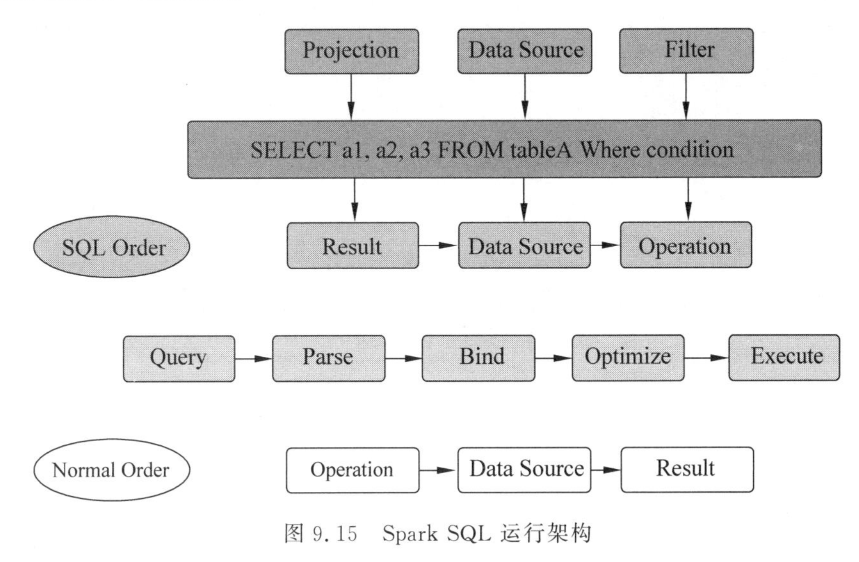

图 9.15 Spark SQL 运行架构

执行 Spark SQL 语句的顺序如下。

(1) 对读入的 SQL 语句进行解析(Parse)，分辨出 SQL 语句中哪些词是关键词(如 SELECT、FROM、WHERE)，哪些是表达式，哪些是 Projection，哪些是 Data Source 等，从而判断 SQL 语句是否规范。

(2) 将 SQL 语句和数据库的数据字典(列、表、视图等)进行绑定(Bind)，如果相关的 Projection、DataSource 等都存在，就表示这个 SQL 语句是可以执行的。

(3) 一般的数据库会提供几个执行计划，这些计划一般都有运行统计数据，数据库会在这些计划中选择一个最优计划(Optimize)。

(4) 计划执行(Execute)，按 Operation→Data Source→Result 的次序进行，在执行过程中有时候甚至不需要读取物理表就可以返回结果，比如重新运行刚运行过的 SQL 语句，可能直接从数据库的缓冲池中获取返回结果。

9.5.4 sqlContext 和 hiveContext 的运行过程

Spark SQL 有两个分支：sqlContext 和 hiveContext。sqlContext 现在只支持 SQL 语法解析器(SQL-92 语法)；hiveContext 现在支持 SQL 语法解析器和 HiveSQL 语法解析器，默认为 HiveSQL 语法解析器，用户可以通过配置切换成 SQL 语法解析器来运行 HiveSQL 不支持的语法。

1. sqlContext 的运行过程

sqlContext 的运行过程如图 9.16 所示。

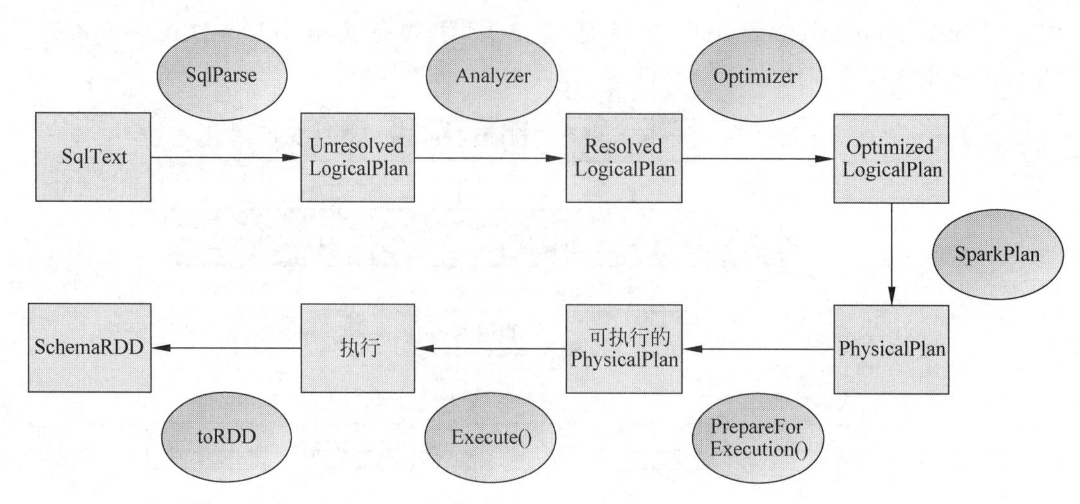

图 9.16　sqlContext 运行过程

(1) SQL 语句经过 SqlParse 解析成 UnresolvedLogicalPlan；

(2) 使用 Analyzer 结合数据字典(Catalog)进行绑定，生成 ResolvedLogicalPlan；

(3) 使用 Optimizer 对 ResolvedLogicalPlan 进行优化，生成 OptimizedLogicalPlan；

(4) 使用 SparkPlan 将 LogicalPlan 转换成 PhysicalPlan；

(5) 使用 PrepareForExecution()将 PhysicalPlan 转换成可执行物理计划；

(6) 使用 Execute()执行可执行物理计划；

(7) 生成 SchemaRDD。

在整个运行过程中涉及多个 Spark SQL 组件，如 SqlParse、Analyzer、Optimizer、SparkPlan 等。

2. hiveContext 的运行过程

hiveContext 的运行过程如图 9.17 所示。

(1) SQL 语句经过 HiveQL.ParseSql 解析成 Unresolved LogicalPlan，在这个解析过程中对 HiveQL 语句使用 getAst()获取 AST 树，然后再进行解析；

(2) 使用 Analyzer 结合 Hive 源数据 Metastore(新的 Catalog)进行绑定，生成 Resolved LogicalPlan；

(3) 使用 Optimizer 对 Resolved LogicalPlan 进行优化，生成 Optimized LogicalPlan，优化前使用了 ExtractPythonUdfs(catalog.PreInsertionCasts(catalog.CreateTables(analyzed)))进行预处理；

(4) 使用 HivePlanner 将 LogicalPlan 转换成 PhysicalPlan；

(5) 使用 PrepareForExecution()将 PhysicalPlan 转换成可执行物理计划；

(6) 使用 Execute()执行可执行物理计划；

(7) 执行后，使用 map(_.copy)将结果导入 SchemaRDD。

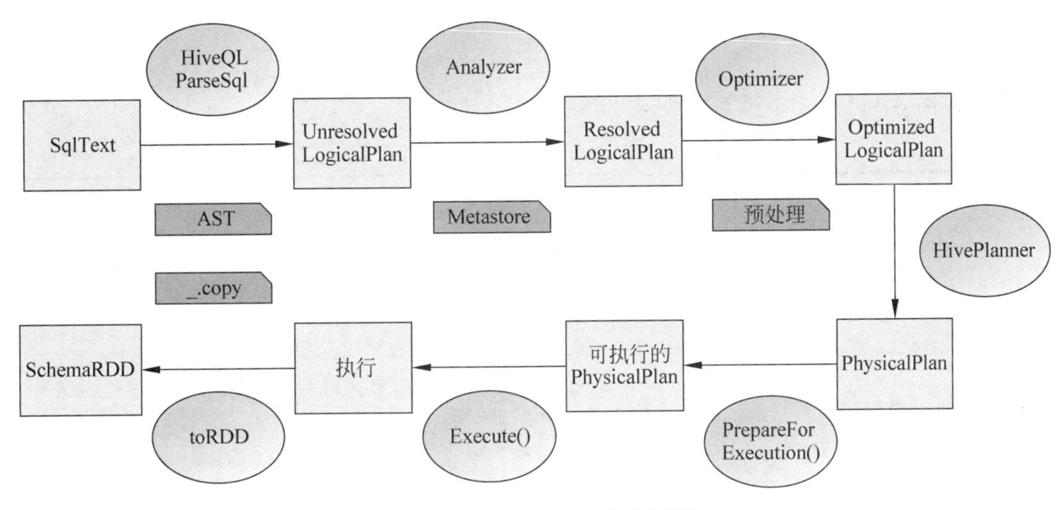

图 9.17　hiveContext 运行过程

9.6　Spark Steaming

Spark Streaming 是 Spark API 核心的扩展，支持实时数据流的可扩展，高吞吐量，容错流处理。如图 9.18 所示，数据可以从许多来源获取，如 Kafka、Flume、Kinesis 或 TCP 套接字，并且可以使用复杂的算法进行处理，这些算法使用诸如 map、reduce、join 和 window 等高级函数表示。最后，处理后的数据可以推送到文件系统、数据库和实时仪表板。实际上，可以将 Spark 的机器学习和图形处理算法应用于数据流。

图 9.18　Spark Streaming

在内部，它的工作原理如图 9.19 所示。Spark Streaming 接收实时输入数据流并将数据分批，然后由 Spark 引擎处理，以批量生成最终结果流。

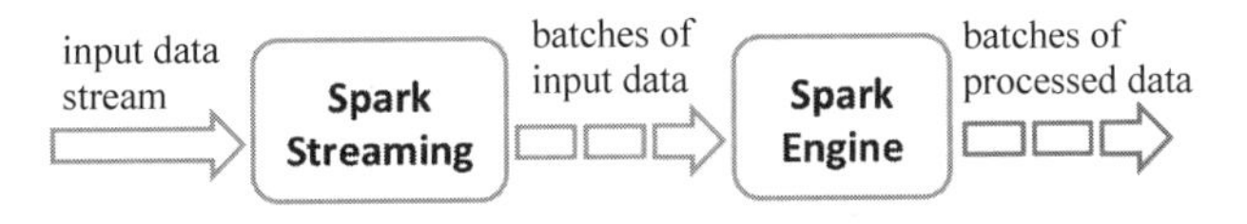

图 9.19　Spark Streaming 工作原理

Spark Streaming 提供了一个高层抽象，称为离散流或 DStream，它表示连续的数据流。DStream 可以通过 Kafka、Flume 和 Kinesis 等来源的输入数据流创建，也可以通过在其他 DStream 上应用高级操作来创建。在内部，DStream 表示为一系列 RDD。

9.6.1 术语定义

Spark Streaming 术语定义如表 9.11 所示。

表 9.11 Spark Streaming 术语定义

术　语	解　释
离散流 (Discretized Stream)或 DStream	这是 Spark Streaming 对内部持续的实时数据流的抽象描述，即我们处理的一个实时数据流，在 Spark Streaming 中对应于一个 DStream 实例
批数据 (Batch Data)	这是化整为零的第一步，将实时流数据以时间片为单位进行分批，将流处理转换为时间片数据的批处理。随着持续时间的推移，这些处理结果就形成了对应的结果数据流了
时间片或批处理时间间隔 (Batch Interval)	这是人为地对流数据进行定量的标准，以时间片作为拆分流数据的依据。一个时间片的数据对应一个 RDD 实例
窗口长度 (Window Length)	一个窗口覆盖的流数据的时间长度。必须是批处理时间间隔的倍数
滑动时间间隔	前一个窗口到后一个窗口所经过的时间长度。必须是批处理时间间隔的倍数
Input DStream	一个 Input DStream 是一个特殊的 DStream，将 Spark Streaming 连接到一个外部数据源来读取数据

9.6.2 Storm 与 Spark Streaming 的比较

1. 处理模型以及延迟

虽然两个框架都提供了可扩展性和可容错性，但是它们的处理模型从根本上说是不一样的。Storm 可以实现亚秒级时延的处理，而每次只处理一条 Event，而 Spark Streaming 可以在一个短暂的时间窗口里面处理多条 Event。所以说，Storm 可以实现亚秒级时延的处理，而 Spark Streaming 则有一定的时延。

2. 容错和数据保证

两者的代价都是容错时候的数据保证。Spark Streaming 的容错为有状态的计算提供了更好的支持。在 Storm 中，每条记录在系统的移动过程中都需要被标记跟踪，所以 Storm 只能保证每条记录最少被处理一次，但是允许从错误状态恢复时被处理多次。这就意味着可变更的状态可能被更新两次从而导致结果不正确。

另一方面，Spark Streaming 仅需要在批处理级别对记录进行追踪，所以它能保证每个批处理记录仅被处理一次，即使是节点挂掉。虽然说 Storm 的 Trident Library 可以保证一条记录被处理一次，但是它依赖于事务更新状态，而这个过程是很慢的，并且需要由用户去实现。

3. 实现和编程 API

Storm 主要是由 Clojure 语言实现,Spark Streaming 是由 Scala 实现。如果想知道这两个框架是如何实现的或者想自定义一些东西,就得记住这一点。Storm 是由 BackType 和 Twitter 开发,而 Spark Streaming 是在 UC Berkeley 开发的。Storm 提供了 Java API,同时也支持其他语言的 API。Spark Streaming 支持 Scala 和 Java 语言(其实也支持 Python)。

4. 批处理框架集成

Spark Streaming 的一个很棒的特性就是它是在 Spark 框架上运行的。这样就可以像使用其他批处理代码一样来写 Spark Streaming 程序,或者是在 Spark 中交互查询。这就减少了单独编写流批量处理程序和历史数据处理程序。

5. 生产支持

Storm 已经出现好多年了,而且自从 2011 年开始就在 Twitter 内部生产环境中使用,还有其他一些公司。而 Spark Streaming 是一个新的项目,并且据称,在 2013 年仅被 Sharethrough 使用过。

Storm 是 Hortonworks Hadoop 数据平台中流处理的解决方案,而 Spark Streaming 出现在 MapR 的分布式平台和 Cloudera 的企业数据平台中。除此之外,Databricks 是为 Spark 提供技术支持的公司,包括 Spark Streaming。

虽然说两者都可以在各自的集群框架中运行,但是 Storm 可以在 Mesos 上运行,而 Spark Streaming 可以在 YARN 和 Mesos 上运行。

9.6.3 运行原理

1. Streaming 架构

Spark Streaming 的计算流程如下:Spark Streaming 将流式数据计算分解成一系列较小的批处理作业,使用批处理引擎 Spark Core 对其进行处理,把 Spark Streaming 的输入数据按照批作业的规模分成一段段的离散流数据(Discretized Stream),并且将其转换成 Spark 中的 RDD,然后将 Spark Streaming 中对 DStream 的 Transformation 操作变为针对 Spark 中对 RDD 的 Transformation 操作,将 RDD 过程操作变成中间结果保存在内存中。整个流式计算根据业务的需求可以对中间的结果进行叠加或者存储到外部设备。图 9.20 显示了 Spark Streaming 的整个计算流程。

Spark Streaming 具有以下一些特点。

1) 容错性

容错性对流式计算至关重要。Spark 中 RDD 的容错机制是每一个 RDD 都是一个不可变的分布式可重算的数据集,其记录着确定性的操作继承关系,只要输入数据是可容错的,那么任意一个 RDD 的分区(Partition)出错或不可用,都可以利用原始输入数据通过转换操作而重新算出。

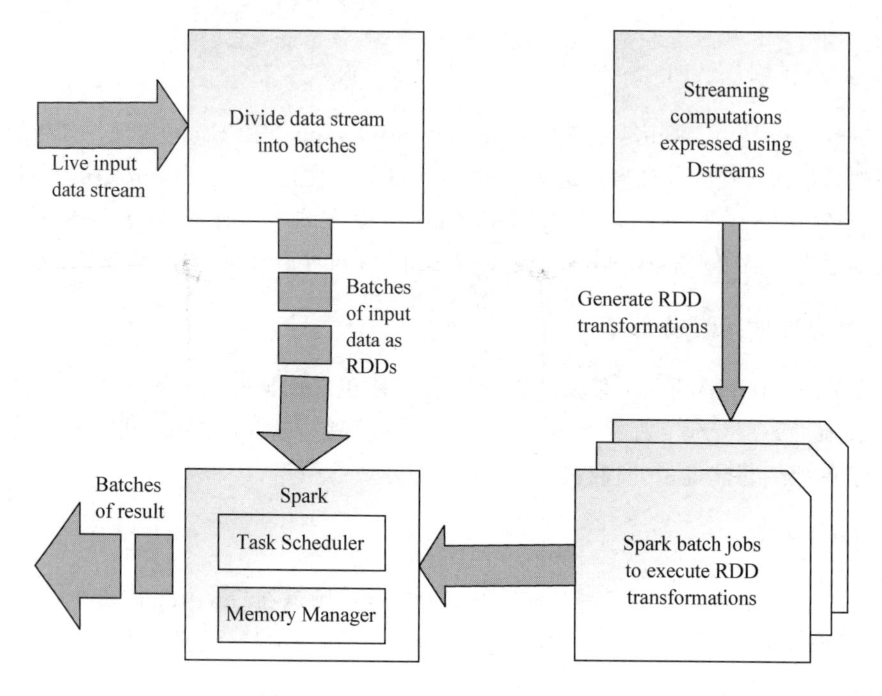

图 9.20 Spark Streaming 计算流程

Spark Streaming 中 RDD 的传承关系如图 9.21 所示，图中的每一个圆角矩形代表一个 RDD，矩形中的一个正方形代表 RDD 中的一个 Partition，每一列的多个 RDD 组成一个 DStream(图中有三个 DStream)，每一行最后一个 RDD 表示每一个 Batch Size 所产生的中间结果的 RDD。图中的每一个 RDD 通过 lineage 相连接，由于 Spark Streaming 输入数据可以是来自于磁盘(如 HDFS 中的多份拷贝)或网络(Spark Streaming 会将网络输入数据的每一个数据流复制两份到其他的节点中)，而这些数据流都能保证容错性，所以 RDD 中任意的 Partition 出错，都可以并行地在其他节点上将缺失的 Partition 计算出来，这种容错恢复方式比连续计算模型(如 Storm)的效率更高。

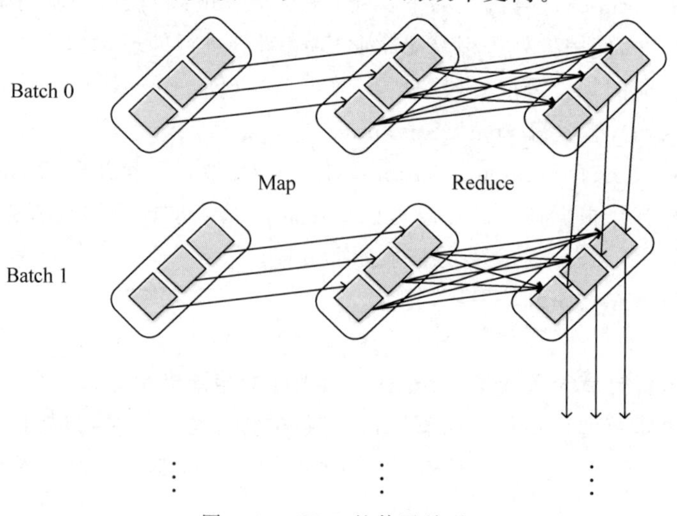

图 9.21 RDD 的传承关系

2）实时性

Spark Streaming 的实时性依赖于流式处理框架的应用场景。Spark Streaming 将流式计算分解成多个 Spark Job，每一段数据的处理都会经过 Spark DAG 分解以及 Spark 的任务集调度过程。由于目前 Spark Streaming 最小的 Batch Size 为 0.5～2s，除了对实时性要求非常高之外，它几乎能满足所有流式准实时计算场景。

3）扩展性与吞吐量

Spark 目前在 EC2(Elastic Compute Cloud，亚马逊弹性计算云)上已能线性扩展到 100 个节点(每个节点 4Core)，可以以数秒的延迟处理 6GB/s 的数据量，其吞吐量也比 Storm 高 2～5 倍，具有较为优秀的扩展性和吞吐量。

2. Input DStream

Input DStream 是一种从流式数据源获取原始数据流的 DStream，分为基本输入源(文件系统、Socket、Akka Actor、自定义数据源)和高级输入源(Kafka、Flume 等)。

每个 Input DStream(文件流除外)都会对应一个单一的 Receiver 对象，负责从数据源接收数据并存入 Spark 内存进行处理。应用程序中可创建多个 Input DStream 并行接收多个数据流。此外，每个 Receiver 是一个长期运行在 Worker 或者 Executor 上的 Task，所以会占用该应用程序的一个核(Core)。如果分配给 Spark Streaming 应用程序的核数小于或等于 Input DStream 个数(即 Receiver 个数)，则只能接收数据，却没有能力全部处理(文件流除外，因为无需 Receiver)。

Spark Streaming 已封装各种数据源，需要时可以参考官方文档。

3. 缓存与持久化

通过 persist()将 DStream 中每个 RDD 存储在内存；Window Operations 会自动持久化在内存，无须显式调用 persist()；通过网络接收的数据流(如 Kafka、Flume、Socket、ZeroMQ、RocketMQ 等)执行 persist()时，默认在两个节点上持久化序列化后的数据，实现容错。

4. Checkpoint

1）用途

Spark 基于容错存储系统(如 HDFS、S3)进行故障恢复。

2）分类

(1) 元数据检查点。保存流式计算信息用于 Driver 运行节点的故障恢复，包括创建应用程序的配置、应用程序定义的 DStream Operations、已入队但未完成的批次。

(2) 数据检查点。保存生成的 RDD。由于 Stateful Transformation 需要合并多个批次的数据，即生成的 RDD 依赖于前几个批次 RDD 的数据(Dependency Chain)，为缩短 Dependency Chain 从而减少故障恢复时间，需将中间 RDD 定期保存至可靠存储(如 HDFS)。

3）使用时机

(1) Stateful Transformation 使用 updateStateByKey()以及 Window Operations 时。

(2) 需要 Driver 故障恢复的应用程序。

4) 使用方法

Stateful Transformation

streamingContext.checkpoint(checkpointDirectory)

需要 Driver 故障恢复的应用程序(以 WordCount 举例):如果 checkpoint 目录存在,则根据 Checkpoint 数据创建新 StreamingContext;否则(如首次运行)新建 StreamingContext。

5. 动态负载均衡

Spark 动态负载均衡图如图 9.22 所示,Spark 系统将数据划分为小批量,允许对资源进行细粒度分配。例如,考虑当输入数据流需要由一个键值来分区处理,在这种简单的情况下,别的系统里的传统静态分配 Task 给节点方式中,如果其中一个分区计算比别的更密集,那么该节点处理将会遇到性能瓶颈,同时将会减缓管道处理。而在 Spark Streaming 中,作业任务将会动态地平衡分配给各个节点,一些节点会处理数量较少且耗时较长的 Task,别的节点将会处理数量更多且耗时更短的 Task。

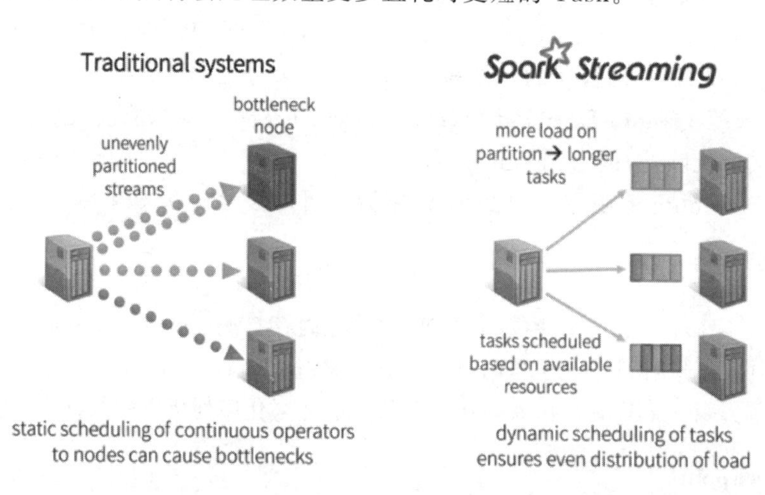

图 9.22 动态负载均衡

6. 快速故障恢复机制

如图 9.23 所示,在节点故障的案例中,传统系统会在别的节点上重启失败的连续算子。为了重新计算丢失的信息,还不得不重新运行一遍先前数据流处理过程。值得注意的是,此过程只有一个节点在处理重新计算,而且管道无法继续进行工作,除非新的节点信息已经恢复到故障前的状态。在 Spark 中,计算将被拆分成多个小的 Task,保证能在任何地方运行而又不影响合并后结果正确性。因此,失败的 Task 可以同时重新在集群节点上并行处理,从而均匀地分布在所有重新计算情况下的众多节点中,这样相比于传统方法能够更快地从故障中恢复过来。

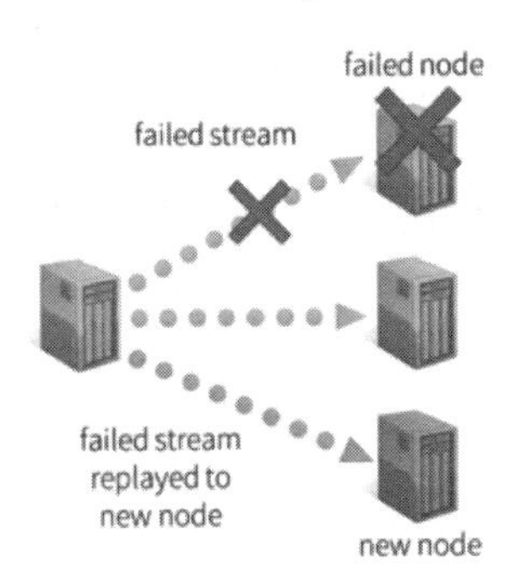

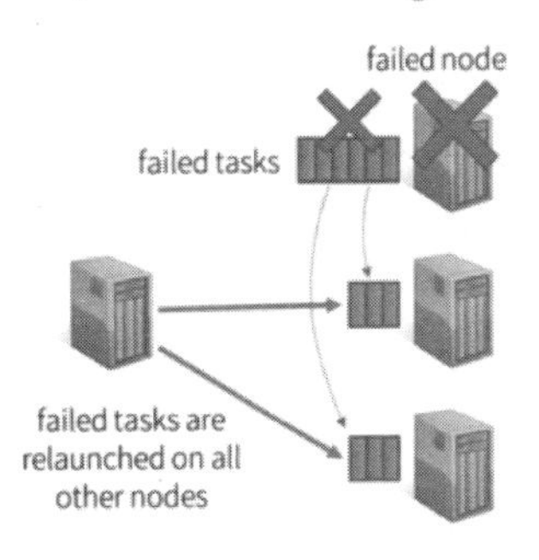

图 9.23 快速恢复原理

9.7 安装 Spark

在进行实验前，需要准备好 Spark 所需的实验环境。因此，接下来将介绍如何在 Hadoop 上安装 Spark。本节实验的相关操作视频可扫描右侧二维码观看。

(1) 进入 Spark 官网 http://spark.apache.org/downloads.html 下载 Spark。如图 9.24 所示，选择基于 Hadoop 2.7 编译的 Spark 2.11 版本。

Download Apache Spark™

1. Choose a Spark release: 2.1.1 (May 02 2017)
2. Choose a package type: Pre-built for Apache Hadoop 2.7 and later
3. Download Spark: spark-2.1.1-bin-hadoop2.7.tgz
4. Verify this release using the 2.1.1 signatures and checksums and project release KEYS.

Note: Starting version 2.0, Spark is built with Scala 2.11 by default. Scala 2.10 users should download the Spark source package and build with Scala 2.10 support.

Link with Spark

Spark artifacts are hosted in Maven Central. You can add a Maven dependency with the following coordinates:

```
groupId: org.apache.spark
artifactId: spark-core_2.11
version: 2.3.0
```

图 9.24 下载 Spark

(2) 上传下载好的 tgz 包到相应目录并解压，将解压后的文件重命名。重命名命令如下。

```
[root@hadoop02 software]# mv spark-2.1.1-bin-hadoop2.7 spark
```

进入文件的 conf 目录，命令操作如图 9.25 所示。

```
[root@hadoop02 software]# cd spark/conf/
[root@hadoop02 conf]# ls
docker.properties.template  log4j.properties.template    slaves.template                 spark-env.sh.template
fairscheduler.xml.template  metrics.properties.template  spark-defaults.conf.template
[root@hadoop02 conf]#
```

图 9.25　进入 conf

(3) 复制 conf 目录中的 spark-env. sh. template 文件，并将其副本命名为 spark-env . sh，复制命令如下。

```
[root@hadoop02 conf]# scp spark-env.sh.template spark-env.sh
```

(4) 编辑 spark-env. sh 文件，文件中的内容如图 9.26 所示。进入编辑的命令如下。

```
[root@hadoop02 conf]# vim spark-env.sh
```

```
# - SPARK_LOCAL_DIRS, storage directories to use on this node for shuffle and RDD data
# - MESOS_NATIVE_JAVA_LIBRARY, to point to your libmesos.so if you use Mesos

# Options read in YARN client mode
# - HADOOP_CONF_DIR, to point Spark towards Hadoop configuration files
# - SPARK_EXECUTOR_INSTANCES, Number of executors to start (Default: 2)
# - SPARK_EXECUTOR_CORES, Number of cores for the executors (Default: 1).
# - SPARK_EXECUTOR_MEMORY, Memory per Executor (e.g. 1000M, 2G) (Default: 1G)
# - SPARK_DRIVER_MEMORY, Memory for Driver (e.g. 1000M, 2G) (Default: 1G)

# Options for the daemons used in the standalone deploy mode
# - SPARK_MASTER_HOST, to bind the master to a different IP address or hostname
# - SPARK_MASTER_PORT / SPARK_MASTER_WEBUI_PORT, to use non-default ports for the master
# - SPARK_MASTER_OPTS, to set config properties only for the master (e.g. "-Dx=y")
# - SPARK_WORKER_CORES, to set the number of cores to use on this machine
# - SPARK_WORKER_MEMORY, to set how much total memory workers have to give executors (e.g. 1000m, 2g)
# - SPARK_WORKER_PORT / SPARK_WORKER_WEBUI_PORT, to use non-default ports for the worker
# - SPARK_WORKER_INSTANCES, to set the number of worker processes per node
# - SPARK_WORKER_DIR, to set the working directory of worker processes
# - SPARK_WORKER_OPTS, to set config properties only for the worker (e.g. "-Dx=y")
# - SPARK_DAEMON_MEMORY, to allocate to the master, worker and history server themselves (default: 1g).
# - SPARK_HISTORY_OPTS, to set config properties only for the history server (e.g. "-Dx=y")
# - SPARK_SHUFFLE_OPTS, to set config properties only for the external shuffle service (e.g. "-Dx=y")
# - SPARK_DAEMON_JAVA_OPTS, to set config properties for all daemons (e.g. "-Dx=y")
# - SPARK_PUBLIC_DNS, to set the public dns name of the master or workers

# Generic options for the daemons used in the standalone deploy mode
# - SPARK_CONF_DIR      Alternate conf dir. (Default: ${SPARK_HOME}/conf)
# - SPARK_LOG_DIR       Where log files are stored.  (Default: ${SPARK_HOME}/logs)
# - SPARK_PID_DIR       Where the pid file is stored. (Default: /tmp)
# - SPARK_IDENT_STRING  A string representing this instance of spark. (Default: $USER)
# - SPARK_NICENESS      The scheduling priority for daemons. (Default: 0)
# - SPARK_NO_DAEMONIZE  Run the proposed command in the foreground. It will not output a PID file.
SPARK_MASTER_HOST=hadoop02
SPARK_WORKER_CORES=2
SPARK_WORKER_MEMORY=2g
SPARK_WORKER_INSTANCES=1
"spark-env.sh" 70L, 4056C written
[root@hadoop02 conf]#
```

图 9.26　spark-env. sh 原文件内容

在 spark-env. sh 文件的末尾增加以下内容：

```
SPARK_MASTER_HOST = hadoop02
SPARK_WORKER_CORES = 2
SPARK_WORKER_MEMORY = 2g
SPARK_WORKER_INSTANCES = 1
```

其中，将 SPARK_MASTER_HOST 设置为本机名称；“SPARK_WORKER_CORES”为分配的核心数，“SPARK_WORKER_MEMORY”为分配的内存大小，“SPARK_WORKER_INSTANCES”为本机运行的 Worker 数量。

（5）复制一份 slaves 配置，复制命令如下。

```
[root@hadoop02 conf]# scp slaves.template slaves
```

在文件中写入本机名称，如图 9.27 所示。

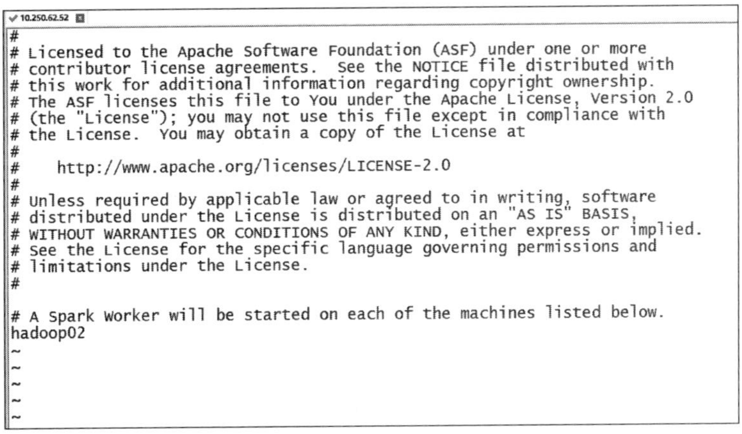

```
#
# Licensed to the Apache Software Foundation (ASF) under one or more
# contributor license agreements.  See the NOTICE file distributed with
# this work for additional information regarding copyright ownership.
# The ASF licenses this file to You under the Apache License, Version 2.0
# (the "License"); you may not use this file except in compliance with
# the License.  You may obtain a copy of the License at
#
#    http://www.apache.org/licenses/LICENSE-2.0
#
# Unless required by applicable law or agreed to in writing, software
# distributed under the License is distributed on an "AS IS" BASIS,
# WITHOUT WARRANTIES OR CONDITIONS OF ANY KIND, either express or implied.
# See the License for the specific language governing permissions and
# limitations under the License.
#

# A Spark Worker will be started on each of the machines listed below.
hadoop02
~
~
~
~
~
```

图 9.27 修改 slaves 配置

（6）运行 Spark。首先，进入 spark/sbin 目录，命令如下。

```
[root@hadoop02 sbin]# cd /usr/software/spark/sbin/
```

然后在该目录中运行 Spark，命令如下。

```
[root@hadoop02 sbin]# ./start-all.sh
```

运行完成后，使用“jps”命令可以看到如图 9.28 所示的结果。

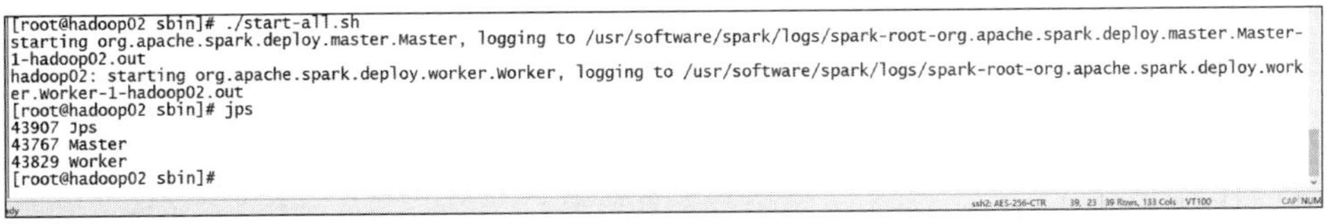

```
[root@hadoop02 sbin]# ./start-all.sh
starting org.apache.spark.deploy.master.Master, logging to /usr/software/spark/logs/spark-root-org.apache.spark.deploy.master.Master-1-hadoop02.out
hadoop02: starting org.apache.spark.deploy.worker.Worker, logging to /usr/software/spark/logs/spark-root-org.apache.spark.deploy.worker.Worker-1-hadoop02.out
[root@hadoop02 sbin]# jps
43907 Jps
43767 Master
43829 Worker
[root@hadoop02 sbin]#
```

图 9.28 运行 Spark 后的“jps”结果

（7）查看输出日志，命令如下。

```
[root@hadoop02 ~]# cat /usr/software/spark/logs/spark-root-org.apache.spark.deploy.master.Master-1-hadoop02.out
```

Spark 运行成功输出日志的内容如图 9.29 所示。

```
Last login: Sat Mar  3 17:53:06 2018 from 10.250.62.16
[root@hadoop02 ~]# cat /usr/software/spark/logs/spark-root-org.apache.spark.deploy.master.Master-1-hadoop02.out
Spark Command: /usr/software/jdk/bin/java -cp /usr/software/spark/conf/:/usr/software/spark/jars/* -Xmx1g -XX:MaxPermSize=256m org.ap
ache.spark.deploy.master.Master --host hadoop02 --port 7077 --webui-port 8080
========================================
Using Spark's default log4j profile: org/apache/spark/log4j-defaults.properties
18/03/03 18:09:30 INFO Master: Started daemon with process name: 43767@hadoop02
18/03/03 18:09:30 INFO SignalUtils: Registered signal handler for TERM
18/03/03 18:09:30 INFO SignalUtils: Registered signal handler for HUP
18/03/03 18:09:30 INFO SignalUtils: Registered signal handler for INT
18/03/03 18:09:31 WARN NativeCodeLoader: Unable to load native-hadoop library for your platform... using builtin-java classes where a
pplicable
18/03/03 18:09:31 INFO SecurityManager: Changing view acls to: root
18/03/03 18:09:31 INFO SecurityManager: Changing modify acls to: root
18/03/03 18:09:31 INFO SecurityManager: Changing view acls groups to:
18/03/03 18:09:31 INFO SecurityManager: Changing modify acls groups to:
18/03/03 18:09:31 INFO SecurityManager: SecurityManager: authentication disabled; ui acls disabled; users  with view permissions: Set
(root); groups with view permissions: Set(); users  with modify permissions: Set(root); groups with modify permissions: Set()
18/03/03 18:09:31 INFO Utils: Successfully started service 'sparkMaster' on port 7077.
18/03/03 18:09:31 INFO Master: Starting Spark master at spark://hadoop02:7077
18/03/03 18:09:31 INFO Master: Running Spark version 2.1.1
18/03/03 18:09:32 INFO Utils: Successfully started service 'MasterUI' on port 8080.
18/03/03 18:09:32 INFO MasterWebUI: Bound MasterWebUI to 0.0.0.0, and started at http://10.250.62.52:8080
18/03/03 18:09:32 INFO Utils: Successfully started service on port 6066.
18/03/03 18:09:32 INFO StandaloneRestServer: Started REST server for submitting applications on port 6066
18/03/03 18:09:32 INFO Master: I have been elected leader! New state: ALIVE
18/03/03 18:09:35 INFO Master: Registering worker 10.250.62.52:45271 with 2 cores, 2.0 GB RAM
[root@hadoop02 ~]#
```

图 9.29　Spark 运行成功后的输出日志

（8）查看 Spark 的 Web 界面。

在日志里可以看到很多 Spark 相应的信息。例如：

```
18/03/03 18:09:32 INFO MasterWebUI:Bound MasterWebUI to 0.0.0.0, and started at http://10.
250.62.52:8080
```

该条信息表示 Web UI 的入口。在浏览器中输入该网址，可以看到如图 9.30 所示的结果界面。

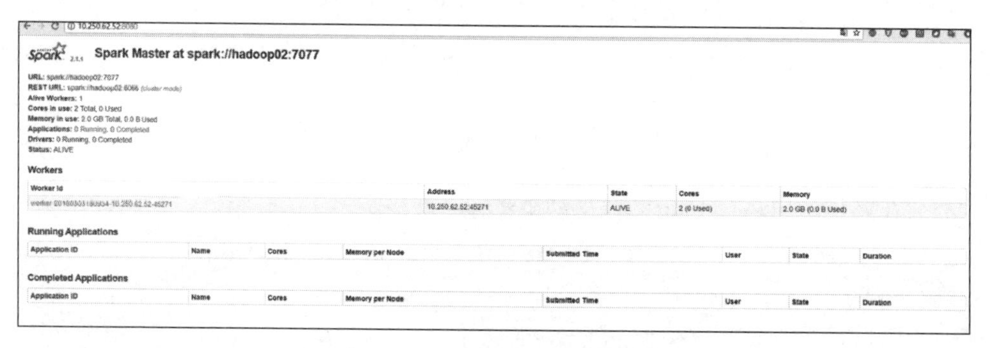

图 9.30　Spark 的 Web 界面

（9）查看 Shell 界面。

首先，进入 Spark 的 bin 目录，命令如下。

```
[root@hadoop02 bin]# cd /usr/software/spark/bin/
```

然后，打开 Spark Shell 命令，进入 Shell 界面，命令如下。

```
[root@hadoop02 bin]# ./spark - shell  - master spark://hadoop02:7077
```

Shell 界面如图 9.31 所示。

```
[root@hadoop02 bin]# ./spark-shell -master spark://hadoop02:7077
Using Spark's default log4j profile: org/apache/spark/log4j-defaults.properties
Setting default log level to "WARN".
To adjust logging level use sc.setLogLevel(newLevel). For SparkR, use setLogLevel(newLevel).
18/03/03 18:24:06 WARN SparkContext: Support for Java 7 is deprecated as of Spark 2.0.0
18/03/03 18:24:07 WARN NativeCodeLoader: Unable to load native-hadoop library for your platform... using builtin-java classes where a
pplicable
18/03/03 18:24:08 WARN SparkConf:
SPARK_WORKER_INSTANCES was detected (set to '1').
This is deprecated in Spark 1.0+.

Please instead use:
 - ./spark-submit with --num-executors to specify the number of executors
 - Or set SPARK_EXECUTOR_INSTANCES
 - spark.executor.instances to configure the number of instances in the spark config.

18/03/03 18:24:19 WARN ObjectStore: Failed to get database global_temp, returning NoSuchObjectException
Spark context Web UI available at http://10.250.62.52:4040
Spark context available as 'sc' (master = local[*], app id = local-1520130249894).
Spark session available as 'spark'.
Welcome to
      ____              __
     / __/__  ___ _____/ /__
    _\ \/ _ \/ _ `/ __/  '_/
   /___/ .__/\_,_/_/ /_/\_\   version 2.1.1
      /_/

Using Scala version 2.11.8 (Java HotSpot(TM) 64-Bit Server VM, Java 1.7.0_67)
Type in expressions to have them evaluated.
Type :help for more information.

scala>
```

图 9.31 Shell 界面

9.8 实验

在这一节中，将以 Spark 的 WordCount 实验为例对使用 Spark 进行介绍。本次实验将使用 Spark Shell 直接在本机上进行操作，实验步骤如下。

(1) 在本地的 data 目录中准备一份简单的数据，本书准备的数据如图 9.32 所示。

```
[root@hadoop02 data]# ls
word
[root@hadoop02 data]# vim word

  hello world
  hello chongqing
  ni hao
  ni hao chognqing
~
```

图 9.32 准备简单数据

(2) 读取数据。在 Spark Shell 中输入命令“scala > val file= spark. sparkContext. textFile("file:///data/word")”，如图 9.33 所示。

```
Using Scala version 2.11.8 (Java HotSpot(TM) 64-Bit Server VM, Java 1.7.0_67)
Type in expressions to have them evaluated.
Type :help for more information.

scala> val file= spark.sparkContext.textFile("file:///data/word")
file: org.apache.spark.rdd.RDD[String] = file:///data/word MapPartitionsRDD[1] at textFile at <console>:23

scala> 
```

图 9.33 读取数据

(3) 处理数据。本书此处使用如下命令进行简单的数据处理。

```
scala > val wordCounts = file.flatMap(line => line.split(" ")).map((word => (word, 1))).
reduceByKey(_ + _)
```

其中，“file. flatMap(line => line. split(" "))”的作用是将数据以空格的方式分割，“split”

为分割函数，双引号内表示分割符号；“map((word => (word, 1))”的作用是将分割好的单个字符组合成键值对形式，例如(ni,1)的形式；“reduceByKey(_ + _)”函数的作用是根据键值对 Key 的值来进行聚合；“_+_”的含义是将值相加，例如，当“Key: hello”相同时，(hello,1)(hello,1)的值为“1+1”，聚合的结果为(hello,2)。

处理函数如图 9.34 所示。

```
scala> val wordCounts = file.flatMap(line => line.split(" ")).map((word => (word, 1))).reduceByKey(_ + _)
wordCounts: org.apache.spark.rdd.RDD[(String, Int)] = ShuffledRDD[7] at reduceByKey at <console>:25

scala> 
```

图 9.34　处理数据

(4) 查看处理结果。输入命令“scala > wordCounts.collect”查看数据处理后的结果，如图 9.35 所示。

```
scala> wordCounts.collect
res0: Array[(String, Int)] = Array((chognqing,1), ("",9), (hello,2), (chongqing,1), (hao,2), (world,1), (ni,2))

scala>
```

图 9.35　处理结果

此外，在如图 9.36 所示的 Spark Web 界面中可以查看 Job 进程信息。

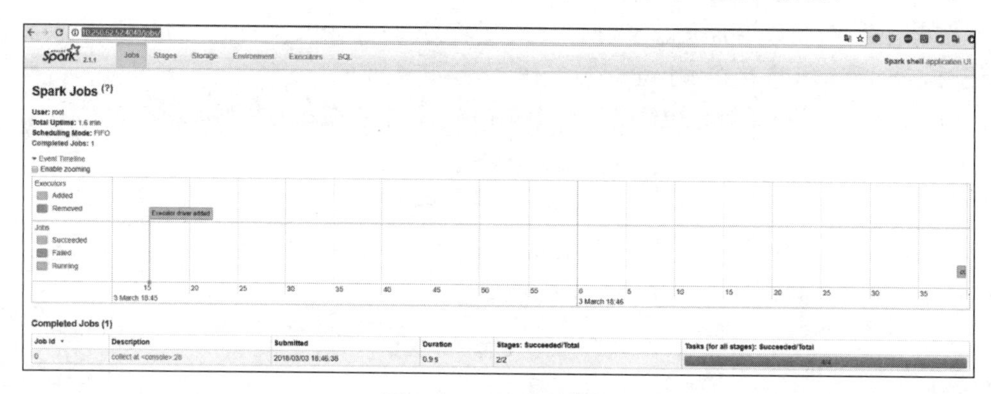

图 9.36　Job 进程信息

第10章

Apache Kafka

Kafka是由LinkedIn开发的一个分布式的消息系统，使用Scala编写，因其可水平扩展和高吞吐率而被广泛使用。目前越来越多的开源分布式处理系统如Cloudera、Apache Storm、Spark都支持与Kafka集成。与其他消息系统类似，Kafka在主题当中保存消息的信息。生产者向主题写入数据，消费者从主题读取数据。由于Kafka的特性是支持分布式，同时也是基于分布式的，所以主题也是可以在多个节点上被分区和覆盖的。

本章内容安排如下。

10.1　基础概念介绍

介绍阅读本章所需的基础概念。

10.2　Kafka结构

介绍Kafka结构。

10.3　Producer和Consumer

介绍Kafka中两个基本的概念：Producer和Consumer。

10.4　Kafka的特性

介绍Kafka的特性。

10.5　消息与日志

介绍对Kafka消息日志的操作。

10.6　实验

介绍Kafka集群搭建的过程以及使用Kafka进行消息发送/接收的练习。

通过本章的学习，读者将对Kafka相关概念、结构、两个基本概念、特性有初步的了解和认识，同时通过对Kafka集群的部署和简单的实验应用，能够加深读者对Kafka的理解和认识。有关 Kafka 的详细内容可访问网站 http://kafka.apache.org/,或扫描右侧二维码获取有关 Kafka 的更多信息。

10.1 基础概念介绍

10.1.1 消息队列

消息队列技术是分布式应用间交换信息的一种技术。消息队列可驻留在内存或磁盘上,队列存储消息直到它们被应用程序读走。通过消息队列,应用程序可独立地执行——它们不需要知道彼此的位置,或在继续执行前不需要等待接收程序接收此消息。简单来说,消息队列就像一个篮子,信息的发送者将信息有序地放进去,接收者按照一定次序取出来。消息队列示意图如图 10.1 所示。

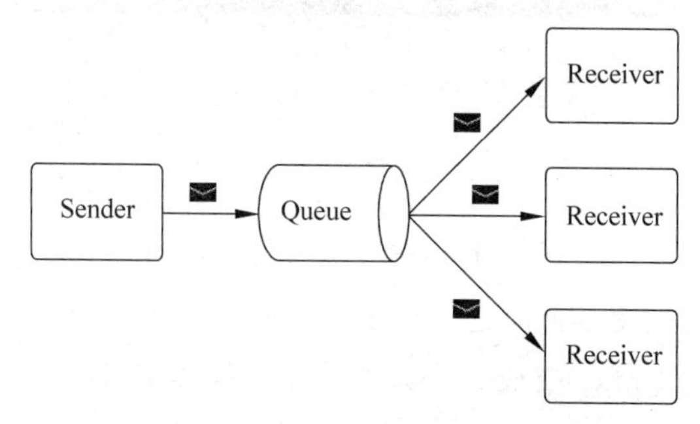

图 10.1　消息队列示意图

10.1.2 消息中间件

消息中间件是指一种在需要进行网络通信的系统上进行通道的建立、数据或文件发送的中间件。消息中间件的一个重要作用是可以跨平台操作,为不同操作系统上的应用软件集成提供便利。在发送者和接收者的传送过程中,消息保存在队列中,避免在传送过程中消息丢失,并且为接收者查看消息提供了一个区域,应用把消息发送到与接收者相关的队列中去,如果发送者想及时得到反馈,就要把接收返回消息的队列名称包含在所有他们发送的消息中。消息传递机制要保证将发送者的消息传送到目的地。在消息传递中,应用组件之间不必建立直接的联系,也就是发送方将消息放入队列中,然后接收方自己从队列中提取消息。发送方在发送消息时不必关心接收方是否处于接收状态。

消息中间件的任务除了以其高可靠性、高安全性传递消息之外,还应包括如下服务:完成不同系统之间的数据转换,加密/解密,支持消息驱动处理模式的触发机制,向多个应用广播数据,发布订阅,错误恢复,网络资源定位,消息和请求的优先排序,以及广泛的错误查询机制等。其中,发布订阅是一种消息传递常用的形式,在这种形式中,应用对其感兴趣的主题进行登记,一旦主题被一个应用"订阅",那么这个应用就会接收到与该主题相关的消息。

在分布式计算环境中,为了集成分布式应用,开发者需要对异构网络环境下的分布式应用提供有效的通信手段。为了管理需要共享的信息，对应用提供公共的信息交换机制是重要的。

10.2 Kafka结构

Kafka通过给每一个消息绑定一个键值的方式来保证生产者可以把所有的消息发送到指定位置。属于某一个消费者群组的消费者订阅了一个主题，通过该订阅，消费者可以跨节点接收所有与该主题相关的消息，每一个消息只会发送给群组中的一个消费者，所有拥有相同键值的消息都会被确保发给这一个消费者。

Kafka设计中将每一个主题分区当作一个具有顺序排列的日志。同处于一个分区中的消息都被设置了一个唯一的偏移量。Kafka只会保持跟踪未读消息，一旦消息被置为已读状态，Kafka就不会再去管理它了。Kafka的生产者负责在消息队列中对生产出来的消息保证一定时间的占有，消费者负责追踪每一个主题（可以理解为一个日志通道）的消息并及时获取它们。基于这样的设计，Kafka可以在消息队列中保存大量的开销很小的数据，并且支持大量的消费者订阅。

Kafka结构图如图10.2所示。

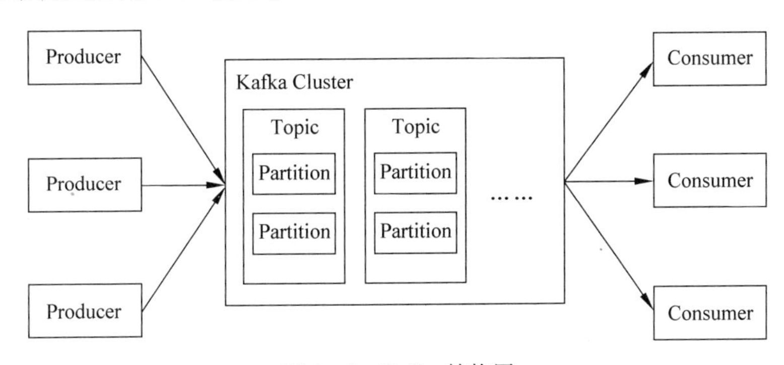

图10.2 Kafka结构图

关于Kafka结构图的相关说明如下。

(1) Kafka集群包含一个或多个服务器，这种服务器被称为Broker。

(2) Topic：每条发布到Kafka集群的消息都有一个类别，这个类别被称为Topic。(物理上，不同Topic的消息分开存储；逻辑上，一个Topic的消息虽然保存于一个或多个Broker上，但用户只需指定消息的Topic即可生产或消费数据，而不必关心数据存于何处。)

(3) Partition：Partition是物理上的概念，每个Topic包含一个或多个Partition。

(4) Producer：负责发布消息到Kafka Broker。

(5) Consumer：消息消费者，向Kafka Broker读取消息的客户端。

(6) Consumer Group：每个Consumer属于一个特定的Consumer Group(可为每个Consumer指定Group Name，若不指定Group Name则属于默认的Group)。

Kafka存储的消息来自任意多个被称为“生产者”(Producer)的进程，数据从而可以被分配到不同的 Partition、不同的 Topic 下。在一个分区内,这些消息被索引并连同时间戳存储在一起。其他被称为“消费者”(Consumer)的进程可以从分区查询消息。Kafka 运行在一个由一台或多台服务器(Broker,Kafka 集群包含一个或多个服务器,这种服务器称为 Broker)组成的集群上,并且分区可以跨集群节点分布。其中,客户端和服务端通过 TCP 通信。Kafka 提供了 Java 客户端,并且支持多种语言。

10.3 Producer 和 Consumer

10.3.1 Kafka Producer

Producer 直接将数据发送到 Broker 的 Leader(主节点),不需要在多个节点进行分发。为了帮助 Producer 做到这点,所有的 Kafka 节点都可以及时地告知:哪些节点是活动的,目标 Topic 目标分区的 Leader 在哪儿。这样 Producer 就可以直接将消息发送到目的地了。

客户端控制消息将被分发到哪个分区。可以通过负载均衡随机选择,或者使用分区函数。Kafka 允许用户实现分区函数,指定分区的 Key,将消息 Hash 到不同的分区上(当然有需要的话,也可以覆盖这个分区函数自己实现逻辑)。比如如果指定的 Key 是 user id,那么同一个用户发送的消息都被发送到同一个分区上。经过分区之后,Consumer 就可以有目的地消费某个分区的消息。

Kafka Producer 采用异步发送模式,允许进行批量发送,先将消息放在内存中缓存,然后批量发送出去。这个策略是可以配置的,比如可以指定缓存的消息达到某个量的时候就发出去,或者缓存了固定的时间后就发送出去(比如 100 条消息就发送,或者每 5s 发送一次)。这种策略将大大减少服务端的 I/O 次数。当然这样也会存在弊端,因为在 Producer 端进行缓存,所以当 Producer 崩溃时,这些消息就会丢失。

10.3.2 Kafka Consumer

Kafka Consumer 消费消息时,向 Broker 发出请求去消费特定分区的消息。Consumer 指定消息在日志中的偏移量(Offset),就可以消费从这个位置开始的消息。Customer 使用 Pull 的方式获取消息,这和大部分消息系统的传统设计一致:Producer 将消息推送到 Broker,Consumer 从 Broker 拉取消息。消息系统都致力于让 Consumer 以最大的速率最快速地消费消息。在 Push 模式下,当 Broker 推送的速率远大于 Consumer 消费的速率时,Consumer 可能因为无法及时处理而崩溃或者丢失信息。所以 Kafka 采用了传统的 Pull 模式。Pull 模式的另外一个好处是 Consumer 可以自主决定是否批量地从 Broker 拉取数据。Push 模式因为不知道 Consumer 消费能力和消费策略,采用较低的推送速率,将可能导致一次只推送较少的消息而造成浪费。Pull 模式下,Consumer 就可以根据自己的消费能力去决定这些策略。当然 Pull 模式也有缺点,如果 Broker 没有可供消费的消息,将导致 Consumer 不断循环查询,直到新消息到达。为了避免这点,Kafka 设置了参数可以让 Consumer 阻塞,直到新消息到达或者达到某个特定的数量。

10.3.3 消费状态跟踪

大部分消息系统在Broker端维护正在被使用的消息记录：一个消息被分发到Consumer后Broker就马上进行标记或者等待Customer的通知后进行标记。这样也可以在消费后立马就删除以减少空间占用。

但是这样也存在问题。如果一条消息发送出去之后就立即被标记为消费过的，一旦Consumer处理消息时失败了（比如程序崩溃）消息就丢失了。为了解决这个问题，很多消息系统提供了另外一个功能：当消息被发送出去之后仅被标记为已发送状态，当接到Consumer已经消费成功的通知后才标记为已被消费的状态。这虽然解决了消息丢失的问题，但产生了新问题。首先如果Consumer处理消息成功了但是向Broker发送响应时失败了，这条消息将被消费两次。第二个问题是，Broker必须维护每条消息的状态，并且每次都要先锁住消息然后更改状态，等确定消费后才释放。这样需要维护大量的状态数据，假如消息发送出去但没有收到消费成功的通知，那么这条消息将一直处于被锁定的状态。

Kafka采用了不同的策略。Topic被分成若干分区，每个分区在同一时间只被一个Consumer消费。这意味着每个分区被消费的消息在日志中仅用一个整数来表示，就是Offset（偏移量）。这样就很容易标记每个分区的消费状态了，同时这也带来了另外一个好处，Consumer可以通过将Offset调成一个较老的值去重新消费老消息。这对传统的消息系统来说看起来有些不可思议，但确实是非常有用的，比如Consumer发现解析数据出现问题，可以在处理问题后重新解析消息。

10.4 Kafka的特性

（1）高吞吐量、低延迟：Kafka每秒可以处理几十万条消息，它的延迟最低只有几毫秒，每个Topic可以分为多个Partition，Consumer Group对Partition进行Consume操作。高吞吐量体现在读写上，分布式并发的读和写都非常快，写的性能体现在以$O(1)$的时间复杂度进行顺序写入。读的性能体现在以$O(1)$的时间复杂度进行顺序读取，对Topic进行Partition分区，Consumer Group中的Consume线程可以以很高的性能进行顺序读。

（2）可扩展性：Kafka集群支持热扩展，Broker节点可以水平扩展，Partition也可以水平增加，Partition Replica也可以水平增加。

（3）可靠性：消息被持久化到本地磁盘，并且支持数据备份防止数据丢失。当系统的一部分组件失效时，由于有Partition的Replica副本，不会影响到整个系统。

（4）容错性：允许集群中节点失败（若副本数量为n，则允许$n-1$个节点失败）。

（5）高并发：支持数千个客户端同时读写。

10.5 消息与日志

消息由一个固定长度的头部和可变长度的字节数组组成。头部包含一个版本号和CRC32校验码。

一个叫作“my_topic”且有两个分区的 Topic，它的日志由两个文件夹组成：my_topic_0 和 my_topic_1，每个文件夹里放着具体的数据文件，每个数据文件都是一系列的日志实体，每个日志实体有一个 4 字节的整数 N 标注消息的长度，后边跟着 N 字节的消息。每个消息都可以由一个 64 位的整数 offset 标注，offset 标注了这条消息在发送到这个分区的消息流中的起始位置。每个日志文件的名称都是这个文件第一条日志的 offset，所以第一个日志文件的名字就是 00000000000. Kafka，每相邻的两个文件名字的差就是一个数字 S，S 差不多就是配置文件中指定的日志文件的最大容量。消息存储在硬盘上的格式如下。

(1) 消息长度：4B，值为 $1+4+N$。

(2) 版本号：1B。

(3) CRC 校验码：4B。

(4) 具体的消息：NB。

10.5.1 写操作

消息会被不断追加到最后一个日志的尾部，当日志的大小达到指定值后，就会产生新的文件来存储。对于写操作有两个参数，一个规定了消息的数量达到这个值时必须将数据刷新到硬盘上，另外一个规定了刷新到硬盘的时间间隔，这可以保证数据的持久性，在系统崩溃时只会丢失一定数量的消息或者某个时间段的消息。

10.5.2 读操作

读操作需要两个参数：一个 64 位的 offset 偏移量和一个 S 字节的最大读取量。S 通常比单个消息要大，但在一些特殊情况下，S 会小于单个消息的大小。这种情况下，读操作会不断重试，每次重试都会将读取量加倍，直到读取到一个完整的消息。可以配置单个消息的最大值，这样服务器就会拒绝大小超过这个值的消息。也可以给客户端指定一个尝试读取的最大上限，避免为了读到一个完整的消息而无限次的重试。

在实际执行读取操作时，首先需要定位数据所在的日志文件，然后根据整个分区的 offset 计算出在这个日志中消息的位置。定位操作是由二分查找法完成的，Kafka 在内存中为每个文件维护了 offset 的范围。

10.5.3 删除操作

日志管理器允许定制删除策略。默认的策略是删除修改时间在 N 天之前的日志(按时间删除)，也可以使用另外一个策略：保留最后的 N GB 数据的策略(按大小删除)。为了避免在删除时阻塞读操作，采用了 copy-on-write 形式[①]的实现，进行删除操作时，读取操作的二分查找功能实际是在一个静态的快照副本上进行的。

---

① 写入时复制(copy-on-write，COW)是一种计算机程序设计领域的优化策略。其核心思想是，如果有多个调用者(callers)同时要求相同资源(如内存或磁盘上的数据存储)，它们会共同获取相同的指针指向相同的资源。当某个调用者试图修改资源的内容时，系统会复制一份专用副本(private copy)给该调用者，而其他调用者所见到的最初的资源仍然保持不变。

10.5.4 消息可靠性

日志文件有一个可配置的参数 M,缓存超过这个数量的消息将被强行刷新到硬盘。一个日志矫正线程将循环检查最新的日志文件中的消息确认每个消息都是合法的。合法的标准为:所有文件的大小和最大偏移量的总和小于日志文件的大小,并且消息的 CRC32 校验码与存储在消息实体中的校验码一致。如果在某个 offset 发现不合法的消息,从这个 offset 到下一个合法的 offset 之间的内容将被移除。

同时,保证消息在生产和消费过程中的传输可靠性也是十分重要的,在实际消息传递过程中,可能会出现如下三种情况。

(1) 一个消息发送失败。

(2) 一个消息被发送多次。

(3) 最理想的情况:一个消息发送成功且仅发送了一次。

生产者或消费者在生产和消费过程中有可能出现失败的情况。比如虽然一个 Producer 成功发送一个消息,但是消息在发送途中丢失,或者成功发送到 Broker,也被 Consumer 成功取走,但是这个 Consumer 在处理取过来的消息时失败了。在 Kafka 中设计了相应的策略来处理这些情况。

从 Producer 端看,当一个消息被发送后,Producer 会等待 Broker 成功接收到消息的反馈(可通过参数控制等待时间),如果消息在途中丢失或是其中一个 Broker 挂掉,Producer 会重新发送。

从 Consumer 端看,Broker 端记录了 Partition 中的一个 offset 值,这个值指向 Consumer 下一个即将消费的 message。当 Consumer 收到了消息,但却在处理过程中挂掉,此时 Consumer 可以通过这个 offset 值重新找到上一个消息再进行处理。Consumer 还有权限控制这个 offset 值,对持久化到 Broker 端的消息做任意处理。

10.6 实验

有关 Kafka 应用实验的相关操作视频可扫描右侧二维码观看。

10.6.1 Kafka 集群搭建

Kafka 集群的搭建是基于 ZooKeeper 集群的,因此,在搭建 Kafka 之前需要先搭建好 ZooKeeper 集群。

当 ZooKeeper 集群搭建好后,就可以开始进行 Kafka 集群的搭建了。

首先,从官网 http://Kafka.apache.org/downloads 下载 Kafka。本书中使用的版本为 Kafka_2.9.2-0.8.1.1。

将下载好的 Kafka 文件上传至机器 hadoop01 上并解压,然后使用如下命令修改文件名。

```
[root@hadoop01 software]# mv Kafka_2.9.2-0.8.1.1 Kafka
```

进入 Kafka 目录，创建一个文件 Kafkalogs，命令如下。

```
[root@hadoop01 Kafka]# mkdir Kafkalogs
```

进入 config 目录，修改配置文件，命令如下。

```
[root@hadoop01 config]# vim server.properties
```

打开 host.name 配置选项，设置为本机名称，如图 10.3 所示。

```
# The id of the broker. This must be set to a unique integer for each broker.
broker.id=0

############################# Socket Server Settings ############################
##

# The port the socket server listens on
port=9092

# Hostname the broker will bind to. If not set, the server will bind to all inte
rfaces
host.name=hadoop01

-- INSERT --                                                   28,19          4%
```

图 10.3　设置 host 名称

将 log.dirs 设置成刚才创建的目录，如图 10.4 所示。

```
gainst OOM)
socket.request.max.bytes=104857600


############################# Log Basics #############################

# A comma seperated list of directories under which to store log files
log.dirs=/usr/software/kafaka/kafakalogs

# The default number of log partitions per topic. More partitions allow greater
-- INSERT --                                                   59,41         38%
```

图 10.4　设置 log.dirs

填写 ZooKeeper 集群地址，如图 10.5 所示。

```
############################# Zookeeper #############################

# Zookeeper connection string (see zookeeper docs for details).
# This is a comma separated host:port pairs, each corresponding to a zk
# server. e.g. "127.0.0.1:3000,127.0.0.1:3001,127.0.0.1:3002".
# You can also append an optional chroot string to the urls to specify the
# root directory for all kafka znodes.
zookeeper.connect=hadoop01:2181,hadoop02:2181,hadoop03:2181

# Timeout in ms for connecting to zookeeper
zookeeper.connection.timeout.ms=1000000
-- INSERT --                                                   115,60        Bot
```

图 10.5　填写 ZooKeeper 集群地址

回退到 software 目录，将 Kafka 文件复制到其他两台机器，命令如下。

```
scp -r Kafka/ hadoop02:/usr/software/
```

进入第二台机器,修改配置文件,命令如下。

```
[root@hadoop02 config]# vim server.properties
```

如图 10.6 所示,将 broker.id 设置为 1。

```
############################# Server Basics #############################

# The id of the broker. This must be set to a unique integer for each broker.
broker.id=1

############################# Socket Server Settings ###########################
##

# The port the socket server listens on
port=9092
```

图 10.6 设置机器二的 broker.id

将 host.name 修改为本机名称,如图 10.7 所示。

```
############################# Socket Server Settings ###########################
##

# The port the socket server listens on
port=9092

# Hostname the broker will bind to. If not set, the server will bind to all inte
rfaces
host.name=hadoop02
```

图 10.7 修改机器二的 host.name

使用同样的方法进入第三台机器,修改配置文件,命令如下。

```
[root@hadoop03 config]# vim server.properties
```

此时,将 broker.id 设置为 2,如图 10.8 所示。

```
############################# Server Basics #############################

# The id of the broker. This must be set to a unique integer for each broker.
broker.id=2

############################# Socket Server Settings ###########################
##
```

图 10.8 设置机器三的 broker.id

将 host.name 修改为本机名称,如图 10.9 所示。

```
############################# Socket Server Settings ###########################
##

# The port the socket server listens on
port=9092

# Hostname the broker will bind to. If not set, the server will bind to all inte
rfaces
host.name=hadoop03
```

图 10.9 修改机器三的 host.name

接下来，使用如下命令进入 bin 目录。

```
[root@hadoop01 software]# cd Kafka/bin/
```

启动 Kafka，命令如下。

```
[root@hadoop01 bin]# ./Kafka-server-start.sh -daemon ../config/server.properties
```

启动成功后，可以看到如图 10.10 所示的结果。

```
[root@hadoop01 bin]# jps
41247 Kafka
40739 QuorumPeerMain
41286 Jps
[root@hadoop01 bin]#
```

图 10.10　成功启动主节点的 Kafka

使用同样的方法，启动其他两台机器 Kafka，启动成功后的结果如图 10.11 和图 10.12 所示。

```
[root@hadoop02 software]# cd kafaka/bin/
[root@hadoop02 bin]# jps
47018 Kafka
47139 Jps
46519 QuorumPeerMain
[root@hadoop02 bin]#
```

图 10.11　成功启动机器二的 Kafka

```
[root@hadoop03 bin]# jps
43760 QuorumPeerMain
44189 Kafka
44209 Jps
[root@hadoop03 bin]#
```

图 10.12　成功启动机器三的 Kafka

成功启动三台机器上的 Kafka 后，回到第一台机器，创建一个 Topic，命令如下。

```
[root@hadoop01 bin]# ./Kafka-topics.sh --create --zookeeper hadoop01:2181 --
replication-factor 2 --partitions 1 --topic test
```

命令成功运行后的结果如图 10.13 所示。

```
[root@hadoop01 bin]# ./kafka-topics.sh --create --zookeeper hadoop01:2181 --repl
ication-factor 2 --partitions 1 --topic test
Created topic "test".
[root@hadoop01 bin]#
```

图 10.13　创建“test”Topic

至此，Kafka 集群搭建完毕。

10.6.2　消息发送与接收

使用如下命令，进入第二台机器，创建一个消费者。

```
[root@hadoop02 bin]# ./Kafka-console-consumer.sh --zookeeper hadoop02:2181 --topic
test --from-beginning
```

创建成功结果如图 10.14 所示。

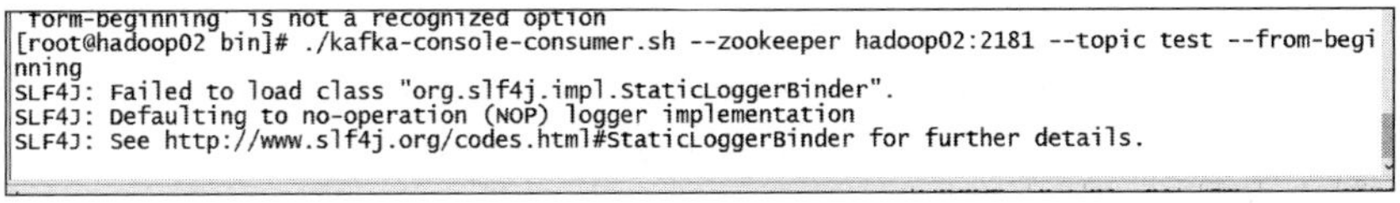

```
form-beginning' is not a recognized option
[root@hadoop02 bin]# ./kafka-console-consumer.sh --zookeeper hadoop02:2181 --topic test --from-begi
nning
SLF4J: Failed to load class "org.slf4j.impl.StaticLoggerBinder".
SLF4J: Defaulting to no-operation (NOP) logger implementation
SLF4J: See http://www.slf4j.org/codes.html#StaticLoggerBinder for further details.
```

图 10.14　创建消费者

回到第一台机器，使用如下命令创建生产者。

```
[root@hadoop01 bin]# ./Kafka-console-producer.sh --broker-list hadoop01:9092 --
topic test
```

创建生成者后，向消费者发送消息，如图 10.15 所示。

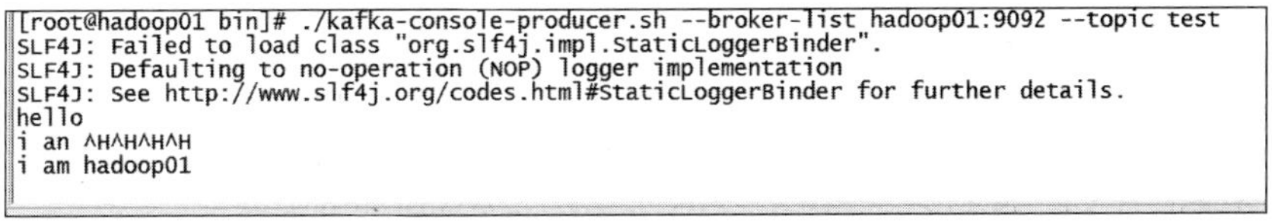

```
[root@hadoop01 bin]# ./kafka-console-producer.sh --broker-list hadoop01:9092 --topic test
SLF4J: Failed to load class "org.slf4j.impl.StaticLoggerBinder".
SLF4J: Defaulting to no-operation (NOP) logger implementation
SLF4J: See http://www.slf4j.org/codes.html#StaticLoggerBinder for further details.
hello
i an ^H^H^H^H
i am hadoop01
```

图 10.15　向消费者发送消息

如图 10.16 所示，可以看到在 hadoop02 上接收到了来自 hadoop01 的消息。

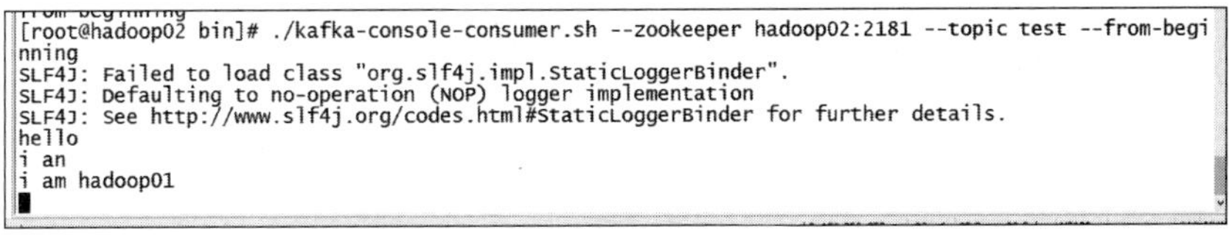

```
[root@hadoop02 bin]# ./kafka-console-consumer.sh --zookeeper hadoop02:2181 --topic test --from-begi
nning
SLF4J: Failed to load class "org.slf4j.impl.StaticLoggerBinder".
SLF4J: Defaulting to no-operation (NOP) logger implementation
SLF4J: See http://www.slf4j.org/codes.html#StaticLoggerBinder for further details.
hello
i an
i am hadoop01
```

图 10.16　消费者接收消息成功

使用如下的 list 命令查看 Topic，查看的结果如图 10.17 所示。

```
[root@hadoop01 bin]# ./Kafka-topics.sh  --list --zookeeper hadoop01:2181
```

```
[root@hadoop01 bin]# ./kafka-topics.sh  --list --zookeeper hadoop01:2181
test
[root@hadoop01 bin]#
```

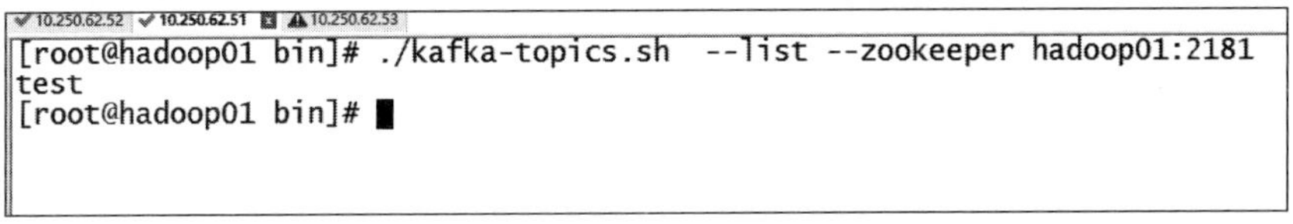

图 10.17　查看 Topic

至此，一个简单的消息发送与接收应用就结束了。

参考文献

[1] 叶晓江,刘鹏. 实战 Hadoop 2.0：从云计算到大数据[M]. 北京：电子工业出版社,2016.

[2] RAJARAMAN A,ULLMAN J D,等. 大数据：互联网大规模数据挖掘与分布式处理[M]. 北京：人民邮电出版社,2012.

[3] JI C, LI Y, QIU W, et al. Big Data Processing in Cloud Computing Environments[C]// International Symposium on Pervasive Systems, Algorithms and Networks. IEEE, 2013: 17-23.

[4] MICHAEL K, MILLER K W. Big Data: New Opportunities and New Challenges [Guest editors' introduction][J]. Computer, 2013, 46(6): 22-24.

[5] WHITE T. Hadoop: The Definitive Guide[M]. 南京：东南大学出版社, 2011.

[6] Apache[EB/OL]. [2020-07-22]. http://www.apache.org/.

[7] Apache Hadoop[EB/OL]. [2020-07-22]. http://hadoop.apache.org/.

[8] TAYLOR R C. An overview of the Hadoop/MapReduce/HBase framework and its current applications in bioinformatics[J]. BMC Bioinformatics, 2010, 11(Suppl12): S1.

[9] HDFS Users Guide[EB/OL]. [2020-07-22]. http://hadoop.apache.org/docs/stable/hadoop-project-dist/hadoop-hdfs/HdfsUserGuide.html.

[10] MapReduce Tutorial[EB/OL]. [2020-07-22]. http://hadoop.apache.org/docs/current/hadoop-mapreduce-client/hadoop-mapreduce-client-core/MapReduceTutorial.html.

[11] APACHE HIVE[EB/OL]. [2020-07-22]. http://hive.apache.org/.

[12] Apache Hadoop YARN[EB/OL]. [2020-07-22]. https://hadoop.apache.org/docs/current/hadoop-yarn/hadoop-yarn-site/YARN.html.

[13] Apache ZooKeeper[EB/OL]. [2020-07-22]. https://zookeeper.apache.org/.

[14] Apache HBase[EB/OL]. [2020-07-22]. https://hbase.apache.org/.

[15] VORA M N. Hadoop-HBase for large-scale data[C]// 2011 International conference on computer science and network technology. 2011: 601-605.

[16] Apache Kafka[EB/OL]. [2020-07-22]. http://kafka.apache.org/.

[17] Apache Spark™ - Unified Analytics Engine for Big Data[EB/OL]. [2020-07-22]. http://spark.apache.org/.

[18] apache pig - Welcome to Apache Pig! [EB/OL]. [2020-07-22]. http://pig.apache.org/.

[19] Spark SQL[EB/OL]. [2020-07-22]. http://spark.apache.org/sql/.

[20] Spark Streaming[EB/OL]. [2020-07-22]. http://spark.apache.org/streaming/.

[21] ZAHARIA M, XIN R S, WENDELL P, et al. Apache Spark: a unified engine for big data processing[J]. Communications of the ACM, 2016, 59(11): 56-65.

图书资源支持

感谢您一直以来对清华版图书的支持和爱护。为了配合本书的使用，本书提供配套的资源，有需求的读者请扫描下方的“书圈”微信公众号二维码，在图书专区下载，也可以拨打电话或发送电子邮件咨询。

如果您在使用本书的过程中遇到了什么问题，或者有相关图书出版计划，也请您发邮件告诉我们，以便我们更好地为您服务。

我们的联系方式：

地　　址：北京市海淀区双清路学研大厦 A 座 701

邮　　编：100084

电　　话：010-83470236　010-83470237

资源下载：http://www.tup.com.cn

客服邮箱：2301891038@qq.com

QQ：2301891038（请写明您的单位和姓名）

资源下载、样书申请

书圈

扫一扫，获取最新目录

课 程 直 播

用微信扫一扫右边的二维码，即可关注清华大学出版社公众号“书圈”。

图书资源支持